The Forever Dog

狗狗長壽聖經

10個關鍵原則，輕鬆養出健康又長壽的毛小孩！

羅德尼·赫比 & 凱倫·貝克醫師 Rodney Habib and Karen Becker, DVM—著

Surprising New Science
to Help Your Canine Companion Live Younger, Healthier, and Longer

洪世民—譯

謹以此書獻給Sammie、

Reggie、Gemini——我們的恩師

Contents

作者的話

本書援引了大量原始資料、第二手資訊及其他資源，但你在字裡行間見不到它們的蹤影，為什麼呢？因為實在有太多要納入了，那會跟山洪爆發一樣。因此，我們決定將它們安置在www.ForeverDog.com網站，為你們——親愛的讀者們——節省這本書的製作成本和篇幅。這是雙贏的做法，因為我們既能多保住幾棵樹、讓這本書更容易負擔，還能不斷更新我們的參考資料，例如加入最新出爐的科學。我們翻遍了這個領域的每一塊石頭，包括可靠的科學和歷史數據，來為我們最大膽的聲明和推翻既定信條的言論辯護。這本書的一字一句，包括看似荒誕不經的主張，背後都有無可辯駁的證據支持。我們網站上的參考文獻是一把魔法鑰匙，讓你可以揭穿寵物照護世界裡的錯誤資訊、了解真正的科學、配備實用的工具，來養出一隻健康長壽的狗狗。

導論
人類最好的朋友

我們只是陪伴彼此走回家……
——拉姆・達斯（Ram Dass）

……而我們希望這是一趟長長的漫步。
——貝克醫師和羅德尼

柯提斯・威爾許醫師（Curtis Welch）憂心忡忡。一九二四年底，隨著冬天悄悄爬進諾姆這個阿拉斯加小鎮，他注意到一股令他不安的趨勢：扁桃腺炎和喉嚨發炎的病例愈來愈多。一九一八到一九一九年在阿拉斯加奪走一千多條人命的那波流感疫情，仍令他記憶猶新，但這一次不一樣，有些病例有白喉的病徵。他已在當地行醫十八年，尚未見過這種由某種會產生毒素的細菌引發，對孩童尤其危險的可能致死的接觸傳染病。白喉常被稱為「扼殺孩子的天使」，它會使喉嚨被一片皮革般的厚膜封住，讓呼吸變得非常困難。若不治療，病患有可能窒息而死。

隔年一月，事態已然明朗：他正面臨一場可怕的疫情爆發，而手上沒有治療方法。接著，開始有孩童死亡了。在他的請求下，學校、教堂、電影院、旅社全部關閉，所有大眾集會也被禁止，除了遞送郵件和進行緊急、必要事務者，居民一概不得上街行走，有家人疑似患病的家庭也都需要隔離檢疫。這些措施固然有幫助，但要拯救全鎮上萬民眾的性命，威爾許醫師真正需要的是抗毒素血清。但那種解藥，要一千英里外的安克拉治才有，而這一千英里可比數千英里遠，因為當時沒有辦法橫渡冰封的港口，也沒辦法駕駛敞式座艙的飛機穿越天寒地凍。

所幸有數支由雪橇犬和雪橇手組成的團隊參與「千里救難賽跑」：歷時五天半、不分晝夜，橫越674英里的崎嶇荒野、結凍水路、無樹凍原，以接力方式，奇蹟一般地將血清運送到諾姆的救援行動，寫下歷史。兩隻名叫巴爾托和多哥的西伯利亞哈士奇犬更是行動中的超級巨星。牠們經常仰賴嗅覺而非視覺來穿越一片白茫茫的環境——這段危險的旅程現為眾所矚目的艾迪塔羅德狗拉雪橇比賽（Iditarod Trail）的部分路線。自人類和狗狗從數千年前相愛至今，已有眾多事蹟生動鮮明地闡明狗狗有多麼不可思議，以及人類和狗狗一直如何互相幫助，這個故事只是其中一例。

自血清接力拯救諾姆事件至今已近百年，而世界舞台始終不缺反諷，我們寫這本書的時候，也遇到另一波橫掃全球的疫情。社會正在尋找現代版的救難犬，把我們從這個肉眼看不見，卻已奪走許多性命的敵人手中救出來。今天不大可能再出現雪橇犬千里送血清這種事〔雖然我們相信一定會有雪橇犬參與救援，在偏遠地區運送治療新冠肺炎（COVID-19）的藥物和疫苗〕，但我們的狗狗無疑已接演另一種角色，成為另一種助我們對抗冠狀病毒疫情的解藥。有超過半數的美國家庭飼養寵物，而養狗的比養貓的多。有人估計，有8%的成年人是因為這波疫情開始養寵物的，有未滿十八歲子女的則達12%。飼養寵物是股向上的趨勢，而我們認為這股趨勢不會往下掉了。

對許多狗主人[1]來說，我們的寵物會陪我們慢慢散步，讓我們神清氣爽、宛如置身天堂，同時也是家中擁抱和親吻的固定來源。牠們提供堅定不移的慰藉、依偎、無條件的愛，以此轉移我們對壞消息的注意力，指引明日的希望。一些小社區已經讓酒廠的犬隻負責運送祭奠用酒，科學家們也正在訓練一些能夠嗅聞出罹患肺炎病人的狗狗，以便在機場檢查站派上用場。

1. 我們明白大家會用不同的詞彙來指稱自己與寵物的關係：「寵物的爸媽」、「飼主」、「守護者」等等。可能有人會對「寵物」或「狗主人」等詞語抱持異議，但這個議題尚未有普遍共識，所以你可以任意選擇你喜歡的用語，本書則會混著用。

這波疫情凸顯了狗對我們的生活有多重要，也凸顯了狗能協助人類向前走，甚至存活下來。狗狗仰賴我們供應生活必需品，我們卻在數不清的事情上依靠牠們。牠們最終能幫助我們成為更好的人，不論在身體上、心理上、情緒上，甚至事業上（許多公司現在都將「辦公室犬」列為員工）皆如此，養一隻狗能延年益壽已是不爭事實。愈來愈多證據把狗狗和健康連在一起，而且不只是基於抒解日常壓力和孤寂感等顯而易見的理由。有研究顯示，狗狗也能降低我們的血壓、保持活力、降低心臟病和中風的風險、提振自尊、鼓勵社會參與、強迫我們走出戶外親近自然、刺激我們體內分泌讓我們覺得安全、有伴、滿足的強力化學物質。一項研究甚至顯示，養狗可以降低24%因任何因素死亡（科學文獻喜歡稱之為「全因死亡率」）的風險。至於有潛在心血管疾病的人（這光在美國就有數千萬人），養狗降低的死亡風險比例更大。二〇一四年，蘇格蘭科學家統計，養狗，特別是在人生下半場養狗的人，可以撥慢老化的時鐘，讓你的行動及感覺年輕十歲。我們也知道狗狗可以幫助孩子發展更強健的免疫系統、緩和其常充滿自我懷疑、同儕評斷、成人期望、情緒混亂的青春期壓力源。

狗狗在很多方面為我們效勞，從幫助我們實踐更好的時間計畫（畢竟狗狗必須按時餵食和帶出去溜達）到保護我們的家人和感知危險等等。狗狗可以在地震發生的幾分鐘前察覺大難臨頭，也可以嗅出空氣中因暴風雨或海嘯來襲產生的環境變化。敏銳的感官讓狗狗成為追捕罪犯、探查違法毒品和爆裂物、找出受困民眾（或更糟的——屍體）的得力助手。狗狗高超的嗅覺能聞出惡性腫瘤、糖尿病患過低的血糖、懷孕，以及現在的新冠肺炎。狗狗也可能出乎意料地成為思想與靈感的泉源。多名學者提出，達爾文會開始有系統地研究自然，是受到狗狗的啟發，而狗狗也在他的養成時期協助塑造他的科學方法。〔據說達爾文在書房寫他劃時代的名作《物種起源》（On the Origin of Species）時，聰明的㹴犬波利常依偎在書桌附近、壁爐旁邊的籃子裡。他們會在窗前交談，每當達爾文開玩笑地提到外面「頑皮的人」，波利就會汪汪叫。後來波利成為達爾文最後一本著作：一八七二年《人類和動物的情感表達》（The Expression of the Emotions in Man and Animals）的插圖模特兒。〕

但並非所有關於狗狗的消息都那麼美好。光是我們這一生，某種程度上，我們親眼見證犬類的壽命愈來愈短，尤其是純種狗。我們知道這是個大膽、備受爭議的主張，但請耐心聽我們把話說完。雖然有很多狗確實活得比較久，但也有很多狗跟人一樣，因為罹患多於以往的慢性病而過早死亡。癌症是較年長狗狗的首要死因，肥胖、器官退化、自體免疫疾病和糖尿病則緊追在後（較年輕的狗狗則較可能死於外傷、先天性疾病和傳染病）。我們遇過無數寵物爸媽想方設法讓他們生命中的狗狗活得愈久愈好（或許不能「永遠」，但起碼要盡可能延長其健康壽命——「壽命」與「健康壽命」是兩個意義不同的重要詞彙，我們會在後文加以區分）。

我們該從一開始就講清楚、說明白，我們的目的不是教你如何擁有一隻長生不死的狗。我們也不會在這本書中解決每一隻狗的健康問題——有太多變因和潛在變異因不同種類狗狗的不同健康狀況而異，不可能一一針對每一種可能性（不過你可以上我們的網站www.foreverdog.com，查詢可循哪些管道解決個別寵物問題）。這本書的宗旨是為理想的狗狗養育和照護提供一個有科學根據的架構，讓你可視本身特殊情況量身打造。而我們之所以給這本書取名為《狗狗長壽聖經》，既是比喻，也是嚮往。我們嚮往讓狗狗活蹦亂跳到最後一刻，不論那一刻何時到來，即便死去，牠們也與我們同在。我

永遠的狗狗：一種被馴養的犬科哺乳動物，是從灰狼演化而來，過著長壽、強健的生活，不易罹患退化性疾病。這可部分歸功於人類飼主做出刻意的選擇，亦即有助於健康與長壽的決定。

們的狗狗會永遠活在我們心中，就算牠們已離開這個星球。你的狗狗已經在你這裡找到永遠的家，而你會想讓這個家幸福安康。

有趣的是，我們要到二次世界大戰過後才真正把寵物視為家中的一分子。二〇二〇年，分析人類與動物關係演變的歷史地理學家，是透過觀察英國海德公園的墓碑做出這個結論。墓碑的年代可追溯至一八八一年，而其中有塊隱蔽的寵物區，從1,169座自一八八一年到一九九一年的墓碑蒐集資料後，學者發現一九一〇年以前只有三座墓碑——不到1%——稱寵物為家中的一分子。但在二戰之後，有將近20%的碑文把寵物形容成家人，甚至有11%幫寵物冠上姓氏。這些動物考古學家也注意到，貓的墳墓愈來愈多。二〇一六年，紐約法律首開先例，允許寵物與飼主同葬於人類墓地。如果我們的寵物值得擁有天堂裡的一席之地，那牠們也該在塵世得到妥善的對待，和我們度過美好的一生。

於是我們承擔了這樣的使命，讓數千萬名狗主人，以及任何想養狗的人，能夠改變他們照顧寵物的方式，以增進狗狗健康、維持狗狗活力，進而延長全球狗狗的壽命。狗狗值得擺脫慢性病、退化與失能的糾纏。這些不是年歲增長的必然結果（人也一樣！）但要達成這個目標，需要改變思維，而我們將帶你走上一段生動鮮明、有科學根據的旅程，一探所有可能有助於狗狗延年益壽的關鍵因素。雖然我們會深入科學的細節，但保證會讓它平易近人。我們在書中納入那些研究是為了給你知識與啟發，並提供數據和背景讓你能從容自在地改變必須改變的生活方式，來盡可能增進狗狗的健康和壽命。如果你對這些健康概念感到陌生，我們的建議可能讓你頭昏腦脹，所以我們會為每一個小步驟提供許多選項，你可以衡量你的腦容量、時間和預算，酌情加入狗狗的生活日常。每天都有形形色色的人向我們洽詢增進寵物生活品質的秘訣和解決方案，而我們知道我們的受眾既深且廣，多元又投入。我們雖然是不同背景出身、有不同的經歷，但一旦涉及我們的狗狗，我們就有相同的目標了。

我們會努力求取平衡，既幫助需要悉心指導的讀者，也滿足對錯綜複雜的科學求知若渴的人。如果你遇到看不懂的地方，往下看，別擔心；到這本書的最後，常識的策略也很管用。我們相信就算你只是瀏覽過那些艱澀的科學，也會獲得許多知識，而我們從頭到尾都會給予實用的秘訣。狗狗（以及我們自己）存在於世，是件引人入勝的事，若避而不談其背後的生物學，就是我們大意了。同樣地，迴避困難、敏感的對話，也是我們不負責任。例如，不管我們喜不喜歡，我們都要謹記，體重是今天健康領域的重大議題。那些多餘的重量是個禁忌的話題，但許多醫師，包括獸醫師在內，都不喜歡在診間裡談論它，因為那令人不快又尷尬，感覺極具爭議，更是位在羞辱的邊緣。但這樣的對話有其必要，因為我們不是在怪罪誰，而是在提供解決之道。過重顯然不利於健康，那就像一邊跑步，一邊笨拙地抱著尖銳的物品。我們都不會讓我們的狗狗嘴裡銜著刀片跑步，對吧？若說有哪個課題是你可以一再反覆學習的，那就是：**少吃多動、吃新鮮食物**，那對你和你的狗狗來說都是明確之理，也是你可以從這本書獲得的最大重點。但就算我們以短短九個字洩漏了本書的要點，你還不能闔上這本書喔，因為你得知道為什麼你和你的狗狗得少吃點、多動點、吃更新鮮的食物，以及該怎麼做。一旦明白為什麼及怎麼做，行動便水到渠成。

拜過去一百年來技術的日新月異、關於哺乳動物的知識也迅速累積之賜，我們生活在一個令人興奮的時代。我們對細胞內活動的了解呈指數增長，而我們很高興能為了這個美好的目標來呈現新知，協助我們親愛的狗狗成長茁壯，當我們最好的同伴。

我們的許多課題推翻了世人常有的迷思和習慣，特別是飲食和營養。就跟許多人一樣，很多狗都被餵得太多，卻營養不良。你知道每一餐都吃高度加工食品或許不是什麼好主意，那顯而易見。但沒那麼為人熟知的事情是，大部分市售寵物食品都是如此，都是高度加工食品。請別太過震驚，也別覺得自己上當，這件事不是只有你不知道。不過情況也沒有那麼壞，因為就像你自己也愛吃加工食品一樣（理想上應適量攝取），你不必完全停餵狗狗市售寵物食品。你可以參照我們的原則適量提供，你也可以自己選擇要拿更新鮮的食物取代多少比重的市售寵物食品。

愈新鮮愈好：自己做的、市售鮮食或僅稍微烹煮、冷凍乾燥或脫水的狗食，都是添加物少得多的寵物食物選擇，相對於超加工的顆粒或罐頭食品，這些可列入「較新鮮」的類別。我們把這些加工較少的食物稱作「較新鮮的食物」，也會教你如何改變狗狗的飲食，把更多較新鮮的食物加進日常食糧裡。

如前文所述，一切從食物開始，但不止於食物。很多狗也被剝奪了適當的運動，同時又承擔環境毒素的衝擊，以及我們自身毒素——持續不斷的壓力——的影響。我們也會討論你可以用哪些方式了解狗狗的遺傳過往和現在，並運用這些資訊主動採取積極性的照護，以緩和不盡理想的遺傳學可能造成的效應。

過去一百年來的育種行為徹底改變了許多狗狗，有些變得更好，但不幸地，很多變得更糟。誠然，馴化帶來軟趴趴的耳朵和更容易駕馭的基因，但恣意妄為、欠缺規劃的育種也凸顯了隱性基因、形成基因刪除和狹小的基因庫。這樣的情況已促成「育種缺陷」而製造出基因弱化的動物。每三隻巴哥犬（俗稱哈巴狗）就有一隻因「虛榮育種」而不能好好走路，而這又會導致其他更多問題，包括提高癱腿和脊髓疾病的風險。每十隻杜賓犬就有七隻，因「冠軍犬症候群」（popular sire syndrome）而帶有一組或兩組擴張型心肌症（dilated cardiomyopathy）的基因，這是數十年前發生過的事（擴張型心肌症是心臟失去泵送血液能力的病症，起因是主要抽送血液的心室變大而衰弱；這也是人類常見的心臟疾病），但好消息是我們可以採取許多行動來改變這種現象。狗是我們「礦坑裡的金絲雀」（或者該說「礦坑裡的犬」），牠們過去五十年來，健康每況愈下，正反映人類的情況。牠們的老化過程與我們類似，但迅速得多，這就是研究科學家愈來愈重視狗狗，並將牠們視為人類老化模板的原因。不過，跟我們不一樣的是，我們的寵物無法自己做健康方面的決定，那得仰賴寵物爸媽（或飼主、守護者，你想怎麼在狗狗的一生裡稱呼自己都可以）做出明智的選擇來維持狗狗的活力和健康。我們會教你怎麼做選擇，並找出最務實可行的做法。

在Part I，我們會先全面檢視健康狗狗在現代社會近乎滅絕的情況，一探我們共同演化的驚人歷程。狗狗或許利用了牠們在早期人類社會發掘的利基：說服我們把牠們帶入室內，給牠們禦寒，並由我們餵食。

換種說法，當初是狗狗對我們較感興趣，而非反過來。是牠們放心地把自己交給我們照顧，而我們欣然接受這個挑戰。在這幾章，我們將敲響警鐘，描述狗狗主要由於信任我們這些人類照顧者，導致今天在健康方面面臨的一切挑戰，而我們也會暗示解決之道。

在Part II，我們會鑽研那些科學的寶玉，以及就我們所知，可以如何透過飲食和生活方式來抗衡老化。你會學到食物如何反映基因，為什麼狗狗的腸道菌（微生物體）和人類體內的微生物世界一般重要，為什麼（至少偶爾）迎合狗狗的選擇、尊重牠的個別喜好也很重要。最後，在Part III，我們將揭露我們的「長壽狗狗配方」，教你如何在現實生活執行那些策略，打造一隻健康長壽的狗狗。我們會提供你所有必備工具，配合你同伴的生活，量身修改我們的建議，針對狗狗強壯活潑的健康壽命做好布局。我們預言，你也會跟著改變。你會開始思考自己吃了什麼、做了多少運動，以及是否生活在有益健康的環境裡。

健康長壽的狗狗配方

- 飲食和營養
- 理想的運動
- 遺傳易感性
- 壓力與環境

為了讓做法簡單可行，我們會在每一章結尾附上「長壽鐵粉攻略」，建議你今天就可以考慮去做的事。此外，從頭到尾，我們會用**黑體**標示值得記住的詞語，並以BOX凸顯特定事實。我們會在Part III提出深入詳盡的做法，但你不必等到那時候；我們從一開始就會給你可行的資訊，讓你可以立刻從微小但有意義的改變著手。你想從這本書得到的，我們都會給你，我們將根據科學給你為什麼的解答，以及如何將那些科學應用於日常現實。

我們熱愛動物的讀者相當多元，如果你從未接觸過積極主動、「預應式」的生活方式，我們希望這是一段長久、健康友誼的開始，而這段友誼的重心，就是盡我們所能地在狗狗老化時增進牠們的健康。我們的核心社群是由數十萬「2.0版的寵物爸媽」組成的，他們都是有能力、有知識的守護者，會運用深思熟慮的常識來為他們的動物營造、維持健康與活力。過去十年，這些盡心盡力的寵物爸媽一直在使用創新的健康策略（其中很多人用了更久），懇求我們把這些長壽、健康的知識集結成一本參考書，讓他們的獸醫、朋友、家人都能在某一個地方讀到相關科學。我們也碰到許多正欲徹底改變生活方式（包括照顧家人的方式）的新飼主，我們的目標是納入足夠的背景資訊，讓我們的建議對新手飼主具有意義。我們也希望為「長壽鐵粉」——永遠想在這裡或那裡調整日常選擇，來讓狗狗的健康更趨理想的「生物駭客」——提供最先進的研究。我們不希望這些資訊令剛接觸「預應式」健康生活的飼主頭昏腦脹，我們會以鼓勵為目標，因此請一次採用一種秘訣，用適合你的方式將之整合到狗狗的生活之中。

長壽鐵粉：在日常生活中尋找延年益壽的秘訣，配合基本的生活方式，盼能免於疾病、失調、失能所苦的人。

我們兩個在幾年前開始合作，而你會在後面了解我們的個別和共同旅程。雖然都熱愛狗狗、也都致力於協助寵物飼主在令人困惑的動物健康世界裡航行，但在我們接連於數場會議和演說碰面時，卻還不知道怎麼讓彼此的目標趨於一致。一直要到我們建立專業合夥關係，才發現原來我們有個一起實現共同夢想的機會——重新培養關於狗狗和狗狗健康的集體心向。我們知道這項任務相當艱鉅，事實上過去數年，我們已赴全世界許多地方蒐集關於狗狗健康、疾病和壽命的最新資訊。我們採訪了頂尖遺傳學家、微生物學家、腫瘤學家、傳染病醫師、免疫學家、飲食及營養專家、狗歷史學家和臨床醫師，並蒐集最新數據資料來協助進行任務。我們也採訪了養出世界最長壽狗狗的飼主，了解他們做了什麼——或沒做什麼——才能讓他們的狗狗活到二十多歲，甚至三十多歲（相當於活到一百一十歲以上的「超級人瑞」）。我們發現的事實有徹底、永遠改革寵物世界的潛力，而我們累積的資訊——希望其中許多能讓你吃驚、給你動力——將能延長各地心愛寵物的壽命，甚至可能延長你自己的壽命。正如我們喜歡說的：「健康會逆行而上。」

獸醫學落後人類醫學二十年，雖然最新的抗衰老研究終將一點一滴流到我們的寵物身上，但我們不想等了。犬科健康也有許多關鍵面向尚未進入主流對話，但受惠於「健康一體」——認清人類健康與動物健康，以及我們共處環境的健康息息相關的態度——一切正在改變。健康一體的倡議並不新，但要到前幾年，隨著醫師、整骨治療師、獸醫師、牙醫師、護理師和科學家逐漸明白我們可以透過相互平等、無所不包的合作向彼此學習，才變得愈來愈重要。「健康一體倡議」的定義是「透過多門學科在地方、全國與全球性的合作，為人類、動物及環境獲致最理想的健康」。因此，聯合人類醫學和獸醫學的研究固然尚未蔚為主流，但也快了。我們之所以在這本書涵蓋許多人體健康科學，是因為那正是許多正在進行的同伴動物研究的基礎，並且反之亦然。

我們在這本書討論的健康一體概念和相互關係，並未在寵物網路研討會或雜誌廣為傳播，它們不是多數獸醫師和寵物飼主的話題，也沒有在社群媒體引發熱議……還沒有。我們想要開啟一段迫切需要的對話，進而發起一項運動，讓人類健康（或不健康）的基本原則也適用於狗狗。我們現在就想開啟這樣的對話。

編輯的話：我們是用「我們」，即合著作者的觀點寫這本書，但偶爾我們會分裂成個別的聲音（羅德尼或貝克醫師），而當我們這麼做時，會清楚表示是誰在說話。提到你的狗狗時，我們也會任意替換成「他」和「她」。

我們為狗狗做的選擇，會塑造狗狗的生理和情緒健康，而狗狗的健康也會反過來影響我們。這條道路是雙向的。數百年來，人類與犬科動物過著共生的日子，各自影響也豐富了對方的生命。隨著醫學研究的世界擴及全球，為犬科動物健康提供的選擇也和人類健康一樣寬廣。為了養出長壽、健康的狗狗，我們都必須做明智的抉擇。

PART I

不健康的現代狗

短篇故事

1
病得像狗
我們和我們的同伴為何愈來愈短命？

某些動物活得久，其他動物活不久的道理，
簡言之，長壽和短命的原因，需要深入調查。
——亞里斯多德，〈論生命長短〉
（On Longevity and Shortness of Life），西元前350年

瑞吉一定會是一隻長壽的狗狗，至少從前我們心裡是這樣想的。十歲時，那隻黃金獵犬活蹦亂跳的，他從來沒感染過耳炎，從不需要洗牙，沒有過敏，也沒長過急性溼疹，那些使許多狗狗備受折磨的中老年症狀，他更是一個也沒經歷過。他的身體運作健全，僅每六個月去獸醫那裡做一次名副其實的「健康檢查」。瑞吉每半年做一次的血液檢查也完美無瑕，包括反映心臟問題的指標。瑞吉一輩子沒有出現過任何健康問題，而有羅德尼當爸爸，真是幸福啊！二〇一八年十二月三十一日，瑞吉不肯吃早餐——這是有事不對勁的明顯徵兆。結果，他不到兩個鐘頭就垮了：心血管肉瘤，一種發於心臟附近血管的惡性腫瘤。從健康到瀕死的轉變是如此突然、出乎意料而令人悲不可抑，他不到一個月就走了。

讓瑞吉驟逝的痛苦更加雪上加霜的是，羅德尼的白色牧羊犬珊珊，她才是那隻大家都知道總有一天將死於遺傳性疾病的狗。四年前，珊珊被診斷出退化性脊髓病變，那是一種可怕的遺傳性疾病，會使患者四肢癱瘓，並從後腿開始。幸虧在診斷後立刻進行密集的物理治療和創新的神經保護療程，珊珊打敗機率，戰勝診斷結果，維持了身體的機能。但就在瑞吉死去那天，情況驟變。珊珊和瑞吉是最好的朋友，瑞吉一死，珊珊顯然也放棄了。在瑞

吉離開後，珊珊的狀況急轉直下，讓羅德尼心碎再心碎。

死亡在此展現出強悍的力量，讓失去瑞吉和珊珊的羅德尼喪失生命的動力，無可替代的失去不只會把你撞出軌道、逼你屈服，還會讓你不想繼續往前走。倘若失去是出乎意料或比預期來得早，悲傷更是難熬。但失去就是失去。悲傷諮商師和治療師都承認，失去摯愛的動物同伴，可能與失去人類親友一樣悲痛。「以前」和「以後」劃分得如此明確，一切回不去了。在這樣的時刻，我們多數人會做出以下兩個結論：我不要再做這件事了，那太痛苦了。或選項二：如果再做一次，我會更明智、更深入了解，不會再讓那件事發生，至少不會重蹈覆轍。如果你是屬於第二類，那這本書很適合你。

寫這本書對羅德尼來說是一種治療方式，對我們兩人而言則是一種個人的演化，特別是在看待遺傳學方面。把狗狗輸給遺傳學不是多數人會深入思考的事，尤其如果你是從八週大毛茸茸的幼犬養起的話。當你在第一次去的獸醫診所填寫初診背景資料時，你不會見到某些你在人類初診表上見到的問題（例如，你的祖父母和外祖父母的死因為何？家族裡是否有癌症史？你的兄弟姊妹曾被診斷出特定疾病嗎？）。這些問題在獸醫領域的答案會令人瞠目結舌且匪夷所思。那會闡明這個事實：我們的狗狗的基因組發生了深刻的不利變化，而且（整體而言）是在相對短的時間內發生的。

襲擊瑞吉的癌症較好發於黃金獵犬多過其他品種的狗，這主要是育種方式使然。現代黃金獵犬身上大多帶有使之易於罹患某些癌症的基因，同樣地，巧克力拉布拉多亦比其他種類的拉布拉多短命約10%，這也是因為這種毛色的選擇性育種會同時招致有害的基因。遺傳學、欠缺基因多樣性、基因刪除、基因突變是如何對狗狗的整體健康與疾病產生作用，坊間有科學專著探討。我們只想給你一套交通規則，指引你盡可能避免我們經歷過的那些與遺傳有關的心碎。如果你要花錢買小狗（意思是非領養或救援），噢，那我們確實有一長串問題給需要極滿意答覆的準飼主問，問了再付錢。如果你要花錢向飼主買狗，就請把錢付給研究遺傳學研究得最透徹的人。

而如果你對狗狗的基因組一無所悉（且基於各種理由，可能永遠不會知道），或是已經從幼犬繁殖場買來一隻基因受損的狗狗，先別驚慌。我們訪問過全球幾位頂尖犬科遺傳學家，他們異口同聲表示：我們仍有希望，靠表觀遺傳學，協助先天基因不良的狗狗盡量增進健康。儘管我們改變不了狗狗的DNA，**仍有大量研究證明，我們有能力積極影響和控制基因表現，**而這就是本書的重點。我們很快就會進入表觀遺傳學的魔法。

身為守護者，我們的責任是盡可能移除路障來增進狗狗的健康、延長狗狗的壽命，我們的目標是幫助牠們把每一天活得淋漓盡致、多彩多姿。

但為什麼來到二十一世紀，我們擁有的獸醫知識明明比以往更加豐富，狗狗的一生反而愈來愈難擺脫疾病與功能失調呢？誠然，一般來說，人類的壽命永遠比狗來得長，但我們不應接受目睹狗狗過早死亡的心痛，甚至在我們這輩子，一再目睹不同狗狗驟逝。這有可能改變嗎？對於基因受損的狗狗，如果我們無法延長和牠們相處的時光，能否大幅提升牠們在世時的生活品質呢？我們能否違抗一些不利於牠們的機率呢？答案是相當確切的「能」。今天，就連贏得了遺傳樂透、不帶有意味疾病或功能異常的潛在基因的狗狗，也容易過早死亡，但這也可以透過理解為什麼來補救。首先，我們必須看看狗狗最喜愛的同伴，也就是人類，究竟出了什麼問題。

健康狗的滅絕

古希臘哲學家及科學家亞里斯多德一直走在時代尖端，雖然我們大多認為他是倫理學、邏輯、教育和政治學等高深學問的承包人，但他也是精通自然科學和物理學的博學家，與動物學研究的先驅，包括觀察和理論。他甚至寫過文章探討狗和狗的各種性格，還對荷馬史詩裡奧德賽的忠犬阿哥斯的長壽表示欽佩。當奧德賽歷經十年特洛伊戰爭和十年顛沛流離，終於返抵伊薩卡王國時，他喬裝成乞丐，想測試朋友和家人的忠誠，卻只有他的老狗阿哥斯認得主人，搖著尾巴熱情相迎，隨後便愉快地死去。阿哥斯活到二十多歲。

世人辯論老化的謎已經辯論兩千多年，亞里斯多德認為老化跟水分有關的想法不完全正確（根據他的推理，大象活得比老鼠久是因為含有較多水分，乾涸所需的時間較久），但他在其他許多事情上的觀念正確，也為現代各種思想流派搭建了舞台。

要是我們問你，你該做些什麼來保持年輕健康，有活力、不生病、避免不想要的老化副作用，你會怎麼回答？或許是下面某幾句話，甚或全部：

- 注重營養和規律運動來維持體重、代謝健康和體適能
- 改善每天晚上的睡眠品質
- 管理壓力和焦慮（藉由狗的幫助）
- 避免偶然因素，例如接觸致癌因子和其他毒素，以及致命的感染等
- 保持社交活躍、投入及認知上的刺激（例如繼續學習）
- 選擇有長壽基因的父母

最後一個想法顯然超出你的掌控範圍，但如果你不是生來就有完美基因（世上沒這種東西）的個體，知道這點也許會讓你如釋重負：就壽命而言，你的基因占有的份量比你想像中小得多。感謝近年來才完成的龐大祖先資料庫分析，科學終於釐清了這件事。新的計算結果顯示，基因對人類壽命的影響不到7%，而非以往多數人估計的20%到30%。這意味著你會活多久主要操之在你，取決於你選擇怎麼過日子——吃什麼、喝什麼、多久爆汗一次、睡得好不好、承受什麼樣的壓力（以及如何應付），甚至還有其他因素，例如你的人際關係和社交網路的品質及強弱、你跟誰結婚，以及你運用醫療和教育的情況等等。

美國遺傳學學會在二〇一八年進行一項配偶壽命研究，依照四億多人

（出生於十九世紀到二十世紀中葉）的家譜詳加計算，他們發現已婚伴侶的壽命比手足接近。這樣的結果暗示非遺傳因素具有強大的影響力，因為配偶通常沒有同樣的遺傳變異。但配偶確實可能共有其他因素，包括飲食和運動習慣、居住地離疫情爆發多遠、是否有乾淨的飲水、識字能力、是否抽菸等等。這合乎情理，因為人傾向於挑選生活方式相近的伴侶，好比你很少見到會抽菸、成天躺在沙發上看電視的懶惰鬼搭上好勝、不抽菸的健身狂。不管是意識形態、價值觀也好，嗜好或習慣也好罷，我們比較喜歡跟志趣相投的人過日子（和生小孩）。這種現象其實有個名稱：選型交配（assortative mating）。我們傾向於選擇與我們類似的伴侶。

人人都想以健康狀態活得愈久愈好，但大部分研究抗老的學者都不是在追求長生不死，而我們猜，你也不是。但我們全都想要也嚮往的是延長健康壽命，我們想增加一、二十年生龍活虎、興高采烈的日子，縮短我們花在「老年」的時間。在我們夢想的世界，我們會在跳完最後一支精湛的舞後於睡夢中平靜地死去，「壽終正寢」。沒有痛苦，沒有要控管數年甚至數十年的慢性病，不需仰賴強效藥物度日。我們也希望我們的寵物能夠這樣。好消息是，如果能將資訊付諸行動，**科學可能已經對老化生物學有足夠的認識，能夠延長狗狗三、四年的健康壽命了**。三、四年對狗狗來說相當長，我們無法做任何保證，但可以滿懷信心地說，如果你確實實行那些已獲得證實的策略，一定能幫助你的狗狗提高延長健康歲月的機率。

「拉直曲線」（拉平死亡率曲線）是一種看待延年益壽的方式，那意味著在你年老以後，你的罹病風險（即死亡機率）仍維持低檔，你不會隨著老化而愈來愈虛弱，你良好的健康會一直維持到死前不久。我們都希望能「健康快樂、健康快樂，到健康快樂地死去」，而這與我們習慣相信的狀況（那條下坡虛線）呈現鮮明對比：到了中年或退休後（這點無庸置疑），我們會出現林林總總影響我們的機動性及／或腦功能的生理症狀，醫生會開給我們愈來愈長的藥物處方來管理我們日益衰退的身體，然後我們會得癌症或

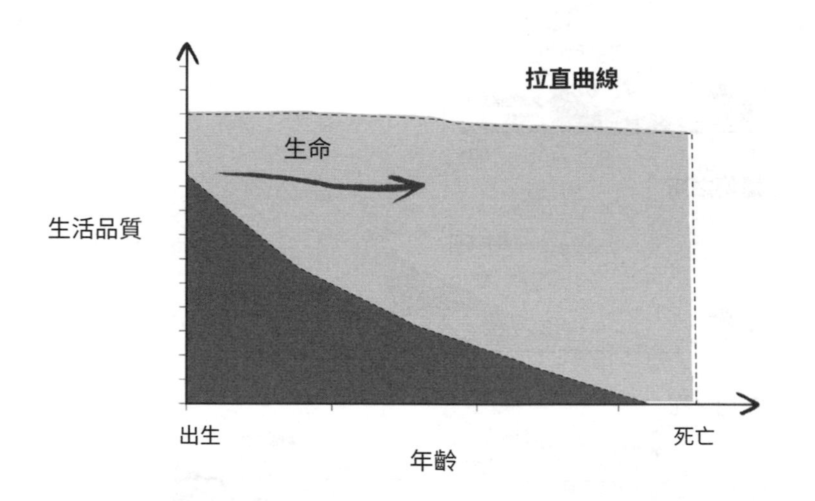

阿茲海默症、心臟病、中風或器官衰竭，掙扎一陣子後便死去。真是爛透了。科學說，這兩種劇本會上演哪一種，我們有相當大的影響力——一切取決於我們選擇的生活方式。那我們的狗狗呢？牠們無法為自己做出最好的選擇，因為牠們歸我們掌控。而到目前為止，坊間尚未繪製出讓狗狗長壽健康的藍圖，這就是我們對手邊工作充滿熱情的原因。

透過結合我們從世上最長壽的狗狗身上蒐集來的智慧明珠，以及最新的長壽研究和新興轉譯科學，我們希望呈現你所需要的知識，讓你能為你的狗狗朋友做睿智的決定。只要依照資訊來為狗狗選擇一貫的生活方式，你就能遠離高風險的變因和早期退化，因為你正按部就班地採取旨在避開它們的步驟。從統計學來看，這可以造就更長的健康壽命。

很顯然，一些影響人類壽命的因素不適用於狗，畢竟狗不會拿學位、不會抽菸、不會結婚。另外，如我們將在後文詳盡討論的內容，對一些狗狗來說，基因在壽命方程式所占的份量可能較重。但先讓我們暫時把基因組擱在一旁，因為環境的作用力就是會使基因相形見絀，畢竟如我們將在後面章節探討的，基因是在基因的環境脈絡裡起作用，而這裡有個值得深入探究

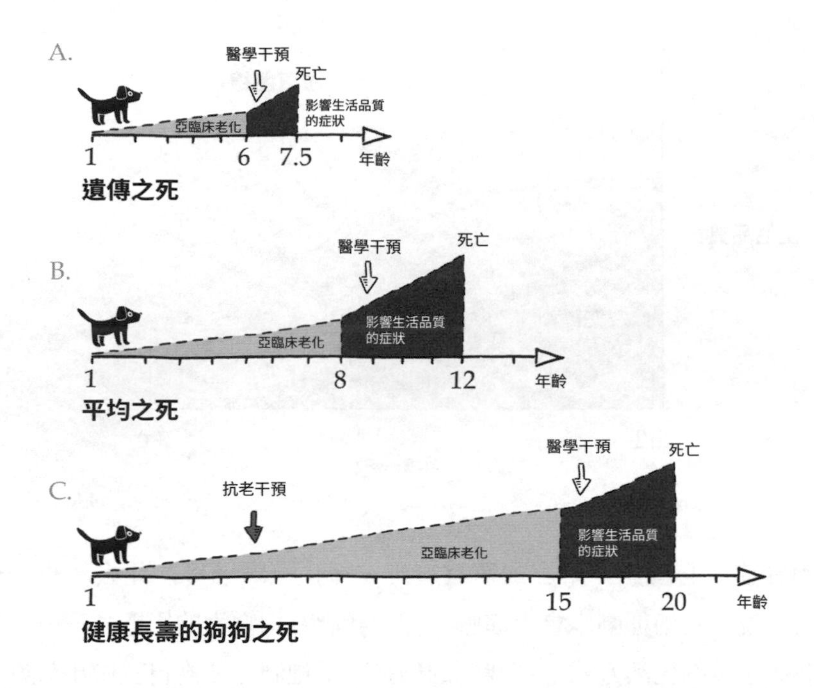

的思想實驗。狗狗確實跟我們共享許多事物，牠們住在我們的房子裡、吸我們的空氣（也吸我們的二手菸）、喝我們的水、遵照我們的指示、感受我們的情緒、吃我們的食物，甚至睡我們的床。很難想像有哪種動物分享的人類環境會比狗還多。我們不妨先想像一下，做為某人鍾愛的寵物、任某人擺布（但你很高興），是何種情況：

有人餵你吃東西、在固定時間帶你出門散步；有人幫你洗澡、梳毛、親吻你、愛撫你。你有舒服的位置可以睡午覺；你可以得到你最愛的玩具，也有地方讓你嗅來嗅去和大便。你在公園裡有朋友，喜歡和主人也喜歡跟狗狗同伴一起玩。你特別喜歡在外面玩得髒兮兮，探索新的地點、聞其他狗狗的屁屁，並與其他狗狗做新奇的互動。

上述想像的畫面可能會讓你憶起童年，那時你完全仰賴成人照顧你，在你後面幫你擦各種屁股，並盡力確保你的安全。雖然你可能會以某種方式抗議，但你對於要吃什麼、什麼時候洗澡，或者被帶去公園或遊樂場幾次，其實沒有發言權。但你會順從，是因為那就是你所知的一切。你可以說，生來就出於本能信任你的爸媽或監護人，而你也會養成那種教養方式所塑造的習慣。今天，身為成人，你的健康（或不健康）或許有相當程度可歸功（咎）於你的日常習慣，不管那些習慣是會支持美好的長壽人生，還是會帶你往慢性病的方向走去。

大部分的人在長大成人後會變得獨立，可以選擇修正我們的習慣來順應我們的需求和喜好；但我們的狗狗不然，牠們一輩子仰賴我們。終其一生，我們沒有給狗狗什麼選擇的餘地，因此當病魔襲擊，我們得問：到底是哪裡出了差錯？

眾所皆知，我們人類愈來愈常受到所謂文明病的折磨，如糖尿病、心臟病和失智症等，而那些疾病主要是我們選擇的生活方式（不當飲食、缺乏運動等等），經年累月造成。一波緩緩移動的海嘯歷經數年乃至數十年的累積，終於抵達我們生物學的海岸。雖然拜營養、公共衛生和藥物發展進步之賜，人類的壽命比一百年前來得長，但我們有活得比較久又比較好嗎？

根據世界衛生組織的資料，一九〇〇年時，全球平均壽命只有三十一歲，就連最富裕國家也不到五十歲（美國約四十七歲）。但我們應淡化那些數字的重要性，因為二十世紀初的「平均」壽命乃受到傳染病拖累，那造成眾多人過早死亡，特別是孩童早夭。隨著抗生素變得普及以及我們學會如何治療多種疾病，平均壽命大幅提高。到了二十一世紀，死亡的主因已從傳染病和嬰兒死亡，變成成人非傳染性的病痛或慢性病了。

到了二〇一九年，在疫情爆發扭曲數字之前，美國的平均壽命逼近79歲，日本更高達84.5歲。但請認清這點：今天，美國有不到半數人口活過80歲，而其中三分之二將死於癌症或心臟病，並且有許多突破80歲大關的「幸運兒」被肌少症（sarcopenia）、失智症或帕金森氏症壓垮。近年來，受到新冠肺炎疫情影響，我們已然失去我們在壽命方面的獲益，許多數字顯示我們提升生活品質的能力正在衰退（有些指標甚至顯示停擺）。前一個世紀，我們在提高壽命水準上大有斬獲，如今我們卻在延續健康生活上，面臨更高，且主要是自己砌成的門檻。老化無可避免導致身體的耗損，但我們也愈來愈常屈服於那些原本大可避免的病症，最終與棘手的慢性病牢牢繫在一起。

其實不必這樣的。癌症、心臟病、代謝症候群〔想想胰島素阻抗（insulin resistance）和糖尿病〕、帕金森氏症和阿茲海默症等神經退化性疾病，在世界許多地方仍相當罕見，甚至包括一些現代化國家的小地方。在這些被稱為藍色地帶的「高壽命地區」，活到百歲以上的人數是其他地區的三倍，保有記憶和健康的時間遠比我們來得久[2]。二〇一九年，聲望最高的醫學期刊《刺胳針》（The Lancet）發表了一項令人擔憂的研究，指出全球現在有整整五分之一的死亡，完全是不健康的飲食所致。世人吃太多糖、精製食品、加工肉品，這便是現代文明病的肇因。而且不只是原料，還跟份量有關。今日的食品都被精心設計成容易過度攝取，如前文所述，我們被餵得太多，卻營養不良。我們將看到同樣的情況也發生在許多狗狗身上。一項研究探查了3,884隻在英國第一次找獸醫做健康檢查的狗狗，發現其中有75.8%被診斷出一種以上的健康狀況。

眾所周知，肥胖已經成為世界許多地區的重大問題，特別是高所得的已開發國家。我們會慎重但出於善意地使用這個詞。只要意識到問題，便可能付諸行動。儘管已經在研究和藥物研發上砸下數兆美元，但我們知道罹患

2. 「藍色地帶」（Blue Zones）一詞首度出現在二〇〇五年十一月號《國家地理雜誌》的封面故事：丹．布特納（Dan Buettner）〈長壽的秘密〉（The Secrets of a Long life）一文中。這個概念出自佩斯（Gianni Pes）和柏蘭（Michel Poulain）所做的人口統計學研究，曾於前一年的《實驗性老年病學》（Experimental Gerontology）期刊概述。佩斯和柏蘭鑑定出義大利薩丁尼亞的努羅奧省，是男性人瑞最集中的地方。這兩位人口統計學家在聚焦於最長壽的村莊聚落時，會在地圖上畫藍色的同心圓，並開始稱圓圈內的地區為「藍色地帶」。後來布特納和佩斯及柏蘭一起拓展這個詞彙，在世界各地發現其他長壽熱區，包括希臘的伊卡利亞、日本琉球、美國加州羅馬琳達和哥斯大黎加的尼科亞半島。

癌症、心血管疾病和神經退化性疾病的風險仍持續增加，且與危險的過重息息相關。但我們的狗狗呢？牠們也愈來愈重，有超過半數的美國寵物過重或肥胖。寵物為什麼會胖的成因不一，但只要了解寵物食品業如何在不到六十年間成為市值六百億的速食巨擘，便可一睹這個問題的真實面貌。

狗狗過重（包括肥胖）的問題，專家已研究多年，而這種處境的兩大成因似乎是1.我們怎麼餵養牠們、餵了什麼，以及2.牠們做了多少運動。有趣的是，二〇二〇年荷蘭一項針對兩千三百多位狗主人的研究揭露，「放任式教養」會養出過重和肥胖的狗狗，一如人類世界的放任式教養與過重（和素行不良）的兒童關係密切。這項研究發現，過重狗狗的主人較可能把狗狗視為「寶寶」，允許牠們睡在床上，而不重視飲食和運動。這些過重的狗狗也較可能出現「多種令人不快的行為」，包括吠叫、咆哮、咬陌生人、害怕戶外活動、不聽命令等等。

與一般觀念相反，**狗狗不需要碳水化合物，而一般以穀類為主的袋裝食品，常有超過50%的碳水化合物，且主要來自會升高胰島素的玉米或馬鈴薯**。那就像一碗糖尿病顆粒，且帶有「殺劑」（如殺蟲劑、除草劑、殺菌劑）。玉米除了富含碳水化合物，還會迅速升高狗狗體內的血糖，而且被大量噴灑，承受了美國所有施用農藥的30%。然而，無穀類的狗食沒有比較好，平均約有40%是糖類和澱粉。別被看似宣稱「健康」的「無穀物」標籤給騙了，有些無穀物狗糧的澱粉含量比誰都高。你很快就會看到，寵物食品世界的標籤實務可與我們在超市見到的詐欺匹敵。高澱粉的飲食會為一堆退化性疾病奠定基礎，不過那些疾病，只要選擇代謝壓力較小的食物就可以避免。

我們支持少加工、新鮮的「原型食物」飲食（我們會賦予確切的定義），盡量多樣化，就如同你想吃的東西一樣。**只要把狗狗每日加工寵物食品（狗糧）的10%換成新鮮食物，就能為狗狗的身體創造正向的轉變**。改善狗狗健康不是一件寧為玉碎不為瓦全的事，只需要更換賞給毛小孩的零嘴，就能達成那10%的轉變了：扔了連你自己都不敢試的市售狗零食，換成你敢吃的東西，比如一把藍莓，或切成一口大小的生胡蘿蔔。你採取的每一個小步驟，都可能帶來顯著的整體健康效益。我們會給你實際、經濟，且在時間上可行的建議。一旦掌握食物的力量，改變做法的動力就會湧現，而這本書最不缺的就是按部就班的指引了。

要增進或摧毀我們同伴（和我們自己）的健康，最強有力的途徑就是食物；食物可以療癒，也可以構成危害。而如果食物品質不良，你是沒辦法靠其他方式彌補的——比如每天一邊吃垃圾食物，一邊吃綜合維他命。一邊滿足喝含糖汽水的癮，一邊做果汁斷食排毒，是救不了你的。

一如多數醫科生，獸醫學生所受的教育沒有教給他們扎實的營養學，不過許多獸醫師的觀念皆已與時俱進，不再認為「餵罹癌狗狗吃什麼都無所謂，只要牠肯吃就好」，而已認清食物選擇在免疫反應及疾病痊癒上扮演重要角色。營養基因組學，即研究營養與基因之交互作用（特別是在疾病預防與治療方面）的學科，是所有狗狗的健康關鍵，並帶給狗狗扭轉命運的可能。其實，我們一開始碰面就是討論寵物營養的主題。羅德尼的牧羊犬珊珊差點在週歲生日前夭折，她的腎臟被宣稱能「強化關節、促進免疫健康、讓毛更漂亮」，卻受細菌汙染的肉條零嘴弄壞了。羅德尼原本打算讓珊珊安樂死，所幸第二位醫師的意見保住她一命，隨後珊珊便改吃特製的自製飲食來挽救她的腎臟。珊珊的經歷驗證了食療的力量。數年後，珊珊的癌症診斷終於促使我們兩人相遇，攜手找出透過飲食達成理想寵物健康的線索，以及寵物營養與寵物壽命的關聯。我們就是從那時開始捲起袖子賣力工作。挖掘所有散布醫學和獸醫期刊的科學，並且和全世界分享的時候到了。

緣起

在我（羅德尼）平生最混亂的時刻，所幸有珊珊撫慰那該死的夢想。你也知道，身為第一代加拿大人，我是在傳統黎巴嫩家庭長大，家裡都是人和裹著塑膠的家具，沒有寵物。雖然是個窮學生，我卻在足球場上嶄露頭角，入選加拿大國家隊，並夢想有朝一日能在加拿大足球聯盟踢球，然後我摔斷膝蓋了。當時發生兩件改變人生的事情，一是我放棄了足球夢，二是我在休養期間，看了電影《我是傳奇》。電影裡，威爾・史密斯扮演一個在孤獨的末日後世界奮勇求生的人，他不變的同伴、保護者和唯一的朋友，是一隻名叫山姆的德國牧羊犬；男人與狗，發展出深刻而充滿活力的共生關係。觀看那部電影時，我內心深處喀噠一響。在那之前，「人與動物的連結」對我只是一個詞語，但那時我卻感覺到，我正錯失一整個世界的連結：人獸之間，確實可能存在豐富生命的關係。隨著膝蓋復原、足球夢破滅，我做了唯一一件合邏輯的事：我自己養了一隻德國牧羊犬。她的名字，我很自然地取作珊珊，而她在二〇〇八年的到來，改變了我的一切。

對我（貝克醫師）來說，打從有記憶以來，我就非常熱愛動物了。我爸媽第一次隱約知道我認真看待幫助動物這件事，是一九七三年左右在俄亥俄州哥倫布的一個雨天。那時我才三歲，在家附近的人行道發現有蟲子「擱淺」，便發狂般地央求媽媽幫我救牠們。（我媽答應了。）從那一天起，我爸媽開始培育我對所有動物的熱情，不過確實有個很硬的條件：所有我帶回家裡的動物，都必須過得了前門。我沒花太久時間就找到自己在世界裡的一番天地——十三歲時，我在社區的人道主義協會（Humane Society）擔任志工；十六歲時，我拿到聯邦核發的野生動物救傷師執照。再過幾年，我成了獸醫學生，準備將我的熱情轉化為專業。較為積極主動、整合性的動物照顧策略，比較適合我的信仰、興趣和性格。對我來說，從最不具毒性和侵略性的醫學選項著手很合乎常理；從頭開始預防身體崩壞更合乎邏輯。接下來幾年，我拿到復原療法（物理治療）與動物針灸執照、寫了一本動物食譜，最後成立中西部第一家預應式的獸醫院。

然而，綜觀我的獸醫生涯，我從自家寵物學到的課題，仍在我的專業生涯位居首要地位。例如，我家的狗狗「黑仔」活到十九歲，他的例子印證了生活方式的因素真的很重要。因為財力不夠，黑仔以狗糧為基礎飲食，但終其一生，我們在其他生活方式上做了無數絕佳的選擇，這很顯然構成重大的差異。我在醫學院一年級時認養的搜救羅威納犬「雙子」則證明，食物至關重要，而事實上，正是我的自製餐點把她從鬼門關前拉回來。雙子是我第一隻健康而長壽的狗狗，活得遠比眾人預期的久，而那一部分是因為我從領養她的那一刻起，就採用預應式的策略了。直到今天，就算我曾一度同時養了二十八隻寵物（包括許多兩棲類、爬蟲類和鳥類），但走過漫長疾病與健康旅程的雙子，仍是教給我最多事情的病患。

當然，寵物健康絕不只是我們餵牠們吃東西而已，除了食物，出色的醫學也與其他更多事物密不可分。且容我們反覆重申：人類暴露於哪些汙染源和致癌物，狗狗就暴露於哪些汙染源和致癌物。更重要的是，讓人類可以活得更久的健康選擇，通常也適用於我們的狗狗。

我們提出兩個好問題：今天的狗狗活得比牠們的祖先久嗎？有活得比

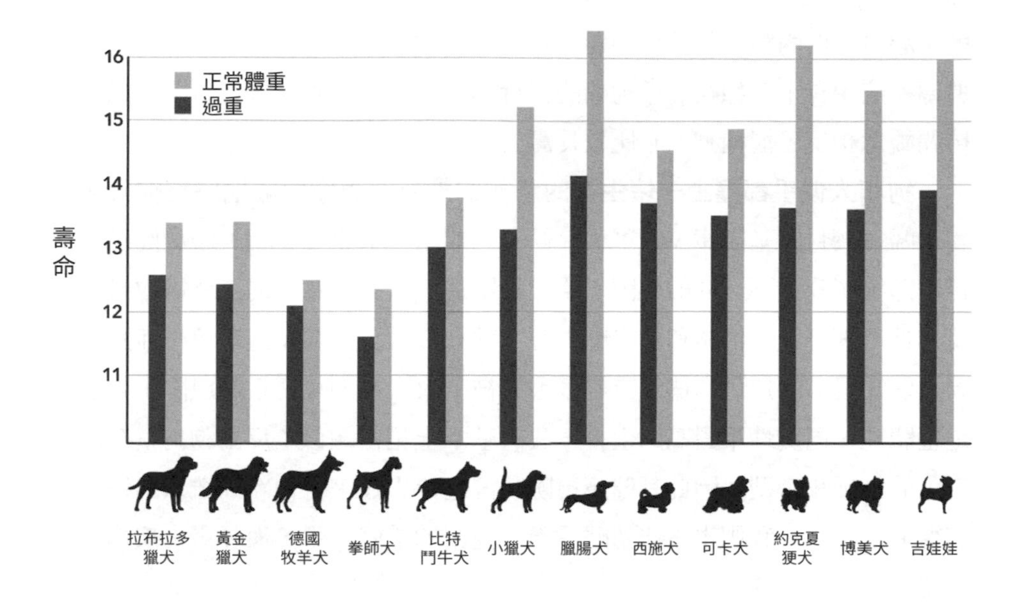

較好嗎？

對一隻體重正常的狗狗來說，多活一、兩年乍看沒什麼大不了，但以狗狗的壽命來看，一、兩年則是相當漫長的時間。狗的壽命跟我們一起增加是不爭的事實，一如現代人活得比我們的祖先久，狗從狼演化至今，壽命也愈拉愈長。但那個上升趨勢可能正在反轉，而牠們的健康壽命無疑已經縮減，「狗日子」也已經不像從前那麼快活了。雖然還沒有科學證據顯示在我們有生之年，狗的整體壽命已呈現衰退，但確實有大量軼事證據和愈來愈多研究，令人信服地指向一股令人擔憂的新趨勢。例如在英國，二〇一四年一項純種狗研究，便揭露了過去十年的狗狗壽命出現顯著下降，斯塔福郡鬥牛㹴犬（Staffordshire Bull Terrier）更平均減少了三年壽命。短短十年間，英國純種狗的壽命的中位數就掉了11%。加州大學戴維斯分校一項為期五年的獸醫病例研究顯示，在遺傳疾病方面，混種犬不見得擁有優勢。這個研究審視了九萬個病例，發現其中27,254例，身上至少有二十四種遺傳疾病的一種，包括各種類型的癌症、心臟病、內分泌系統功能失調、骨科疾病、過敏、脹氣、白內障、晶狀體問題、癲癇和肝病等。根據這項研究，二十四種遺傳疾病中有十三種在純種狗間的盛行率與混種狗相差無幾（新聞快報：與坊間觀念相反，混種狗未必比較長壽）。

狗和人似乎都撞上一堵生存的牆。雖然有些專家狹隘地將狗狗壽命的變化歸咎於封閉基因庫、冠軍犬症候群，或重視美學（長相）勝於健康，但科學卻給了我們不一樣的原因：環境的影響，包括一輩子的速食攝取量，以及林林總總身體、情緒和化學壓力源，都在壽命上扮演關鍵角色，而這也是眾人熟知已久的角色。儘管有許多因素被納入人類過早死亡的風險，人類仍是整體性、同質性相對高的生物，我們基本上相當類似；反觀狗狗就有形形色色的品種和體型，因此其健康風險狀況遠比人類來得複雜而難以歸納、理解得多。另外，我們也不能忽略長壽、健康的美好一生，與長壽、疾病纏身的悲慘一生之間的差異。

來自英國的雜藍色柯利牧羊犬（Merle Collie）「布蘭帛」曾保有最長壽狗狗的金氏世界紀錄。她活到二十五歲，相當於人類活過一百歲！布蘭帛平常吃健康、高品質的自製飲食，且活動充足、沒什麼壓力。據她的主人表示（她在一本書中記錄布蘭帛的生活，分享她長壽的秘密）：「教育狗狗比訓練狗狗來得重要……學會和狗溝通是關鍵的第一步。」這我們再同意不過了，穩固的關係建立在信任和暢通的雙向溝通，以及相互了解上。（任何關係都是如此！）這也衍生出另一個問題：我們有沒有聽懂狗狗在說什麼？她敏銳地觀察道：「就算有全世界最好的意志和最仁慈的主人，這些狗狗仍住在我們的家裡，聽我們吩咐，而在這方面，牠們別無選擇。」

不同於平均壽命，沒有數據可以明確指出平均健康壽命會在哪個時間點結束，但世界衛生組織已經發展出HALE指標（healthy life expectancy）來彌補這個缺憾。該指標排除致殘的疾病和傷勢，來估算新生兒可望過幾年「健康無虞」的日子。換句話說，這種計算結果旨在告訴你，平均而言一個人可以過多久健康的人生，才開始被那些病痛和殘疾奪走生活品質。

我們不必探究那個複雜算式的細節（就留給統計學家和人口學家傷腦筋），只要說這句話就夠了：前一次在二〇一五年發表的HALE，數字（全球兩性平均）是63.1歲，比平均壽命（零歲平均餘命）少8.3歲。換句話說，不良的健康導致人類失去八年左右的健康生活。再換一種說法，全球平均而言，我們的人生有高達20%的日子，是在不健康的狀態下度過的，那是很久的一段時間。現在，把主角換成狗狗，想想這一句話：如果疾病一般在八歲左右侵襲狗狗，而狗狗的平均壽命是十一歲，那狗狗的一生就有27%的時間是在不健康的狀態下度過的；再考慮到平均壽命可望超過十一歲的品種，我們敢大膽猜測，百分比逼近三十大關。

「現代」獸醫學遵循的反應式醫療措施，與醫學院教給學生治療人類的方法如出一轍：動物同伴的退化性疾病無法避免，到中年就會發生，而隨著寵物老化，將以預後不良的診斷告終。獸醫師學習的療程是在疾病出現後開立處方，但在我接受獸醫訓練的那幾年，除了體重管理，學校連一個預防策略都沒教過。在輪到我（貝克醫師）教獸醫學校的保健醫學時，學生為健康的小貓、小狗設計了疫苗接種計畫，但學校沒有一門課教導如何預防中年關節炎和肌肉萎縮，或如何在寵物老化後維持健康器官系統、如何在發病前降低認知衰退或癌症的可能性，甚至連討論也沒有。

哈佛大學大衛．辛克萊（David Sinclair）博士專門研究遺傳學和老化生物學，寫過無數文章探討長壽健康生活的秘密，他告訴我們，他覺得老化本身就是一種疾病。若以這種方式看待老化，我們可以致力於「治療」，或起碼控制老化。在他的心目中，治療老化可能比治療癌症或心臟病來得容易，辛克萊的觀念和企圖心令人欽佩，也協助催生了抗老化的研究。老化本身是生命自然、無可避免而美好的一部分，但疾病卻會荒謬地加速退化——好比從沒吸過菸的四十歲人士突然被診斷出肺癌，或五歲大的拳師犬意外死於先天性心臟病。不論你是哪一種動物，老化都是生命的一部分，但在二十一世紀的今天，快於正常速度的老化或英年早逝都不該，也不必是生命的一部分。

快樂測試

根據我們針對狗主人的非正式普查，如果狗狗會說話，他們最想問狗狗的問題是「你快樂嗎？」而緊跟在這個問題後面的，通常是「我可以怎麼讓你過得更開心？」這兩個問題都很適合帶出第三個問題：「寵物的健康會反映主人的健康狀態嗎？」

我們常看到寵物和牠們的人類同伴有一樣的健康問題，也常看到牠們警示了人類的健康問題。

如果你的狗狗很焦慮，那你呢？如果你的狗狗體重過重、身材走樣，那你呢？如果你的狗狗會過敏，那你呢？我們寵物的健康往往反映了我們本身的健康：焦慮、肥胖、過敏、腸胃道感染，甚至失眠，都是可能同時存在於寵物與飼主身上的失調症。

在研究領域，針對人類　寵物這個組合的研究相對新穎，但現有的研究已凸顯一些有趣的初期發現。在荷蘭，研究人員發現過重的狗狗較可能有過重的主人。（這不該令人意外，我們在孩子與爸媽身上看到同樣的現象。）作者提出，飼主—寵物一起散步的時間，是預測這對組合是否過重最準確的因子。另一項來自德國的研究則顯示，我們傾向把自己吃點心的習慣，和對食物份量及加工食品的態度，強加在寵物身上，而這當然會影響牠們一天攝取多少熱量。

在芬蘭，二〇一八年有一項非常引人注目的研究，特別以一種診斷——過敏——為題，試圖找出人狗組合的脈絡。瞧，他們發現到，住在都市環境、脫離自然及其他動物的人和狗，患過敏的風險比住在農田、與許多動物和小孩同住，或常去森林漫步的人與狗來得高。狗的過敏常被診斷為犬異位性皮膚炎，與人的溼疹類似，而這也是狗狗去看獸醫最常見的原因之一。同一批研究人員中的幾位也主導了另一項研究，提出犬科過敏的另一項重要危險因子就是，吃過度加工的碳水化合物飲食。這群學者在二〇二〇年《公共科學圖書館：綜合期刊》（PLOS ONE）的報告中總結道：在狗狗幼年時餵牠們無加工、新鮮、以肉為主的飲食，能預防犬異位性皮膚炎；過度加工且充斥著碳水化合物的飲食則是危險因子。他們也鑑定出其他可望能大幅度降低犬異位性皮膚炎機率的變因：「母犬孕期除蟲；產後初期多曬太陽；產後初期維持正常體態；小狗在日後會長待的家庭出生，並於二到六個月大時常在泥土地或草地上活動。」**結論就是：少一點加工碳水化合物、多一點泥土是關鍵。**

這個透過接觸農業生活方式和其固有的泥土來預防過敏的現象，有時稱作「農場效應」（farm effect）。確實，有時弄得髒兮兮是值得的。誠然，泥土絕不是我們在大自然腳下踩的東西而已，泥土裡的明星選手是可在農村和自然環境發現的微生物群落，在抵抗病原體、維持新陳代謝，和訓練免疫系統、讓它不會對過敏原產生超敏反應等方面，扮演吃重的角色。泥土教身體如何分辨朋友和潛在的敵人。謝天謝地，我們已經有各式各樣的新興研究計畫，包括犬科健康泥土計畫（Canine Healthy Soil Project），集中火力測試這個生物多樣性的假設：及早接觸健康的土壤微生物，可能極有助於重建狗狗祖先體內及體表的微生物群落，提升未來的整體健康壽命。

在後面幾章，我們會更深入探究這個現象，因為隨著我們更加了解我們周遭的有益微生物（及其代謝物，或本身代謝產生的物質），對我們以及我們的狗狗的生理機能和健康有何貢獻，這已在科學界掀起一場革命。世界各地的免疫學家都在加速破解微生物體的秘密，那是主要以共生關係存活在我們體內及體表的所有微菌叢（以細菌為主）的總稱，而人類能存活數百萬年，這些共生生物貢獻卓著，而它們也跟我們一起演化。

我們每一個人，包括每一隻狗，都有獨一無二的微生物體住在身體的組織和生物流體各處。它們無所不在，不論腸子、嘴巴、性器官和體液、肺部、眼睛、耳朵、皮膚，都有它們的蹤影。身體生態系統裡的微生物——人狗皆然——比其他地方來得豐富，怪不得研究人員已經發現，受過敏所苦的人和狗，與健康、不會過敏的人和狗，兩者身上的微生物體有莫大差異。他們也發現慢性或急性腸胃道發炎的狗狗，腸道菌叢亦截然不同，事實上**狗狗微生物體的健康，與罹患腸胃道疾病的風險之間，有著強烈的關係**。有些研究甚至開始顯示我們的微生物體，和與我們同住狗狗的微生物體關係密切。例如二〇二〇年另一群芬蘭科學家（其中幾位曾參與前述研究）發現，狗狗和飼主在都市環境，且鮮少接觸有益的環境微生物時，比較可能同時受過敏困擾，但有趣的是，他們也發現這兩種物種的皮膚微生物體（對皮膚健康至關重要），主要是由居住環境形塑的。我們會在後文看到，微生物體是從一系列的輸入，包括環境暴露和飲食選擇成長茁壯，你和狗狗吃進肚子裡的東西，會強烈影響你們微生物體的效力、功能和演化，而微生物體會反過來從內而外衝擊患病與失調的風險。

如同世界最負盛名的科學期刊《自然》（Nature）所發表的，我們寵物的情緒狀態亦受微生物體影響，且明顯反映我們自己的情緒。養過狗的人都知道狗和人彼此心意相通，而這種能力似乎與這兩種社交哺乳動物在馴化期間漫長的交流過程有關。這些共有的情緒會像「社交黏著劑」一樣運作，協助發展及維繫強烈、持久的社會連結。頂尖學者林娜・羅特（Lina Roth）的研究成果曾於二〇一九年《自然》的一篇文章發表，而當我們採訪她時，她提到人—狗組合的毛髮皮質醇濃度（一種慢性壓力指標），指出人與狗之間存在強烈的「跨物種同步」（interspecies synchronization）現象。一般來說，這種「情緒感染」似乎只會從人類傳到他們養的狗狗，不會反過來。諸如此類的發現讓我們更加確信，我們的壓力可能在我們渾然不覺中，對我們的狗狗造成有害的影響。如果狗真能理解我們的情緒和心理狀態，當我們活在嚴重創傷或極度焦慮的長期壓力下，會造成什麼樣的情況呢？我們的狗狗可能會受我們拖累，不斷、深刻地受苦。一項由一支全球研究團隊進行的研究結果尤其令人憂慮：習慣逃避情感的人〔俗稱「迴避依附型」（avoidant attachment style）人格〕，較可能養出一旦面臨社會壓力便會試圖逃避，且不對飼主表露情緒的狗狗。

在義大利拿坡里費德里克二世大學（University of Naples Federico II），我們看到狗狗能在一秒內分辨人類的汗水樣本並做出反應，包括在快樂及害怕的情緒狀態下蒐集來的汗水。比亞吉歐．丹尼洛博士（Dr. Biagio D'Aniello）告訴我們，他的研究中最令人瞠目結舌的部分，不是狗可以透過鼻子裡的化學受器來分辨人類的情緒，而是狗狗自己的生物化學指標會受到影響。狗和人類有情感糾葛，而牠們的情緒狀態會影響彼此的生理。辦公室裡的激烈爭論除了讓你血壓升高，也會改變你的荷爾蒙化學，而殘餘的壓力荷爾蒙是真的會從你的毛細孔滲出來，雖是微量，但仍可察覺，而在你到家時，你的狗狗會認出那些壓力荷爾蒙，並給你回應。你有注意過當你從別的地方回家，你的狗狗是怎麼嗅聞你的嗎？牠其實是在聞你這天過得怎麼樣，看看你好不好。

當我們問丹尼洛博士，我們可以怎麼幫助狗狗應付我們混亂的生活？他的答覆耐人尋味：「下班回家，先沖個澡。馬上去。」他邊說邊故作神秘地笑。他建議，更實用的辦法是養成減壓的習慣，找出你可以天天使用的紓壓工具。**原來，好好照顧自己，包括運動、瑜伽、冥想或其他能真正幫助你解除壓力、回到體內平衡的方式，就是給你的身、心、靈和狗狗最好的禮物。**

狗，跟人一樣，是社交動物。你馬上就會發現，狗從很久以前就以編排優美的舞蹈對我們獻殷勤，跟我們一起在地球探險、享受生命。怪不得我們和狗狗的關係會由我們人生的許多面向，從我們的習慣、壓力大小到微生物體進行塑造。人類和狗狗共同演化的故事令人會心一笑，因為那讓心房如此溫暖。而在我們腦海裡，瑞吉、珊珊、雙子，和其他所有已在天上的狗狗，也跟我們一起微笑。

長壽鐵粉攻略

- 不論你的狗狗是哪個品種，有什麼樣的潛在遺傳，健康壽命的目標皆一致：在高生活品質的前提下，活得愈久愈好。這當然就是長壽健康的狗狗囉。
- 大量研究證實，我們有能力透過改變狗狗的環境來影響及控制基因表現。這就叫表觀遺傳學。
- 最有效的長壽藥物來源是食物，只要把狗狗每天吃的加工寵物食品（狗糧和零嘴）的10%換成較新鮮的食物，就能為狗狗的身體帶來正向的改變。改吃無加工、較新鮮的零嘴，是絕佳的第一步。
- 那些危及我們長壽的因素，也會致使我們的狗狗撞上生存健康之牆：缺乏多樣化、少加工的飲食；吃太多；久坐（缺乏運動）；以及暴露於化學毒素和長期壓力等環境。
- 我們的狗狗明白我們受到多大的壓力，在我們自己的生活中從事能紓壓、營造情感幸福的健康活動和習慣，能帶給狗狗正面的影響。

2
人狗共同演化
從野狼到任性的寵物

對自己的狗來說，每個男人都是拿破崙，
所以狗才這麼受歡迎。
——阿道斯・赫胥黎（Aldous Huxley）

上面的照片透過維基共享資源，由以色列博物館提供（公眾領域貢獻宣告）。本照片由中國河南新鄭市鄭州西亞斯學院歷史教授 Gary Lee Todd 博士在以色列耶路撒冷的以色列博物館拍攝，他將這張照片奉獻給公共領域，可在公眾領域貢獻宣告CC0 1.0 的公共領域中取得。

上圖是一名女子的骨骸，她以胎姿躺著，一手深情撫著一隻小狗的頭。那是於一九七〇年代晚期，以色列胡拉湖（Hula Lake）畔一個有一萬兩千年歷史的墓穴中發現的。墓穴位於加利利海（Sea of Galilee）北方約十六英里處，那裡曾有過一個以採集與狩獵為生的小型聚落。在那個時代，人類仍在製造簡單的石器，住在砌石牆、搭茅草屋頂的半永久性土屋裡，而這張照片凸顯了人類和犬科動物從很久很久以前，就有深刻的互動了。

把時間拉回二〇一六年，考古學家發現一批兩萬六千年前留下的爪印，緊跟在一個八到十歲、約四英尺半（135公分）的人類孩子腳印旁。這些足跡是在位於法國南部的舊石器時代遺址肖維岩洞（Chauvet Cave）發現的，專家研判這個打赤腳的孩子是在走路，而非奔跑，不過他／她似乎在一個泥土鬆軟的地方滑倒了。我們也知道那個孩子拿著火把，因為他／她顯然曾停下來清理火把，留下木炭的汙跡。想到一個舊石器時代的孩子，在一隻寵物犬的陪伴下探索那個古老的洞穴，這是很驚人的事。肖維岩洞也是世界最古老壁畫的所在地，在大約三萬兩千年前（我們的穴居時代），有四百多幅動物圖像在那裡被創作出來。

這項發現粉碎了狗是在一萬兩千五百年至一萬五千年前才被馴化的既定觀念，更重要的是，這個新時代徹底改變了「狗是如何變成人類最好的朋友」這個問題的答案。有些學者相信，狗可能早在十三萬年前，早在我們的祖先演變成農業社會之前，就跟人類廝混在一起了。但這個論點仍備受爭議，未來的研究必須釐清答案。（當我們寫下這句話的時候，一個新聞標題會這麼下：「冰河期的冬天有太多肉，使狗崛起」。因此，關於馴化狗始於何時的辯論會持續下去。）就連定義「馴化」一詞，或判定這個現象在歐亞大陸發生過一次、兩次或多次，都不容易。不論哪一種理論（或結合哪些理論）才正確，無可爭辯的事實仍是：「狗之馴化造就了兩個物種的成功，更致使狗成為現今地球數量最多的肉食性動物。」這句話引用自二〇二一年芬蘭研究人員在《自然》發表的一篇報告。

同樣值得一提的是，我們人類的演化故事也還有一堆謎團未解，而已經有新的證據顯示，我們在世界各地發生的事蹟與遷徙或許（還）沒有被完整記錄下來。妙就妙在，我們自己的DNA有時並未透露出我們可以在狗狗的基因組中看到的史前史。彭圖斯．史柯格倫（Pontus Skoglund）是倫敦法蘭西斯克里克研究所（Francis Crick Institute）的族群遺傳學家，曾主導一項在二〇二〇年發表的犬科演化研究，根據他的說法：「狗是人類史的染色追蹤劑。」的確，我們可能必須進一步探究狗的基因組來揭露我們自己的過往，以及在世界各地遷移的細節。

不管我們討論的是哪個品種，拉布拉多也好、大丹狗也好、吉娃娃也好，牠們全都有一個共通點：灰狼（Canis lupus）。

雖然你可能很難在外貌差異如此懸殊（除了都有毛、都有四條腿、都會吠）的狗狗身上找到相似處，但地球上的每一隻狗——四百多個已被承認的品種中的每一隻——都跟灰狼一樣，可追溯至一種已滅絕的狼。這點我們可以透過基因研究證明，不過請分清楚：狗是狗，狼是狼。而我們跟我們狗狗的夥伴關係一樣古老，狗是第一個與人類建立深刻連結的物種。（早在我們於一萬多年前開始馴養綿羊、山羊和牛等家畜之前，人類就把動物當同伴飼養了。反觀馬則是大約在六千年前才於歐亞大陸馴服的。馬雖然不是家居寵物，卻能激發飼主的熱情。）

我們知道名字的一隻古代寵物犬叫阿布蒂尤（Abutiu，亦有人譯寫作Abuwtiyuw），飼主是西元前三千年初期一位埃及法老。一般認為，他是一種視覺型獵犬（Sight Hound），體態輕盈、與灰狗類似，有豎直的耳朵和捲曲的尾巴。阿布蒂尤死後，心碎的主人為他舉行一場王室葬禮，石灰石墓碑上刻著：「陛下此舉（依王室儀式下葬）是為了在偉大的神阿努比斯面前向他致敬。」

選擇性育種的起源也待科學進一步考證，尤其是某些種類的狗源於何時何地。例如，美國國家衛生院（National Institutes of Health）的研究人員在檢視不同品種的牧羊犬時，發現了驚人的事情。他們比對了數個知名牧羊犬品種的基因，一群狗來自英國，一群狗來自北歐，還有一群狗來自南歐；研究團隊原本以為牠們血緣相近，但在二〇一七年發表的研究成果卻呈現另一回事，而當研究人員進一步探究，他們發現每一組都運用不同的策略來牧羊，而這個差異也顯現在基因資訊中。這支持這個日益盛行的理論——過去有許多人類群體是帶有目的地繁育狗狗，且各自獨立、互不干涉。

我們今天熟悉的狗狗品種大多是在過去一百五十年培養的，主要是受到後人所謂維多利亞時代人口爆炸之驅使。在那段期間的英國，育犬成為一種科學嗜好和競技而大為風行，結果造就了四百多種我們今天認定為不同品種的類別（請注意：並非所有現代品種都源自英國，因為當時育犬的風潮席捲了全世界）。人類開始重視狗狗的美學，而這種轉變帶來毀滅性的健康後果。當時正值達爾文顛覆傳統的研究與著作的鼎盛時期，他本人也對育犬深深著迷，且與頂尖育種者為友。但瀏覽十九世紀各品種的圖片，與當今同品種的狗狗相較，你會見到兩者發生過劇烈的變化。整個二十世紀針對特定身體特徵的嚴格選擇性育種，已帶給我們腿更短的臘腸犬、身體更結實但背更斜的德國牧羊犬，以及臉部皺紋更深、身體更厚實矮胖的鬥牛犬（事實上，體型受人工培育形塑最大的狗狗，非英國鬥牛犬莫屬）。這樣的轉變不是沒有負面影響，也犧牲了某些健康特性。這已造成雙重衝擊：既嚴重喪失基因多樣性，也承襲了不受歡迎的遺傳疾病。

很多人以為「混種狗」比純種狗健康，但如前文所述，事實不盡然如此。獸醫流行病學家、現任國際犬合作夥伴組織（International Partnership for Dogs）執行長布蘭達．伯尼特博士（Brenda Bonnett）指出：「許多遺傳疾病都是古代突變的結果，而在所有狗狗間分布甚廣。有些遺傳疾病的發病頻率隨著近親繁殖創造品種而增加，但在不同品種身上可能會以不同的疾病發作，嚴重程度也不盡相同。」她提出一個貼切的例子：如果混種是用絕對健康、無病無痛、基因健全的貴賓狗，和同樣完美的拉布拉多進行，那後代就很有可能身強體健（但無法擔保）。然而，我們無法假設任兩隻狗狗交配一定會生出比牠們健康的混種幼犬（因為幼犬繁殖場和想製造出「設計混種狗」的私人繁殖，是沒有健康保證書的），那些普遍存在的古老疾病突變更是如此。當我們請教伯尼特博士，若幫狗狗進行DNA檢測，好讓飼主能判斷可能有哪些遺傳疾病潛伏以便做好防備，這種做法是否具有任何價值？她回答：**基因檢測固然有其效益，但狗狗身上有許多常見且重要的疾病，基因檢測仍無法發現。**

基因檢測正迅速闖入犬科的世界。在北美洲，Embark和Wisdom這兩種DNA檢測是目前最受歡迎的市售品種鑑定工具組，飼主可買來了解更多有關狗狗品種、祖先和疾病指標等資訊。這些檢測的好處是，你可以透過特定遺傳疾病指標來篩檢超過一百九十種已在狗狗身上鑑定出來的遺傳性疾病，因此傑出育種者需要利用這種檢測來確保良種健康犬的品質。這些檢測有助於區別大量繁殖的純種狗（出自動物養殖場和幼犬繁殖場）和良種犬（出自保育或致力提升犬類健康的育種者）。並非所有純種狗都是良種犬，所以如果你要花錢買幼犬，你必須認真做功課，找那些透過考慮周到、設計得宜的基因配對，致力延長狗狗健康壽命的優秀育種者合作。瑞吉和珊珊沒有經歷這關鍵的步驟，他們的育種者恣意繁衍，沒有判斷他們的遺傳健康和相容性，結果生出雖然可愛，卻沒有活到應有歲數的毛小孩。

如果寵物爸媽真的打算對一隻混種流浪狗（混種犬）或寵物店（幼犬繁殖場）買來的狗狗進行基因檢測，請務必記得：就算狗狗可能測出陽性，表示帶有某些疾病的遺傳變異，這也不代表狗狗一定會表現出那些基因和患病。我們認識的每一位獸醫都遇過那些可怕案例：發現狗狗帶有某種「不良DNA」的客人，單憑一張報告就做出瘋狂的決定。獸醫常猶豫要不要讓寵物飼主檢測遺傳疾病，因為檢測結果並無法告訴我們，狗狗究竟會不會罹患那種疾病。

有些人告訴我們他們不想知道真相，所以不檢測；有些人則做了檢測，發現他們的狗狗帶有遺傳性疾病的基因，卻忘了那些基因可能永遠不會表現出來，然後一輩子焦慮那些可能永遠不會成真的事情。如果你做了基因檢測，結果顯示你的狗狗帶有遺傳變異，或是某些已知健康風險的基因，請別驚慌。理想上，如果你發現你的狗帶有某種易患病的DNA突變，你可以把這項發現視為一種「早鳥」契機，就此積極進行有療效的營養和生活方式計畫，以正向調節狗狗的表觀遺傳學為目標。

我們的DNA名副其實地掌控了我們的一切，因此一旦鑑定出體內帶有遺傳疾病指標，我們便能從生活方式採取預應式的步驟。但那只是個開始，既已得知我們自己的DNA，我們可以做出更多因應措施來增進健康和壽命。其實人人都帶有某種沒那麼討喜的DNA，但表觀遺傳學（稍後會詳加探討）和營養基因組學就是在這裡發揮效用。**跟你一樣，你餵狗狗吃的東**

西、牠接觸的致癌物質、你為牠打造的生活方式，都可能增加或降低遺傳性疾病表現出來的可能性。我們寫這本書是想幫助你辨識哪些生活方式會妨礙健康、助你盡可能移除障礙，以便增加狗狗的健康壽命，乃至延續生命，就算牠受到某些基因的支配也無妨。

我們將探究那些折磨我們人類的疾病，例如癌症、心臟病、肥胖，為什麼也會發生在我們毛茸茸的朋友身上。我們只需要看看我們自己的演化過程發生過什麼事，便能明瞭。從穴居時代開始，我們就相當擅長讓日子過得更輕鬆，但也付出相當的代價。我們將先探究那些代價，但別擔心，我們將在Part II及Part III闡明該如何對抗。

大遷徙與農業

試過某種特殊飲食法的人請舉手——低脂、原始人（paleo）、生酮（keto）、純素、肉食、魚素（pescatarian）都算，不論你是為了減重、管理或克服某種病症，或只是想做個更健康的人。我們兩個都興高采烈地試過多種飲食法，而今天正享受一種以無肉為主、偶爾斷食為輔的生活方式。**飲食是疾病的基石，或者反過來說，也是健康的基石。**俗話說得好：我們吃什麼，就會變成什麼。但我們的狗狗呢？什麼對牠們最好呢？天天餵牠們吃一樣的狗糧，是最理想的嗎？（不妨思考一下這個問題：你想要每次肚子咕嚕叫時都吃一模一樣的東西嗎？雖然有人告訴我們這叫擬人論，狗狗並不介意，但你可以給你家狗狗三碗不同的食物，在一旁觀察，牠不會一直回去吃同一碗。就連巴夫洛夫的狗[3]也需要變化。）這個問題我們會在Part II詳加探討，但在這裡，我們要為後面的對話打下基礎，展開一場旅行，看看自古以來我們的食糧是如何改變和塑造我們的，特別是在農業發展方面。

3. 編註：Pavlov's dogs。巴夫洛夫是俄羅斯生理學家、心理學家、醫師，他因對狗研究而首先對古典制約作出描述而著名。古典制約最著名的例子，便是巴夫洛夫的狗的唾液制約反射。

大約一萬兩千年前，所謂「破壞性技術」生根了。隨著我們改採以農業為主、放棄採集─狩獵的生活方式，我們開始動員、組織、發展成定居的聚落。這種轉變裨益人口成長，卻降低了我們的飲食品質。在我們學會農耕、種植及貯存作物，特別是玉米、小麥等穀物後，我們開始吃進多於我們所需的熱量，人類的飲食也開始集中於較少種類的食物，不再那麼豐富多樣化。研究農業如何影響人類的學者指出，農業固然有其優點，但隨著農業愈來愈先進、愈來愈複雜，其不良後果也變本加厲。後來，農耕生產的小麥和玉米又變成高度加工食品，如白麵包、熱狗和遍布全球的垃圾食品，這些讓我們暴露於現代農業使用的化學物質，其中有些已被證實為致癌物。

賈德．戴蒙（Jared Diamond）是全球首屈一指的歷史、人類及地理學家，在加州大學洛杉磯分校任教的他，也是普立茲獎得主〔《槍炮、病菌與鋼鐵》（Guns, Germs, and Steel）〕，寫過無數文章探討農業對人類健康的衝擊。這些年來他發表過不少大膽的言論，甚至極端到稱農業為「人類史上犯下最嚴重的錯誤」。他指出，採集狩獵者的飲食遠較早期農人多變，早期農人的食物大多來自寥寥幾種碳水化合物為主的作物。戴蒙提到，農業革命助長的貿易，可能導致寄生蟲和傳染病傳播，他也指出採用農業「在許多方面都是災難，且人類永遠無法從那些災難中復原」。同為歷史學家的哈拉瑞（Yuval Noah Harari）也在暢銷書《人類大歷史》（Sapiens）中呼應這個觀點：「農業革命當然擴增了人類可支配糧食的總數，但多出來的食物並未轉化成更好的飲食或更多閒暇……農業革命是史上最大的騙局。」你或許不同意這些史學家的說法，但這個事實依然明確：農業革命嚴重衝擊了人類最好的朋友。

我們在選擇吃下什麼的時候，也選擇了要給身體什麼樣的資訊。這句話說得對：**食物是給我們的細胞、組織乃至其分子結構的資訊**。不管我們談的是人、大黃蜂、白樺樹或小獵犬，這句話都成立。大衛．辛克萊博士認同這句話，並告訴我們老化的原因之一正是「身體遺失資訊」。

如果你沒有在這樣的脈絡下思考過食物，請想想下面這句話：食物絕不只是能量而已。我們攝取的營養，會傳送來自所處環境的信號給我們的生命密碼，也就是我們的DNA。那些信號能夠左右我們基因的行為，決定我們的DNA要怎麼轉化成影響身體機能的訊息。這代表你有辦法改變DNA的活動，可能變好，也可能變壞。這些由外部作用力造成的改變，涉及人稱「表觀遺傳學」的研究領域。好消息是，我們可以積極影響哪些基因開關要打開或關閉。且讓我們舉一個既適用於人也適用於狗的簡單例子：充斥精緻碳水化合物、易引起發炎的飲食，會降低「腦源性神經營養因子」（brain-derived neurotrophic factor，簡稱BDNF）這種與腦健康有關的重要基因的活動。這個基因會編碼形成一種也叫BDNF的蛋白質，負責腦細胞的成長和營養，我們通常喜歡把BDNF想成大腦的肥料。BDNF無法以營養補充品的形式攝取，你也無法從食物中得到，但我們還是可以做些什麼來讓狗狗的身體在老化時繼續製造它，而適當的食物就可以支持身體製造BDNF的力量。當我們攝取健康的脂肪和蛋白質時（這是我們農業時代前的祖先，及其犬科同伴常有的飲食方式），基因路徑的活動會促進BDNF生成。基本上，你的大腦健康只有你能支持。此外，運動也能促進BDNF生成，壓力程度和睡眠也是影響要素。事實上，現今專家認為失眠與BDNF減量有關，研究亦顯示這可能是個惡性循環：沉重的壓力抑制BDNF生成，BDNF不足會擾亂熟睡。研究進一步顯示，受認知衰退和神經退化性疾病所苦的人，BDNF也較低，而維持高BDNF的人，能一面增進學習和記憶力，一面擊退腦疾病。

要證明特定生活習慣可能對提振BDNF和認知表現造成何種效應，狗是最出色的範例。二〇一二年，一項在加拿大安大略麥克馬斯特大學（McMaster University）所做過的研究證實，透過結合「環境豐富化」（environmental enrichment）和加強抗氧化的飲食法，老狗有可能撥回大腦的生理時鐘。環境豐富化的療程包括時常讓狗參與社交、多運動，並提出認知方面的要求，讓牠們動腦和執行任務。研究人員發現，這些老狗的BDNF大幅增加到與年輕狗狗大腦裡的BDNF相差無幾。換句話說，簡單的生活策略扭轉了狗狗的老化。

碳水化合物可分成三大類

糖：葡萄糖、果糖、半乳糖、蔗糖〔狗狗可以透過「糖質新生作用」（gluconeogenesis）從蛋白質製造葡萄糖，因此不需要在飲食中補充糖分〕。

澱粉：葡萄糖分子鏈，會在消化系統轉變成糖。

纖維：我們的狗狗無法吸收的粗糙物質，但腸道細菌需要纖維來打造健康的微生物體。

碳水化合物來自植物（例如穀物、水果、藥草、蔬菜），而各種植物含糖量不一（稱為「升糖指數」），也有不同種類的纖維（對於打造和刺激腸道微生物體至關重要），還有其他可沿食物鏈傳遞、能促進健康的植化素（phytochemical）。狗狗需要纖維和植化素來達成最長的壽命與健康時光，牠們不需要大量糖類或澱粉。**我們的目標是提供低升糖、高纖維的「好碳水化合物」來滋養狗狗的腸道和免疫系統，避免餵食高升糖的精緻「壞碳水化合物」而供給過量的糖分，造成代謝壓力。**我們將在第9章告訴你如何計算狗狗食物裡「壞碳水化合物」（也就是糖）的量，我們可藉此評估狗食造成的長期代謝壓力。

多種流行飲食法都強調盡量減少碳水化合物，特別是加工過的，並從健康來源增加攝取健康脂肪和蛋白質，而其背後的推手就是這樣的觀念：我們的DNA在採用古代，或說是祖先的飲食法時運作得最好。自我們和我們的狗狗存在這個星球以來，有超過99%的時間，攝取遠比當今飲食少得多的精緻碳水化合物、高得多的健康脂肪和纖維，以及更重要的，遠比今天豐富多樣的食物。以前的人也不像我們今天這樣一直吃東西，多數現代人以及我們很多狗狗，一嘴饞就會找東西吃。我們愛死了我們的點心、零嘴、二十四小時得來速和外送App——只要滑一下手指，不用幾分鐘，食物就會送到我們門前。但今天這種便利的西式飲食，並不利於DNA維護健康和長壽的能力。而身在二十一世紀的我們，儘管擁有絕妙的技術，仍嘗到這種錯誤搭配的苦果，我們的同伴也是如此。農業革命一開展，我們就和狗狗分享穀物，因此確實改變了牠們的基因組。我們從科學得知，狗狗生成的胰澱粉酶（分解碳水化合物的酵素）比狼來得多。

如果你認為農業改變了我們生存的軌跡，請再想想下一個階段——大農業（Big Ag）——對我們做的好事。大農業指的是，常造就大量超加工食品的農業企業化。請注意，超加工食品不是基因改造食品。根據巴西聖保羅大學一群營養學家及流行病學家的說法，超加工食品最好的定義是——主要使用廉價工業用飲食能量及營養物來源加上添加物，運用一連串製程（故名「超加工」）的產品。整體而言，這種食品富含各種不健康的脂肪、精緻澱粉、游離糖（free sugar）和鹽，以及不良的蛋白質、膳食纖維及微量營養素來源。超加工商品會製造得極美味可口、保存期限長、隨時隨地都可食用。他們的配方、外觀和行銷常鼓勵我們過量攝取。我們將在Part III深入了解如何判定狗食的加工程度。

在我們的飲食含有愈益豐富的加工產品之際，狗狗也逐漸以高度加工食品來果腹。在上個世紀，現代社會的狗狗更是徹底改吃全加工食品。今天很少狗狗吃得到無加工的原型食物，或僅最低限度加工（微加工）的食物了。獸醫學生學到，這對同伴動物和食用動物都是理想狀況；餵工廠式養殖動物（集中動物飼養，CAFO）和寵物吃制式化的丸狀強化飲食一輩子，儼然已成規範。許多動物（包括孩子）不再吃一看外表就知道是什麼的原型食物；那已精煉、重新混合和包裝成一口大小的球狀物，我們卻希望那些東西有足夠的營養物來預防疾病。

加工食品是加入大量糖（澱粉）、脂肪和鹽等成分來延長其保存期限的東西。超加工食品通常是在工廠製造、由完整或新鮮的形式分解，再添加增稠劑、色素、糖衣、可口劑（palatant，指會讓食物致癮的成分，源於「palatable」一字），以及延長保存時間的添加物。對人類來說，那些可能先油炸過才裝進罐頭或包裝袋裡；對寵物來說，那些經過擠壓成型——意思是在高溫高壓下烹煮過，來創造酥脆的口感。人和狗吃的加工食品都可能含有分離蛋白（protein isolate）或交酯化油（interesterified oil，研發來取代現在各地禁用的反式脂肪），或是噴灑回鍋油（許多狗糧品牌都是如此）。你可能會訝異，就營養價值而言，世佳（Snausages）和奇多（Cheetos，舊名芝多司）相差無幾！

一項又一項研究顯示，垃圾食物不僅有害健康，還會讓人多吃、變胖，而一點額外的維生素和礦物質都沒有提供。垃圾食物與更高的罹癌和早死機率關係密切，我們很多人都熟知這件事，卻沒有把資訊傳遞給我們的狗狗。

鼓勵飼主讓狗狗一輩子吃「寵物食品」的獸醫主張，寵物食品與垃圾食物不同，寵物食品是設計來符合營養需求的，後者則顯然不符合營養需求。有些超加工的人類食品標榜為「全方位」營養完整食品——某穀物品牌自稱能百分之百滿足我們每日維生素和礦物質的建議攝取量，某些飲料也這麼強調。拿這些與前述我們該一輩子餵寵物科學配方「一應俱全」丸的主張對照，最好不過了。誠然，很多人在生命的開始和盡頭攝取全方位飲品，有時也在我們忙碌不堪或住院期間攝取，但營養學家從不建議使用這些「營養完整」的產品作為一輩子的單一營養來源。就連「科學配方」、每年滋養全球數百萬寶寶的嬰兒配方奶，也得在幾個月後換成加工較少且較多元的真正食物。我們唯一會一輩子吃超加工食品的家人，是我們的寵物。

有些人不認為市售狗食「加工」的情況，有人類加工食品那麼嚴重。但從許多定義來看，如你將在第9章看到的，狗食的加工有過之而無不及。如果你知道狗糧是如何製造的，就會明白差別在哪裡。每週都有新的高度加工食品打入人類與寵物食品產業，這些便利食品都有洋洋灑灑的成分表，而那些成分在最後進入零食配方之前，都有漫長的加工故事可說。那些大宗原料全都改頭換面過，看不出跟農作物或農產品有什麼淵源。同樣地，超加工寵物食品的原料也跟「新鮮」沾不上邊。市售寵物食品的大宗原料在最後來到乾糧寵物食品的櫃位前，都經過大規模加工（例如肉骨粉、牛脂、玉米筋粉、米麩等），更別說製成品被期望能在架上室溫保存一年多（各公司並未發表開封後多久安全無虞的研究）。給人吃的也好，給寵物吃的也好，任何經過大規模加工的食品都毫無新鮮度可言。

寵物食品加工也會影響維生素的品質，因為許多維生素都在製造過程中散失了。雪上加霜的是，農作物的殘留物，包括嘉磷塞（glyphosate），也會出現在市售寵物食品裡。嘉磷塞是除草劑農達（Roundup，台灣稱「年年春」）的主成分，極可能致癌。不幸的是，那廣泛應用於傳統農業，使之相對容易進入市售狗糧採用的原料裡。在二〇一八年一項令人擔憂的研究中，康乃爾大學研究人員檢驗了十八種市售狗食和貓食（包括一項無基改成分商品），結果全部驗出嘉磷塞而做出以下結論：寵物經由食物接觸到嘉磷塞的機會，可能比人類還高。他們計算出，以平均每公斤而言，我們的寵物吃進嘉磷塞的量是我們的四到十二倍。

另一種常在市售乾狗糧中發現的附隨汙染物是黴菌毒素（mycotoxin）。黴菌毒素是真菌類自然產生的有毒化學物質，會汙染多種穀物，包括寵物食品使用的穀物，這也是狗糧產品被下架回收的常見原因。美國在二〇二〇年十二月召回一款狗糧，其中含有足以殺死七十多隻狗、讓數百隻狗重病的黃麴毒素（黴菌毒素的一種）。黴菌毒素會在狗狗的體內造成浩劫，從器官疾病、免疫抑制到癌症，這些都有詳實的資料記載。目前寵物食品公司不必檢驗成品黴菌毒素的濃度，但在一項美國研究中，市售十二種狗食中有九種至少檢驗出一種黴菌毒素，而這個結果與奧地利、義大利、巴西的研究結果並無二致。如果你餵狗狗用穀物製成的狗糧，無疑就是在餵牠黴菌毒素，只是數量多寡、會造成何種衝擊的問題而已。別驚慌，我們接下來會教你如何緩解黴菌毒素之害。

雖然尚未有任何研究去比較吃單一超加工食品和吃多樣低度加工食品的狗狗從出生到死亡的狀況，但我們憑常識就知道，「大寵物食品」為我們描繪的營養願景不大對勁。在美國，**據估計，人類每天有50%的熱量是來自超加工食品；至於許多寵物，至少有85%的熱量來自超加工食品**。

請容我們再重申一次以加深印象：我們的寵物無法選擇牠們要吃什麼。就像許多小孩，我們把什麼放在他們面前，他們就吃什麼，而我們常餵食過量，卻使他們營養不足，導致林林總總潛在的健康和行為問題發生。人類營養學家建議我們攝取低度加工食品，多數獸醫依然只建議加工食品。不矛盾嗎？

為了把加工食品、以鮮食為主或微加工膳食之間的重大差異說個分明，我們將舉出一個近期研究的絕佳案例：二〇一九年，一支瑞士與新加坡組成的研究團隊，以健康的小獵犬測試兩種飲食法。為創造公平的起跑點，他們先讓十六隻狗狗吃同樣的市售狗糧三個月，測量血脂肪作為基準。然後他們隨機將狗狗分成兩組，一組餵食和先前差不多的市售狗糧三個月，另一組則吃自製、營養完整的飲食，並補充亞麻籽油和鮭魚油。實驗後，哪一組的血脂肪數值比較好呢？從新鮮食物添加的健康油脂中攝取omega-3的小獵犬，比吃加工食品的狗狗吸收了更多好的脂肪。

經檢測，相較於吃市售狗糧的狗狗，牠們的血液含有濃得多的omega-3和低得多的不飽和和單元不飽和脂肪。像這樣的研究顯示，食物的實際組成和來源可能對健康造成影響，而這對因免疫系統失衡而反覆發生皮膚和耳朵問題的狗狗格外重要。在這方面，真食物再度打敗加工食品。

圍起來

一九〇〇年，大約每有七個人住在農村環境，才有一個都市人；今天，全球有半數人口住在都市中心，據估計到了二〇五〇年，我們將有近七成人口住在城市裡。而我們有超過90%的時間待在室內，不再需要為了生存而移動身體來尋找食物，絕大多數的事情，我們只要按一下或滑一下就解決了。我們和現代世界的互動幾乎全部發生在某種形式的圍牆內，在人造光底下和被控制的環境中，而這些可能會矇騙我們的生理節奏，妨礙我們進行我們的身體及DNA期望和需要的活動。我們和戶外的互動主要透過電腦視窗、虛擬的線上經驗和偶爾走走路（如果夠幸運的話），這也意味著我們的狗狗待在建築裡的時間愈來愈久，接觸自然的機會愈來愈少，只剩下牠們嚮往的散步。如果牠們被留在窗簾拉上的屋子裡，甚至可能整天曬不到陽光。我們聽過數不清的飼主承認，他們的小狗狗從來沒接觸過泥土，從來沒在茂盛草地上盡情撒野，沒感受過強勁的風、沒在土裡大小便，甚至沒聞過落葉的味道。那聽來或許荒謬，但絕對有可能——如果你是住在沒有後院、四周都是混凝土人行道的城市摩天高樓裡的話。

我們也知道科學怎麼說：相較於鄉下的狗狗，大半輩子住在室內的城市狗狗較可能出現嚴重的焦慮、在血液數值上顯現出承受較高生物壓力的跡象（例如發炎和氧化壓力指數較高）、缺乏適當運動，甚至蒙受社交功能異常（因為牠們從來沒能和犬科同伴及其他人類自由自在地玩耍）。狗狗愈來愈孤立，因為牠們被關在家中、小房間或條板箱裡，有些只在垃圾箱排便，而到戶外都得繫上狗鏈。牠們無法在遼闊的鄉下土地甚至後院遊蕩，而被局限在狹小的空間裡，沒有自然的野地。另外我們也該補充，我們常忽略某些環境可能對狗狗更不利，例如狗狗對電磁波比較敏感——這在我們Wi-Fi愈來愈強、愈來愈普遍的網路世界不是吉兆。我們不是有被害妄想的陰謀論者，但我們知道狗狗，包括我們自己養的狗，不喜歡待在5G路由器附近，而這告訴我們，我們該尊重牠們的喜好和特別的感官。除了磁力，以及可用地球磁場找路回家的優異能力，狗狗也擁有超強的聽覺和嗅覺，在許多方面遠勝於人類。許多年前，我童年時代的狗狗黑仔曾在搬新家的混亂中，從敞開的車庫門逃出去，到了隔天早上，我們在他長大的那間屋子門前找到他—— 兩地相距十英里，而十英里對他來說根本不算什麼。

你或許聽過巴奇（Bucky）的事蹟：這隻黑色拉布拉多犬在爸爸從維吉尼亞搬到南卡羅萊納後，自己走五百多英里回去。他顯然比較喜歡原本的地盤。狗狗有「第六感」，而那可能和牠們腸道裡的驅磁細菌有關，那些細菌是依著地球磁場的磁力線來確定方位。這讓我們不免對那些有腸道問題和微生態失調（dysbiosis）的可憐狗狗，當然還有狗狗不慎吃下和吸入的化學物質感到好奇。微生態失調是體內自然微植物群，特別是腸道微植物群的生物種類出現不健康失衡的狀況。因為惦記著狗狗敏銳的嗅覺（還有遠遠就能用鼻子偵測到熱的能力）和雷達般的聽覺，我們必須提出這個問題：哪些不良都市環境正傷害著我們的動物？因為這是我們很多人和狗狗必須面臨的生活現實，我們可以怎麼更妥善地管理那些芒刺呢？

我們才剛開始了解「建成環境」（built environment）裡的生活，對我們以及我們毛茸茸的朋友有何影響。（「建成環境」指我們居住、工作、嬉戲的人造空間，從摩天大樓、住宅、道路到公園都含括在內。）二〇一四年，梅奧診所（Mayo Clinic）和健康管理公司Delos合作推動名為健康生活實驗室（Well Living Lab）的大型計畫，蒐集各種建築（及建築裡的東西）影響我們身心健康的事實。其中，科學家已發現驚人的關聯，例如在相對無菌的現代世界出生的孩子，罹患氣喘、自體免疫疾病和食物過敏的機率，就高於前幾個世紀出生的孩子。「衛生學」或「微生物體」的假說提出，這些病症之所以在西方化國家愈益普遍，或許有一部分可歸因於沒有接觸大自然與其微生物。這有助於解釋，為什麼狗狗過敏（犬異位性皮膚炎）的研究也顯示，過敏風險節節高升與住在極度乾淨的住家有關。

美國環境工作組織（Environmental Working Group，EWG）是率先檢視寵物在我們家中和戶外環境接觸到多少汙染物的組織之一。該組織的發現十分驚人：研究紀錄中，比起人類（包括新生兒）所接觸到的多種合成工業化學物質，美國寵物受其汙染的程度更嚴重。調查結果顯示，美國寵物正像非自願的哨兵，直接暴露於科學家相信與各種動物——包括野生動物、馴養動物和人類——愈來愈多健康問題息息相關的普遍化學汙染。

二〇〇八年，EWG進行一項開創性研究，拿維吉尼亞州一間獸醫診所蒐集的二十隻狗及三十七隻貓的血液及尿液樣本，檢驗是否含有塑膠製品及食品包裝的化學物質、重金屬、阻燃劑和防鏽化學物質。檢驗項目共七十種，結果發現貓、狗受到其中四十八種工業化學物的汙染，且其中四十三種的濃度比一般在人類身上驗出的更高。許多化學物質在寵物身上的平均濃度比人類高出甚多：相較於疾病管制及預防中心（Centers for Disease Control and Prevention，CDC）和EWG進行的全國研究，比起在人身上驗出的平均濃度，狗驗出的防鏽及防油塗層（全氟化合物）是人的2.4倍，貓驗出的阻燃劑（多溴二苯醚）是23倍，汞含量則超過5倍。全氟化合物比多數人想像中普遍，那大多用於包裝紙和紙板、地毯、皮革製品、紡織品的表面塗層及保護劑，可防水、防油、防汙，也用於消防泡沫。

狗狗會吸收和帶有那麼多全氟化合物和其他化學物質並不令人意外，因為牠們一直暴露於我們購買的那些物品中。在那項EWG的研究中，血液和尿液檢體裡的致癌物、生殖系統化學毒素和神經毒素尤其多。其中，致癌物特別需要關注，因為狗狗罹患多種癌症的機率比人類高得多，例如皮膚癌是人類的三十五倍、乳房腫瘤四倍、骨癌八倍、白血病發病率兩倍。我們會在後文分享從近期研究點滴蒐集到的洞見，看看鄰苯二甲酸酯（常見於塑膠製品的成分）和除草產品對我們寵物造成的衝擊。這些化學物質於我們的環境無所不在，而不管我們有沒有意識到，也對我們的健康構成影響。

住在工業化國家的民眾及寵物，現在體內含有數百種從食物、水、空氣（別忘了，還有受汙染的灰塵和處理過的草坪）日積月累的合成化學物質。這些化學物質絕大多數未經充分檢驗，不知會對健康造成多大的危害。多數人並不了解許多日常用品，從食品包裝、家具、狗床、家用品，到服飾、化妝品和個人保養品，都可能含有有害物質。一般的嫌疑犯有殺蟲劑、除草劑、阻燃劑，另外還有用於軟化塑膠的鄰苯二甲酸酯、做防腐劑使用的對羥基苯甲酸酯、廣泛用於許多電器和冷卻裝置而仍存在於環境中的多氯聯苯（PCB）、遍布各種塑膠製品，包括食物碗、水碗和許多狗玩具的雙酚A（ 酚甲烷）等。其中有些破壞力最強的化學物質可能模仿或妨礙荷爾蒙，使重要的身體系統發生混亂，因此被稱為環境荷爾蒙（endocrine-disrupting chemical，即「內分泌干擾物」，簡稱EDC）。

雙酚A是許多塑膠製品，舉凡從水壺、玩具、食品罐頭內壁都會使用的原料，專家認為在生命初期暴露於雙酚A，與氣喘和諸如過動、焦慮、憂鬱、侵犯行為等神經發展疾患有關。在成人身上，暴露於雙酚A則與肥胖、第二期糖尿病、心臟病、生育能力降低和前列腺癌有關。雖然雙酚A常被雙酚S（bisphenol S，BPS）和雙酚F（bisphenol F）取代，但這兩者尚未做過詳盡研究，說不定也有類似擾亂荷爾蒙的效應。在胎兒及幼兒期暴露於鄰苯二甲酸酯，和氣喘、過敏及認知、行為問題有關，那也可能影響男性的生殖發育，人犬皆然。在這兩種動物身上，鄰苯二甲酸酯也和生育能力降低有關。事實上，研究人員已在絕育狗的生殖腺中驗出多氯聯苯和其他環境化學物質。儘管對這些狗狗來說，育種顯然不再是選項，但許多狗狗的器官系統都有為數可觀的環境化學物質的事實，我們不該等閒視之。

諷刺的是，有些告知人類健康的研究，是來自於檢視我們的寵物。寵物可能是家中有毒化學暴露的早期警訊。以下是個好例子：斯德哥爾摩大學教授奧克·褒曼（Ake Bergman）採用一種新方法來測量幼童血液裡各種化學物質的濃度——改測他們的寵物。他不問爸媽是否允許他檢驗他們子女的血液，而從他們的家貓身上採取檢體，因為家貓多數時間都待在地板上，與嬰幼兒所處的環境非常類似。在孩童爬行、玩耍的同時，寵物也在舔舐同樣的地板和空氣。褒曼及其團隊發現，他們在家中粉塵測量到的持久性有機汙染物（persistent organic pollutant）濃度，和在家貓血液裡測到的濃度關係密切。

二〇二〇年，一支來自北卡羅萊納州和杜克大學的研究團隊，運用一種新技術來顯示人狗共有的化學負荷量，並在論文標題大聲呼喊這個事實：家犬是維護人類健康的哨兵。他們使用高科技但不貴的矽膠手環和項圈，來測量環境暴露了多少化學物質，發現狗狗和主人的化學負荷量有值得注意的相似之處。例如他們在87%的人類手環和97%的狗牌上，驗出某種多氯聯苯。這令人驚訝，因為美國政府早在一九七九年就禁用多氯聯苯了。但那顯然逗留了數十年，無聲無息地產生深遠的影響。這類研究是建立在先前其他動物研究（包括馬、貓）的基礎上。二〇一九年，協助發展手環技術的奧勒岡州立大學環境毒理學家金·安德森（Kim Anderson）發現阻燃劑與名為貓甲狀腺機能亢進（feline hyperthyroidism）的疾病相關，而這種內分泌疾病在過去四十年倏然激增，那或許是因為貓喜歡（跟我們一起）窩在有墊子的家具上，而有墊子的家具通常含有阻燃劑。請記得，EWG已經在寵物血清中驗出數十種環境化學物質，濃度都比在人類血液裡高。我們希望有類似的研究檢視狗床上噴灑的那些化學物質，會造成何種影響。

然而，要對抗這碗「化學湯」的效應，比你想像中容易。我們不會要你把舊的統統丟掉，買全新、有機認證的家具和室內裝潢。你可以從你手上有的東西著手，實行一些常識策略，像是在你的寵物床上鋪舊棉被，或有天然纖維的小毯子，並確定牠們是用不含化學物質的碗來吃喝。

雖然健康生活實驗室不特別研究狗，但我們仍可作出類似的結論，因為我們的狗就是活在同樣的環境中。牠們暴露於同樣的汙染，而那些往往不只是典型的工業化學品。汙染也來自噪音，來自深夜從螢幕迸射的光，這些都是對健康生物學的侵襲，包括破壞微生物體的組成和生物學。而一旦微生物體遭到破壞，我們的一切都會受到衝擊——新陳代謝、免疫功能，乃至我們的健康快樂，當然狗狗也是如此。雖然我們每個人都有獨一無二的微生物體，但若考量的是同棲生物（人和他們的寵物），就會出現固定的模式了。我們的微生物體確實和我們的狗狗有共同的特徵，反之亦然。那聽來或許不像什麼討喜的事實，但也可能同時賦予人類和狗狗更好的身心健康。

這條不可思議的雙向道，是人狗搭檔在許多層面展現的特色。老化過程則是這對獨特的搭檔，共同走上同一條單行道。接下來，我們將在下一章前往那裡。

長壽鐵粉攻略

- 狗和人類已共同生存、混居了好幾個世紀，而雖然我們最好的朋友被人類馴養的確切時間線仍有爭議，但所有狗狗都是從灰狼演化而成的，也與人類建立了特殊的默契。我們逐漸互相依賴，而說到健康，我們也有非常多雷同之處。
- 過去一百年來，我們已為了某些特徵積極繁育狗狗，而這已導致犬科動物基因弱化。但光憑遺傳學不見得會決定一隻狗的健康命運，如同人類的健康，飲食、運動和暴露等環境因素也會大大影響結果。
- 儘管許多市售寵物食品的主要成分表不會讓人想到這一點，但狗狗其實不需要大量的糖或澱粉，而加工精緻碳水化合物和富含纖維、低升糖的碳水化合物有莫大差異，後者也有益於微生物體的健康——它是在腸道裡影響新陳代謝、心情和免疫力的微生物。
- 狗狗愈來愈與世隔絕，被關在室內和可能有毒的空間，去不了戶外，因而無法活動、呼吸不到新鮮空氣，也接觸不到微生物豐富的土壤和有益健康的自然野地。

3
老化的科學
關於狗狗及其患病危險因子的驚人事實

給狗一根骨頭算不上仁慈。
仁慈是在你和狗一樣飢餓時，與狗分享的骨頭。
——傑克・倫敦（Jack London）

我的狗究竟幾歲了？

我們常被問到這個問題，我們也知道提問者在問什麼。若把狗狗遺傳到的弱點和到目前為止的健康狀態納入考量，他們的摯愛可以活多久？牠們的身體年齡比實際年齡大還是小？就跟人一樣，我們都認識外表（和行動）比實際出生年月日看上去年輕得多或老得多的人，有些人似乎能「逆齡」，有些人則顯現出裡裡外外加速磨損的跡象。

下面是歐姬（Augie）十六歲時跳進泳池的照片，那時她天天都會做這件事。她的爹地史提夫說她在這個年紀時常想反覆去池子裡撿球，哪怕其他狗狗都累了。許多黃金獵犬都在十歲左右死掉，且在那之前就進入體力衰退、肌肉萎縮和肌少症（sarcopenia，骨骼肌失去強度和功能）狀態，但歐姬顯然沒有遵循一般黃金獵犬的生命歷程走。她活到二十歲又十一個月，在二〇二一年春天過世。她目前是史上排名第十九名長壽的狗，同時是全球已知活得最久的黃金獵犬。

老化是個非常特別的概念，是世人辯論千百年的主題，更是人文的糧秣和科學辯論的靈魂。年齡是個數字，是個過程，也是種心境、生物學、狀態、現實、必然性，既是義務也是特權。那涉及好多事物，但我們什麼也碰不著、摸不到。關於老化的理論很多，關於它是何意義、如何運作、從哪裡

開始、如何表現……以及如何終結。有些人會談染色體的強度和長度（特別是端粒的秘密，那就像鞋帶頭一般繫住生命），或是否真有細胞更新過程這回事；另一些人則著眼於DNA的穩定性和因應突變的修復機制來避免癌症之類的疾病。蛋白質這種複雜分子可透過組織、荷爾蒙和整體訊號來直接或間接掌控全身大大小小的一切，因此蛋白質的穩定也吸引了老化界的注意。一旦缺乏蛋白質恆定（proteostasis），也就是對體內蛋白質和相關細胞途徑（cellular pathway）的「品管」，麻煩就會接踵而至。「proteostasis」一詞是由「protein」（蛋白質，細胞用作機器或鷹架的分子）和「stasis」（意謂保持一致）二詞所組成的。

身體，不論狗狗或人類的身體，喜歡恆定——平衡、穩定、數十年如一日來維持掌控。哈佛醫學院教授辛克萊曾研究一種名叫「sirtuin」的蛋白質家族，結果極具啟發性。「sirtuin」協助控管細胞健康，在維持細胞平衡（體內平衡）及應付壓力上扮演吃重的角色，被認為是精瘦飲食和運動有益心血管代謝的原因，一經活化，便可延緩老化的若干關鍵層面。但「sirtuin」要起作用，必須有其他重要的生物分子在場，如菸鹼醯胺腺嘌呤二核苷酸（nicotinamide adenine dinucleotide，NAD）這種形式的維生素B。讓身體做好萬全準備來享受「sirtuin」之利至關重要，否則一切就會開始崩壞，使長壽方程式流失要角。

此外也有人談論發炎〔「inflamm-aging」（老化發炎）〕、免疫及粒線體（mitochondrial）失調、幹細胞耗損、自由基（free radical）和氧化作用（「生物生鏽」）、細胞溝通不良、中樞神經系統功能衰退等等，族繁不及備載。例如粒線體是細胞裡製造能量的重要微小結構；幹細胞就像嬰兒細胞，可長成任何種類的細胞，因此對細胞更新與組織重生不可或缺；自由基（有時稱作「活性氧類」）是失去一顆電子的流氓分子——你一定聽過健康產業的廣告，宣傳抑制自由基的解藥，自由基就是體內的麻煩煽動者；電子平常會成對出現，但諸如壓力、汙染、化學物質、有毒的飲食、紫外線陽光和普通的身體活動，都可能從分子中「解放」一顆電子，使那顆分子開始胡作非為，偷取其他分子的電子，而這種失序本身是氧化過程，會連鎖啟動一連串事件，形成更多自由基而鼓動發炎。因為氧化的組織和細胞不會正常運作，這個過程可能會害你容易陷進各式各樣的健康難關，這也有助於解釋為什麼氧化壓力高的人（也是常出現發炎反應的人）的健康問題層出不窮。

你不必精通這些抽象名詞，你只需要大略了解我們為什麼會老化及如何老化，以便在日常生活中做出長保健康活力的重要決定。而我們人類怎麼老化，我們的狗狗就怎麼老化。

不管你是哪一種生物，生命就是一個不斷破壞再建設的循環。從最簡單的分解分子、重組成新化合物的化學作用，生命過程包含細胞的構成、成長、維持和複製，既掌控單一細胞，也掌控多細胞生物體，從酵母、狗狗到人體皆然。若過度干擾生命過程某一環節的運作，不論是破壞或建設，生命過程就會失調、會異常，若未加以修正，便會戛然而止。

相信你可以想像，年齡是疾病最大的風險因子（也是預測健康壽命最準確的因素），我們年紀愈大，生病和罹患退化性疾病的風險就愈高。我們的狗狗也是如此，而牠們老化的速度比我們快六、七倍（所以傳統上在計算「狗的年齡」時會乘以七，但我們會在後文看到這個數學哪裡不精確）。因

氧化壓力造成的老化和疾病

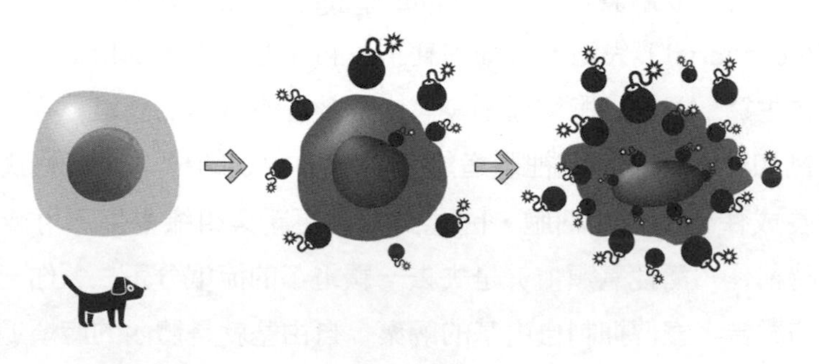

正常細胞　自由基侵犯細胞　面臨氧化壓力的細胞

為狗的生命比人短促許多，我們很容易忽略老化過程發生得有多快。

雖然狗狗的壽命比人類短六到十二倍，但狗的「狗口統計資料」（例如生活條件）仍跟人一樣，可能隨著老化而大幅改變。**狗的成長階段跟人類似**，包括幼犬期（從出生到六至十八個月間）、青春期（六至十八個月間）、成年期（從一歲到三歲之間開始）、老年期（從六歲到十歲間開始）和衰老期（七到十一歲）。另外，一如人類，狗的營養需求也會隨著年齡轉變，且視活動程度而定，所以毫無意外，也無須多加贅述的是：一如人類過胖情況節節高升，狗狗的過胖情況也節節高升（二〇〇七年至今已增長20%）。要想像認知異常的狗狗沒那麼容易，但那發生得比一般人想像中普遍：有近三分之一十一歲到十二歲的狗狗，和70%十五到十六歲的狗狗表現出認知障礙，亦即相當於人類老年癡呆的症狀：喪失空間感〔即「空間迷向」（spatial disorientation）〕、社交行為失調（例如開始認不得家人）、反覆（固著）行為、冷淡、更暴躁易怒、睡眠問題、失禁、完成任務能力衰退等等。這些症狀合起來會構成狗狗心智能力的一種與老化有關的漸進式衰退，通常稱為犬隻認知障礙症候群（canine cognitive dysfunction syndrome），也有人叫它「狗的癡呆」。

狗狗跟人類一樣會發生與年齡有關的轉變，或罹患與年齡有關的疾病，這個事實讓牠們成為特別有利於檢視健康壽命的範本物種。也請了解這點：相較於齧齒目動物，狗狗與人類共有更多的祖先基因組序列。而我們從這個現象得知，狗狗過早死亡的原因往往和人類相同，是來自遺傳與環境壓力的交集。這也是我們訪問的許多科學家，以狗作為人類老化樣板的原因：狗是人類健康的哨兵、預報員、促進者。我們會繼續探究這些壓力，告訴你它們是如何結合起來決定狗狗的一生……以及追求長壽、活躍的機會。

因為品種不同，住在人類家裡的狗狗，平均壽命有相當大的差異，從五歲半到十四歲半（上下）不等。一隻狗的老化速度和牠的基因組成有關，也受環境和過往經歷影響，其中包括創傷。衰老（或與年齡有關的衰退）開始的年齡可能因品種、體型和重量而異（品種體型愈大、愈重，開始的年齡就愈小），也取決於遺傳病的盛行程度。「衰老」（senescence）一詞可以指細胞衰老，也可以指整個生物體的衰老（這個詞源於拉丁文「sener」，意指「老」，「senile」和「senior」都是由此衍生）。近年來，醫學文獻充斥著聚焦於所謂「殭屍細胞」（zombie cell）的研究，殭屍細胞其實就是衰老細胞。這些細胞剛開始一切正常，但後來碰到壓力源，例如DNA受損或病毒感染，在那一刻，細胞可能選擇死亡，也可能變成「殭屍」：基本上是進入生命暫停狀態，不但對身體毫無助益，還會像個悶悶不樂、製造麻煩的流浪漢一樣四處閒晃。

問題在於，殭屍細胞會分泌可能傷害鄰近正常細胞的化學物質，麻煩就是從這裡開始的。在老鼠的研究中，可刪除殭屍細胞的藥物已經證實能改善一長串病症，包括白內障、糖尿病、骨質疏鬆症、心臟肥大、腎臟病、動脈阻塞，和與年齡相關的肌肉流失（肌少症）等等，我們也可以靠餵食特定營養物來鎖定殭屍細胞（這將在第8章介紹）。這個前景有助於解釋為什麼辛克萊將「老」老鼠搖身變成健康、行動較年輕老鼠的研究工作，會如此吸引生技先驅的關注。

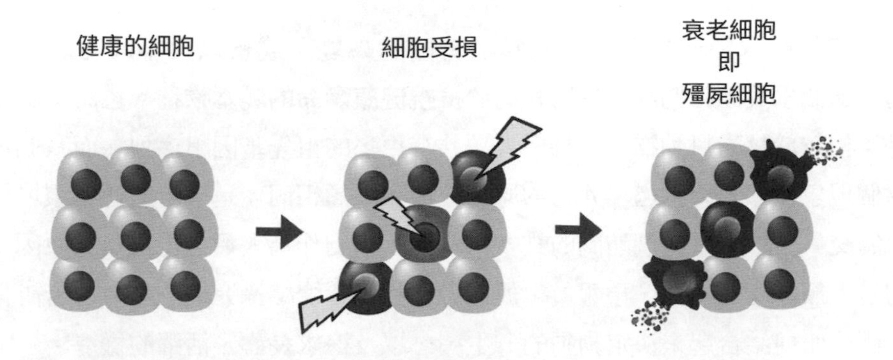

當健康細胞生病或受損，它們可能停止分裂，而形成衰老的「殭屍」細胞，吐出發炎分子而誘發炎症。隨著殭屍細胞逐漸累積，附近的細胞也可能變成殭屍而加快整個老化過程。

動物研究也顯示，殭屍細胞與老化有個更直接的連結。年邁的老鼠接受鎖定殭屍細胞的藥物後，顯現出更快的行走速度、更強的握力與轉輪上的耐力，而這些都是年輕的徵兆。就算接受治療的是年紀非常大、相當於人類七十五歲到九十歲的老鼠，平均也能延長36%的壽命！研究人員也證實，將殭屍細胞移植到年輕老鼠體內，基本上會使牠們的行動變老：最高行走速度減慢、肌肉強度和耐力降低，這一切皆象徵著與年齡有關的衰退。試驗也顯示，移植的細胞會將其他細胞轉變為殭屍狀態。

用最簡單的話來說，細胞衰老指的是細胞老而不死的現象。一如傳說中的殭屍，他們固然可以動，卻欠缺理性思維，且無法對環境做出適當的反應。在某個時間點，所有細胞都會停止分裂而死亡，以免把系統弄得亂七八糟、排擠健康的新細胞；如果細胞停止分裂但未死亡，就會為組織、器官、系統裡的問題種下禍根，致使生物制衡系統脫離常軌，形成一連串功能異常與疾病的新風險因子。例如，損失幹細胞結合細胞衰老，已被認為會造成神經系統功能衰退；免疫系統可能深受細胞間溝通不良之害，而這也可能導致身體多處發炎，稱為「老化發炎」；衰老細胞數量持續增加，也可能使發炎更趨嚴重。

研究人員已經發現，一種名叫「漆黃素」（fisetin）的天然植物化合物〔即多酚（polyphenol）〕能降低體內殭屍細胞受損的程度，當較老的老鼠接受漆黃素治療時，牠們的健康和實際壽命皆顯著提高。漆黃素存在於許多蔬果中，包括草莓、蘋果、柿子、黃瓜等，它也為那些食物增添鮮豔色彩。你會在Part III看到，我們鼓勵為狗狗的餐點提供富含漆黃素的新鮮食物來增添抗老化的生物駭客。零嘴時間到了，不妨給牠們幾片富含漆黃素的草莓和蘋果，除了享受美味點心，你的狗狗也能得到一劑效用強大的長壽分子，和腸道喜愛的纖維。

老化的標誌

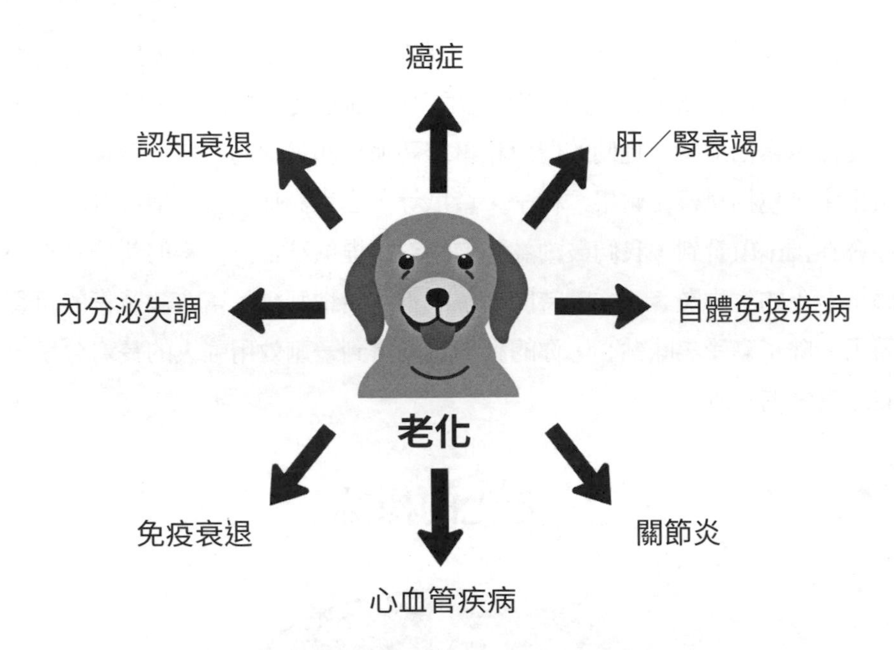

說了這麼多，你一定看得出來，老化過程極為複雜，且各種成因環環相扣（後面的圖解會再闡釋）。老化不是只有一條路，有多種因素可能影響老化過程和老化速度——或快或慢。

你不必是科學家就能察覺狗狗的老化徵兆，一如我們的狗狗在後半生接受診斷和治療的就是這些徵兆。雖然你可以主張我們都是從出生的那一瞬間就開始老化，但一般認為人類二十五歲（狗狗三歲左右）時有個頂峰，在老化過程中特別明顯。某些生物事件就是在這時候發生的，把身體推到人生不可避免（而一開始無法察覺）的下坡，我們剛剛略述的老化標誌，也是從這時起變得可能而顯著。這時期，人身上的細胞過程和生長激素會開始轉變、新陳代謝會降一階、腦部結構發育成熟、肌肉和骨質達到巔峰。你或許要到四十好幾（幸運兒或許可以到五十好幾）才會感覺或注意到這些狀況，但這些其實從你二十多歲就開始了。狗狗也有自己的自然衰退過程，而那發生得有多快，取決於許多變因。另外，狗狗的老化過程可能偽裝得很好，因為狗狗常一副精力旺盛、看起來超級健康的樣子，但體內其實已經開始發生變化了。

研究顯示，體重比身高、品種、品種群（breed group）更能預測壽命，而大狗的品種確實老化得比小狗迅速，這與哺乳動物王國其他角落發生的現象截然相反。大型動物通常活得比較久是因為較不易受到肉食性動物的威脅（例如鯨象就能慢慢長大，因為沒有天敵會攻擊牠們。牠們已演化成長壽動物，甚至能避開癌症——這部分後文會更詳盡探討）。

但在犬科的世界，大不見得好。大狗，例如一百五十磅重的愛爾蘭獵狼犬（Irish Wolfhound），能活到七歲就很幸運了；反觀迷你狗，比如九磅重的蝴蝶犬（Papillon），則可以活到十多歲。現今各種狗品種的歷史大多不到兩百年，因此演化壓力顯然尚未發揮作用。然而，像是第一型類胰島素成長因子（IGF-1，也就是讓狗體型膨脹的因子）等荷爾蒙，卻可能扮演要角；負責IGF-1的基因是決定狗狗體型的最重要因素。研究人員已在許多物種中發現這種蛋白質會減短壽命，但機制仍不明朗。

德州犬科行為研究中心（Center for Canine Behavior Studies）的愛狗基因學家，同時也在普雷里維農工大學（Prairie View A&M University）任教的金柏莉．葛瑞爾博士（Kimberly Greer, PhD），是十多年前率先發現家犬的IGF-1血清與體型、年齡有關的科學家之一。和我們談話時，她強調對我們的犬科朋友來說，「大小很重要」。大狗往往死得早，要贏得壽命的競賽，IGF-1必須受到控制。

有趣的是，若IGF-1的路徑挾帶突變，結果竟是延長壽命（這是突變帶來好處的罕見一例）；簡單地說，較少量的IGF-1等於較長的生命。科學家很早就在鼠、蒼蠅、蟲，甚至人類身上看到這種現象，只是在哺乳類動物身上，IGF-1較少的代價往往是侏儒症，因為這種突變會影響身體運用生長激素的方式。最值得一提的是，世界各地某些帶有IGF-1變異的人類群體，身材確實矮小（不足五呎），但不易罹患癌症和糖尿病。這種情況被稱作拉隆症候群（Laron syndrome），以率先於一九六六年記下這種失調的以色列小兒內分泌專家茲維．拉隆（Zvi Laron）為名。世界各地約有三百到五百人有這種罕見的失調，專家也持續研究中。

這或許正是數個玩賞品種——吉娃娃、獅子狗、博美、玩具貴賓犬——死於癌症的機率遠低於其他品種的原因。多種因IGF-1基因突變而體型嬌小的動物品種（例如迷你茶杯犬、貓、豬），也比其一般體型的祖先長壽許多，這就是基因突變產生良性下游效應的一例。

我們也知道，體重會影響諸如癌症等與年齡相關的疾病從何時開始生根，而狗狗和人皆是如此。體型較大的狗狗往往也成長得比較快，而可能導致參與「犬衰老研究計畫」（Dog Aging Project）的科學家所謂的「偷工減料的身體」（jerry-built body），較容易得到併發症與疾病。如果狗狗在青春期前又動過絕育手術，這又是另一組會衝擊健康和實際壽命的荷爾蒙變因。

讓我們先暫停一下，探討絕育的問題：如果你所有分泌荷爾蒙的器官（卵巢或睪丸）都在青春期之前移除，你自然得擔心那對你的健康和患病風險的影響。例如許多因健康因素摘除子宮的女性仍會盡可能留下卵巢，這樣才能繼續獲得卵巢分泌的荷爾蒙所帶給她們的效益。同樣的邏輯也適用於狗。研究人員現在相信，典型犬科絕育手術（割除卵巢和閹割）所摘除的器官，對狗狗的整體健康相當重要。研究也顯示，狗狗愈早割除卵巢或閹割，就愈可能在生命後期出現健康問題，從骨骼異常生長、骨癌、對疫苗出現不良反應，到恐懼、侵略等問題行為。如果你尚未讓狗狗動絕育手術，我（貝克醫師）的建議是，考慮子宮切除術或輸精管結紮，這些手術的最終目的相同（絕育），但不會有那些不良生理副作用。

在健康方程式裡，除了荷爾蒙因素，體型似乎也很重要。大型犬比小型犬更可能出現健康問題，例如德國牧羊犬容易出現髖關節發育不全（hip dysplasia），西伯利亞哈士奇（Siberian Husky）常受自體免疫疾病折騰。而我們會在後面看到，其中一些問題也可能是近親繁殖和其他因素影響表觀遺傳所導致。

犬衰老研究計畫是多項試圖了解基因、生活方式和環境會如何影響老化的創舉之一，其重點在於蒐集、分析大數據來了解狗狗的老化情況。以世界各地頂尖研究機構的科學家團隊為首、華盛頓大學和德州農工大學為基地，這項長期生物學研究，旨在運用蒐集到的資訊協助寵物，以及像你我這樣的人類延長健康壽命，而我們很幸運能從幕後學到更多知識。這也是我們與狗狗的健康互為雙向道的最好例子。

此外，這項計畫有一小部分是在研究，使用藥物能否增進狗狗的壽命？這項委請一般大眾讓家犬參與研究的計畫，是史上規模最大的狗老化研究，也得到了國家衛生院的資金挹注。人在麻薩諸塞州的艾琳娜．卡爾森博士（Elinor Karlsson）也參與了這項研究，她是麻省理工—哈佛布洛德研究所（Broad Institute of MIT and Harvard）脊椎動物基因組團體（Vertebrate Genomics Group）的主任。她的「達爾文之犬」（Darwin's Dogs）計畫也召募市民科學家分享寵物資訊，讓她的研究實驗室得以找出狗狗DNA和行為之間的關聯。當我們前往她位於波士頓的辦公室拜訪她時，她解釋她的團隊希望在狗狗的基因裡鑑定出疾病和失調——從癌症、精神疾患到神經退化性疾病——的因子，而那些線索可以應用於治療人類的相同病症上，帶來突破（她只需要家犬的唾液檢體和請飼主回答幾個基本問題）。

再轉往馬里蘭的國家人類基因組研究所（National Human Genome Research Institute），由伊萊恩．奧斯特蘭德博士（Elaine Ostrander, PhD）領導、國際科學家攜手合作的狗基因組計畫（Dog Genome Project），正在建立一個資料庫來了解犬科的遺傳學，以及其對健康的影響。到目前為止，該團隊在找出視網膜色素變性（retinitis pigmentosa）、癲癇、腎臟癌、軟組織肉瘤（soft tissue sarcoma）和鱗狀細胞癌（squamous cell cancer）的基因方面頗具成效，更對「健康一體」醫學概念和獸醫及人類醫學文獻貢獻卓著。為何會如此？因為犬科的疾病基因通常和引發人體疾病的基因相同或相關。在狗的範疇裡，團隊已努力鑑定出造成頭顱形狀、體型大小、腿長、毛長、顏色和捲曲等差異的基因。研究過程中，科學家已為哺乳動物的一生集結了一組基因組詞彙，這是革命性的科學，且將繼續揭露真相。

這些計畫背後的許多研究人員都分享了他們的數據資料，也建立專業合作關係，猶如一道全體動員令。既然基因定序迅速、有效，且相對便宜，科學發現的腳步已經加快。例如研究人員已鑑定出人犬共有的三百六十多種基因失序，其中46%只發生在單一或少數品種。在其中一種較為著名的人犬關係裡，科學家已經在狗的基因組中找出會引發猝睡症的突變。這個發現引領研究人員繼續研究人類基因組的突變，並證明狗的遺傳學可能有益於人類。

毫無意外地，**狗狗死亡的最大風險因子是年齡和品種**，年齡和基因數據庫是決定壽命的兩大強權。但沒那麼為人熟知的是，各種作用力會如何聯手以細微但具影響力的方式改變早死的機率。這些作用包括生理時鐘、新陳代謝和微生物體的狀態、免疫系統的情況，以及環境對基因組構成的影響。

RAGE：黏住老化

你家狗狗的食材被烹煮過幾次呢？一次？兩次？多到數不清？你的答案是評估狗食有多健康的關鍵，而我們會在Part III教你怎麼做。這裡先說說，那為什麼這麼重要。

我們剛說過，第一型類胰島素成長因子（IGF-1）是重要的蛋白質，這種蛋白質的活動與所有人的兩種重要荷爾蒙息息相關：生長激素和胰島素。你可能已經知道，不論你是人是狗，胰島素都是身體最具影響力的荷爾蒙之一，那是代謝的要角，協助將食物裡的能量運至細胞，供細胞使用。因為細胞無法靠自己從血液裡攫取流經的葡萄糖，他們需要胰島素的協助，而胰島素是由胰臟分泌的，作用好比運輸機。

胰島素會將葡萄糖從血液轉移到肌肉、脂肪和肝臟細胞，在那些地方作為燃料。正常、健康的細胞能正常回應胰島素，細胞接受器不虞匱乏。但當細胞因血糖持續存在而不斷暴露於高濃度的胰島素下（一般是從加工食品攝取過多精緻糖類和簡單碳水化合物所導致），我們的細胞會透過減少胰島素接受器來適應。於是，這會使我們的細胞變得減敏（desensitized）或「抗拒」胰島素，最終造成「胰島素阻抗」和第二型糖尿病，亦即生活方式所引發的糖尿病（你不是生來胰臟就有毛病）。

多數得糖尿病的狗狗生來也有功能健全的胰臟（否則一出生，糖尿病馬上就會被診斷出來），但若長期受到侵犯，胰臟會停止分泌充足的胰島素，而一旦分泌胰島素的細胞筋疲力竭，它們就玩完了，這最終會造成細胞外（而非製造能量的細胞內）的血糖濃度過高。如果血液裡有太多糖（葡萄糖），那些糖會招致諸多損害，包括造成糖化終產物（advanced glycation end-products，簡稱AGEs，非常貼切），即「黏黏的」葡萄糖分子附著於蛋白質（例如構成內血管的蛋白質）上，引發功能異常。AGE的主要受器（receptor），則貼切地簡稱為「RAGE」（憤怒）！

糖化（即AGE過程）可隨時在熱、葡萄糖和蛋白質齊聚的時間發生，這是一種可在體內和體外發生的化學反應。在人和狗的體內發生時，會導致過早老化和炎症，這部分我們稍後會再回來探討更多細節，因為除了身體製造的AGE外，AGE也會在用熱加工的食物裡出現。**當糖化發生在食品加工業，那被稱作梅納反應（Maillard reaction），最終結果則是梅納反應產物（Maillard reaction products，MRP）**。當我們攝取或餵食含有MRP的食物時，會加重本身處理這些毒物的負擔：我們吃進毒物，身體也製造毒物。更糟的是，當膳食脂肪被蛋白質加熱時，會產生第二種MRP，引發脂質過氧化（Lipid peroxidation），形成名為「高度脂氧化終產物」（advanced lipoxidation end products，ALE）的有毒物質，這也會和受器黏在一起，誘發更多RAGE。

那個 f 開頭的詞（fat，脂肪）令人恐懼：脂肪是壞東西，但一如碳水化合物，脂肪也有好壞之分。無疑地，變質、氧化、高溫的脂肪會對健康帶來浩劫，造成具細胞毒性、會損害細胞的化合物，對體內機能產生各種下游效應，從胰臟炎、肝功能異常到免疫失調。狗需要乾淨、純粹的脂肪和脂肪酸來源才能存活、成長，且必須攝取足夠的量才能避免生病、維持健康。狗需要脂肪來支持健全的腦化學作用、促進皮毛健康、吸收特定養分、分泌重要的荷爾蒙和執行許多其他功能。攝取熬煉、氧化、高溫加工過的寵物食品脂肪，狗狗就是攝取大量有毒的ALE。

二〇一八年，荷蘭一項研究發現狗**在日常飲食攝取到的AGE，高達人類的122倍**，這可把身為預應式獸醫的我（貝克醫師）嚇到睡不著覺。我聯繫了有專科認證的獸醫營養師唐娜·拉迪茨博士（Dr. Donna Raditic），問她我們能否設計並資助一項研究，來評估各種最受歡迎寵物食品類別的AGE：生食、罐頭和乾狗糧。於是拉迪茨博士和我共同創立同伴動物營養健康研究中心（Companion Animal Nutrition and Wellness Institute）這個非營利組織，鼓勵各大學進行公正無偏誤的同伴動物營養研究，因為目前這種研究基本上付之闕如。五大寵物食品公司進行過一些內部研究，但從來沒有對一般大眾公布，而政府資助的國家衛生院，也並沒有寵物版。沒有人贊助非常重要的基本營養研究，讓獸醫師更了解食物是如何影響健康和疾病，或建立在毫無科學根據、信口開河的餵養趨勢的利弊得失是什麼，例如數十年來餵寵物超加工「速食」，還告訴人們這不但健康，更是最好的選擇。

我們不知道那是否健康，因為從沒有研究比較過一群吃真正食物的狗狗的一生，和一群吃超加工食品的狗狗的一生。我們沒有任何基礎研究可回答許多寵物爸媽常問的問題，而在這方面，我們認為業界想繼續維持下去，否則萬一我們測出寵物食品裡的AGE、黴菌毒素、嘉磷塞或重金屬濃度，發現它們竟遠遠超過人類認為安全的標準怎麼辦？有些倡議團體已經小規模地在做這件事，檢驗一票受歡迎的品牌寵物食品中含有多少汙染物，結果令人毛骨悚然，有時更造成寵物食品被召回。

食物之戰

下面的圖表顯示二〇一二到二〇一九年寵物食品召回的情況（以磅數計）：

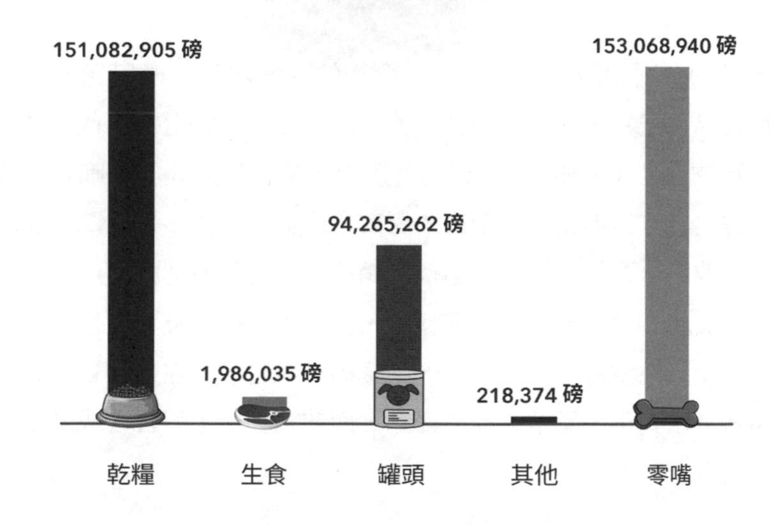

乾糧和零嘴占了寵物食品召回總磅數的八成左右，食品召回的前四大原因是細菌汙染（沙門氏菌）、合成維他命的毒性、未經核可的抗生素，以及戊巴比妥（動物安樂死成分）汙染。「其他」類別包括冷凍乾燥、烹煮、冷凍食品和佐料，但召回案例只包括驗出一票公認問題的產品，最常見的是合成維生素或礦物質過量和含有致病之虞的細菌。因為美國食品藥品監督管理局（FDA）不會要求各公司檢驗其他類型的食物傳播毒素，寵物食品所含嘉磷塞（年年春）或AGEs濃度再高，也不必召回。

不怕劇透：加工少的食品對狗狗較健康。

若比較各類狗食的AGE濃度，罐裝食品拔得頭籌，乾燥食品居次。毫無意外地，加工最少的生食AGE含量最低。研究顯示，大量攝取MRP（AGE）會對健康構成負面影響，這是不容否認的事實。因此，評估寵物食品原料經熱摻雜（heat-adulterated）的次數，是替你的狗狗選擇食物的重要考量因素。

在人類的食物領域，「全方位」食物的最好例子是嬰兒配方奶。理論上，寵物食品和配方奶都是「營養完整」的飲食。一九七〇年代，雀巢〔也是普瑞納寵物食品（Purina的母公司）〕說服數百萬女性放棄哺乳，改用雀巢嬰兒配方奶，宣稱那比母乳健康，對寶寶比較好。很多媽媽聽從建議，不餵母奶，而改用全方位的奶粉。這個行銷活動讓世界各地的健康倡議者大為光火，進而發起大規模公眾抗議與杯葛、數起訴訟，以及一項推廣人類母乳健康效益的全球性教育計畫。現在，同樣的革命也發生在寵物食品界：動物權利倡導者要求真正、原型食物的餐點，而非食物粉末混合合成維生素和礦物質製成的丸狀物。

全方位寵物食品的概念並非一直那麼風行，事實上，寵物食品是較近期才打進市場，而這是拜一位積極進取的企業家所賜。

狗蛋糕和牛奶骨頭

很久很久以前，世界上沒有狗餅乾，也沒有牛奶骨頭。這些必須有人發明，而一八六〇年，詹姆斯．史普瑞特（James Spratt）是第一個做出狗餅乾的人。事實上，他有沒有這種本事令人懷疑，畢竟他是俄亥俄的電工和避雷針業務員。但他的確有圓滑的銷售手腕，能將偶然觀察到的主意化為鉅富，而他一開始先向精英分子下手。在一次赴英國出差期間，史普瑞特發現街犬在吃船上的硬餅乾，那是一種水手在長途航程中吃的加工穀物，外貌像餅乾且不易腐敗〔但通常爬滿蟲子，因此南北戰爭期間吃這種餅乾的士兵暱稱它為「蟲蟲城堡」（wormcastles）〕。

商業狗糧的主意於焉而生。[illegible]特把他最早的餅乾取名作「專利肉類纖維狗蛋糕」（Patented Meat [illegible] Dog Cake），那混合了小麥、甜菜根和其他多種蔬菜等原料，用牛血和在一起烘烤製成。我們無從得知最早的餅乾裡有什麼，據說那包含了「經乾燥處理、未醃漬的草原牛肉凝膠狀部分」。妙就妙在史普瑞特一輩子對餅乾的肉品來源三緘其口，因此惡名昭彰。

他賣的餅乾很貴，五十磅裝的一袋餅乾就要技藝嫻熟工匠的一日工資，而史普瑞特睿智地鎖定付得起高價的「英國紳士」為目標顧客。他的公司從一八七〇年代開始在美國營運，鎖定有健康意識的寵物主人和名犬展售業者，更買下一八八九年元月美國畜犬俱樂部（American Kennel Club）刊物創刊號的全版封面。美國大眾上鉤了，很快不再餵狗狗剩菜剩飯，改餵史普瑞特的餅乾。史普瑞特也以首創「動物生命階段」的概念著稱，聲稱每個階段各有適合的食物。很耳熟對吧？史普瑞特以其高明的行銷手法（該公司也是第一個在倫敦立起廣告牌的美國公司）和巧妙應用虛榮（推銷產品時，史普瑞特請幾個有錢老友作證，吹捧他的狗蛋糕有多好）攻城掠地。

在史普瑞特於一八八〇年過世後，該公司股票上市，成為史普瑞特專利有限公司（Spratt's Patent, Limited）和史普瑞特專利（美國）有限公司〔Spratt's Patent (America) Limited〕。該企業還不打算陣亡，並且恰恰相反，史普瑞特成了二十世紀初最大力行銷的品牌之一，透過商標展示和生活方式的廣告拓展知名度，也獲得菸卡等玩意兒的支持。一九五〇年代，通用磨坊（General Mills）收購史普瑞特的美國公司。詹姆斯．史普瑞特的故事是典型的美國創業故事，他也許被視為某種英雄──為有健康意識的寵物飼主提供精緻狗食。但別被愚弄了，基本上，史普瑞特是精明、財務取向的業務員，只是在對的時機出現在對的地方而已。他看出當時的環境完全缺乏簡單、便利的寵物食品，也把握了機會，這使他的構想最終壯大成市值數十億美元的寵物食品業。有些一百多年前竭力宣傳的行銷主張，至今仍在（有

CAUTION.—It is most essential that when purchasing you see that every Cake is stamped SPRATT'S PATENT, or unprincipled dealers, for the sake of a trifle more profit, which the makers allow them, may serve you with a spurious and highly dangerous imitation.

SPRATT'S PATENT

MEAT FIBRINE DOG CAKES.

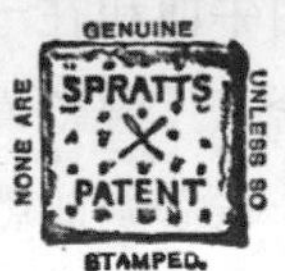

From the reputation these Meat Fibrine Cakes have now gained, they require scarcely any explanation to recommend them to the use of every one who keeps a dog; suffice it to say they are free from salt, and contain "dates," the exclusive use of which, in combination with meat and meal to compose a biscuit, is secured to us by Letters Patent, and without which no biscuit so composed can possibly be a successful food for dogs.

Price 22s. per cwt., carriage paid; larger quantities, 20s. per cwt., carriage paid.

"Royal Kennels, Sandringham, Dec. 20th, 1873.

"To the Manager of Spratt's Patent.

"Dear Sir,—In reply to your enquiry, I beg to say I have used your biscuits for the last two years, and never had the dogs in better health. I consider them invaluable for feeding dogs, as they insure the food being perfectly cooked, which is of great importance "Yours faithfully, C. H. JACKSON."

"36, North Great George Street, Dublin, June 9th, 1874.

"Gentlemen,—Please to forward to my private residence, as above, 4 cwt. of Dog Biscuits as before; let them be precisely the same as those supplied on all former occasions I have much pleasure in bearing personal testimony to their suitability and general efficiency for greyhounds, and in adding that my greyhound, Royal Mary, winner at Altcar of last year's Waterloo Plate, was almost entirely trained for all her last year's engagements upon them. "Yours obediently, WILLIAM J. DUNBAR, M.A."

"Rhiwlas, Bala, 21st June, 1873.

"Sir,—I have now tried your Dog Cakes for some six months or so in my kennels, and am happy to be able to give a conscientious testimonial in their favour. I have also found them valuable for feeding horses on a long journey, when strength and stamina are important objects. It was the opinion of my brother judges and myself that dogs never appeared at the close of a week's confinement in better health and condition than the specimens exhibited at the Crystal Palace Show, and I understand that your Cakes are exclusively used by the manager. "R. J. LLOYD PRICE."

效）使用。的確，直到不久前仍有競爭對手採用史普瑞特的腳本，提供顧客更琳琅滿目的寵物便利食品，像是只要購買，就代表我們深愛我們的寵物，盡了對寵物的義務。

一九四八年，獸醫師馬克．莫里斯（Mark Morris）和希爾提煉工程（Hill Rendering Works）合作，創造第一批「處方」寵物食品。直到今天，「處方食品」一詞還在騙人：那些食品裡面沒有任何藥物或特殊成分，那些食品被稱作「處方」是因為只由獸醫師販售。這些流行食品並非一直那麼流行，事實上，希爾思科學食品（Hill's Science Diet）在一九七〇年代就賺不到錢而被牙膏大廠高露潔—棕欖（Colgate-Palmolive）收購，改以其慣用的專家品牌大使行銷策略招攬顧客。該公司曾大發利市——在行銷團隊決定找牙醫師拿著牙膏露齒微笑，自稱「最多牙醫師推薦的品牌」後，高露潔牙膏立刻衝上銷售榜首。該公司知道可以如法炮製……如果牙醫師和牙膏有效，獸醫師和寵物食品為什麼不能用呢？

很快地，「科學食品」（Science Diet）在獸醫界複製與牙醫學院合作的手法，和獸醫學校簽約，甚至贊助營養教授職。今天，每一所獸醫學校都和五大寵物食品品牌合作。於是問題來了：當醫學及獸醫學校和製藥公司及食品製造商有如此排外的結盟，會發生什麼事呢？這不是顯然有利益衝突嗎？這樣的結盟不會種下學校研究與學生教育的偏誤嗎？

寵物營養研究和人類營養研究在許多方面不同。對寵物來說，關於最低營養需求的第一份出版資料，刊於一九七四年美國國家科學研究委員會（National Research Council，NRC）的出版品《貓狗的營養需求》（Nutrient Requirements for Dogs and Cats）。那是集當時所有寵物食物研究之大成（找一些小貓小狗住在實驗室裡，分成幾組，吃二十世紀中葉的寵物乾糧），加上如今已不可能通過大學倫理委員會審核的研究設計。這本書至今仍是美國飼料品管協會（Association of American Feed Control Officials，AAFCO）用來為寵物食品製造商設定營養標準的決定性指南。這部必備的

NRC參考文獻修訂過一次，而那已經是二〇〇六年的事了。

自寵物食品業在一百多年前萌芽，企業已歷經各種分分合合。雀巢在二〇〇一年買下普瑞納，又創造二十多種消費者品牌，如Alpo、Beneful、Dog Chow和Castor & Pollux，不過稱霸市場的仍是瑪氏寵物照護公司（Mars Petcare Inc.）（沒錯，就是製造很多萬聖節糖果的那間公司），它們擁有法國皇家（Royal Canin）療用飼糧和二十八種寵物食品品牌，包括寶路、Iams和Eukanuba。希爾思寵物營養（Hill's Pet Nutrition）目前位居第三，快被盛美家食品（J. M. Smucker）追上，那帶給我們牛奶骨頭（Milk-Bone）及Snausages、Pup-Peroni等狗狗零食。在這本書出版的時候，一定會有其他變化，因為寵物食品是門大生意，對獲利導向的跨國企業來說可是熱門商品。

有趣的是，這些年來，許多營養倡議者紛紛對全方位寵物食品發動公眾抗議和認知作戰，就跟當年挺母乳的認知作戰一樣。過去幾年已經有好幾位寵物鮮食的先驅，如李維（Juliette de Bairacli Levy）、貝林賀斯特博士

2019年美國寵物食品公司年度營收前十名

1. **Mars Petcare Inc.** - US$18,085,000,000
   Brands: *Pedigree, Iams, Whiskas, Royal Canin, Banfield pet hospitals, Cesar, Eukanuba, Sheba, and Temptations.*
2. **Nestlé Purina PetCare** - US$13,955,000,000
   Brands: *Alpo, Bakers, Beggin', Beneful, Beyond, Busy, Cat Chow, Chef Michael's Canine Creations, Deli-Cat, Dog Chow, Fancy Feast, Felix, Friskie's, Frosty Paws, Gourmet, Just Right, Kit & Kaboodle, Mighty Dog, Moist & Meaty, Muse, Purina, Purina ONE, Purina Pro Plan, Pro Plan Veterinary Diets, Second Nataure, T-Bonz and Waggin' Train, Zuke's, Castor & Pollux*
3. **J.M. Smucker** - US$2,822,000,000
   Brands: *Meow Mix, Kibbles 'n Bits, Milk-Bone, 9Lives, Natural Balance, Pup-Peroni, Gravy Train, Nature's Recipe, Canine Carry Outs, Milo's Kitchen, Snausages, Rachel Ray's Nutrish, Dad's*
4. **Hill's Pet Nutrition** - US$2,388,000,000
   Brands: *Science Diet, Prescription Diet, Bioactive Recipe, Healthy Advantage*
5. **Diamond Pet Foods** - US$1,500,000,000
   Brands: *Diamond, Diamond Naturals, Diamond Naturals Grain-Free, Diamond Care, Nutra-Gold, Nutra-Gold Grain-Free, Nutra Nuggets Global, Nutra Nuggets US, Premium Edge, Professional and Taste of the Wild. Also: Bright Bites snacks.*
6. **General Mills** - US$1,430,000,000
   Brands: *Basics, Wilderness, Freedom, Life Protection Formula, Natural Veterinary Diet*
7. **Spectrum Brands/United Pet Group** - US$870,200,000
   Brands: *Iams (Europe), Eukanuba (Europe), Tetra, Dingo, Wild Harvest, One Earth, Ecotrition, Healthy Hide*
8. **Simmons Pet Food** - US$700,000,000
   Brands: *3,500 SKUs, mostly in the wet pet food space.*
9. **WellPet** - US$700,000,000
   Brands: *Sojos, Wellness Natural Pet Food, Holistic Select, Old Mother Hubbard Natural Dog Snacks, Eagle Pack Natural Pet Food, Whimzees Dental Chews*
10. **Merrick Pet Care** - US$485,000,000
    Brands: *Merrick Grain Free, Merrick Backcountry, Merrick Classic, Merrick Fresh Kisses All-Natural Dental Treats, Merrick Limited Ingredient Diet, Merrick Purrfect Bistro; Castor & Pollux ORGANIX, Castor & Pollux PRISTINE, Castor & Pollux Good Buddy; Whole Earth Farms; Zuke's*

僅列出總部設於美國的公司。資料來源：寵物食品業頂尖寵物食品公司新近資料（Petfood Industry's Top Pet Food Companies Current Data）

（Dr. Ian Billinghurst）和史提夫．布朗（Steve Brown）等人，堅定地主張丸子絕對不能取代狗歷經演化的膳食。就是這個概念促成寵物鮮食運動的崛起，那也成為寵物食品業成長最快的區塊之一。寵物鮮食的倡議者也對超加工、全方位食品的其他諸多議題表示不滿，包括：

- 寵物食品包裝沒有類似人類食品的營養標籤，並未標出食物裡各種營養的量，包括含有多少糖（或澱粉）。
- AAFCO擁有寵物食品所列原料的定義。要找出AAFCO對「雞肉」的定義，你必須花250美元買它的官方出版品（劇透：寵物食品的雞肉跟超市裡的雞肉不一樣）。
- 未強制進行有關消化的研究。
- 不需要分批檢驗營養成分、汙染物或毒素。
- 在美國，AAFCO設定了所謂營養完整寵物食品的最低標準，但只有少數營養成分有最高門檻。也就是說，製造某些營養素過量、可能損害器官的寵物食品是可被接受的。
- 多項研究證實許多寵物食品的成分沒有正確標示，成本較高的原料或蛋白質被換成較廉價、未標示的原料。

超加工食品會大行其道沒有什麼內情，它就是方便，就像速食便於人類消費。但我們得問：我們為了方便犧牲了多少健康？一如人類領域已經有人大力推廣更接近原型、盡可能不要加工的食物，狗的領域也有人積極要我們善用真正食物的力量，尤其是科學已經告訴我們，營養對老化過程有多大的影響。更好的營養會減輕身體所受的壓力，而身體壓力減輕，會帶來更長的壽命。

老化與衰退的三支骨

地球上的每一種生物都會不斷受到導致老化的壓力，而不管你如何看待老化這件事，我們會以何種方式老化，尤其與三種強大的作用密不可分：1.你遺傳自親生父母的DNA所帶來的直接基因效應；2.決定你的DNA實際如何表現的間接基因效應；3.環境（飲食、運動、化學暴露、睡眠等等）造成的直接與間接效應。這些影響力錯綜複雜，且會不斷交互作用。綜合起來，它們解釋了你的個人健康狀態「為什麼」是如此這般，以及你能不能長命百歲。你的DNA的表現，以及你暴露於環境的情況都是獨一無二的，只有你這樣，而你的狗狗也是如此。

這章一開始，我們解釋過你的DNA，以及DNA的表現，時常受到環境作用的支配。要了解這點，不妨想想這個簡單的例子：你救了一隻狗，帶回家中。牠過瘦、虛弱、憔悴、仍處於被遺棄街頭的恐懼。你悉心照顧這隻狗，讓牠恢復健康，不出幾個月牠就活蹦亂跳——調皮、強健、充滿自信了。那隻狗身上的DNA毫無改變，但由於環境發生巨變，那些基因的表現也截然不同。牠找到了一個家，有人餵牠、愛牠的地方。反之亦然：不帶有某種疾患遺傳風險因子的動物（人也好，狗也好），仍可能因為日常習慣而得到那種疾患。我們都認識一些人明明沒有糖尿病或癌症的家族史，仍被診斷出那些疾病。同樣地，沒有特定遺傳史的狗，也可能碰上某種健康難關。

這就是表觀遺傳學發揮效用的時候。

表觀遺傳學是當今最引人入勝的研究領域之一，那研究你的DNA，或基因組的特定部分，即告訴你的基因該在何時表現得多強烈的部分。不妨把這些重要的部分視為基因組的交通號誌，它們會給你的DNA該停下或前進的信號，基本上不僅遙控你的健康和壽命，也遙控你會怎麼把基因傳遞給後代子孫。我們的日常生活方式會對基因的活動造成深刻影響，現在我們更知道，我們選擇的食物、承受或避開的壓力、從事或忽視的運動，甚至是我們選擇的人際關係，都會像編舞一般決定我們哪些基因會「打開」，哪些會「關閉」。最吸引人的是這一點：**許多對健康和壽命有直接影響的基因，我們都可以改變它們的表現**。我們的狗同伴大多也是如此，不過這裡有句警語：*我們得為牠們做出明智的決定*。如果你跟我們一樣，這感覺起來壓力如山大，尤其當今的人類和動物醫生皆未受過預應式健康訓練，無法為我們或我們的家人依生物條件量身打造健康計畫。在醫學範式轉移之前，吸收足夠的知識，為我們自己的身體和我們的動物做出最好選擇的責任，在我們身上。

細胞危險反應：細胞創傷如何使年輕狗狗加速老化

你的一生不可能沒有經歷任何傷害，例如暴露於環境化學物質、傳染病，或身體的創傷。大衛．辛克萊常說：「傷害會加速老化。」但會如何加速呢？當傷害發生，受損的細胞會經歷名為「細胞危險反應」（cell danger response，CDR）的三個癒合階段。隨著狗狗老化，這個過程會漸失效率，而不完整的癒合會造成細胞衰老，使老化加劇。因此，科學現在直指生命初期分子層級的癒合中斷，為加速老化和慢性病的根本成因。

在細胞遭遇壓力、化學物質或身體損傷後，由細胞粒線體掌控的復原三階段必須順利走完，否則功能異常的細胞最終會導致器官系統功能異常。換句話說，如果細胞在受傷後沒有完全癒合又再次受傷，會引發更嚴重的疾病。一旦細胞陷入反覆受傷而反覆復原不完全的循環、未能真正痊癒，便會引發慢性病。我們還沒有關於狗的統計數據，但身為狗的飼主，你不難看出細胞復原不完全、誘發全身性疾病的症狀：慢性過敏、器官疾病、肌肉骨骼退化、免疫系統失衡（從慢性感染到癌症）。細胞內疾病常以這種細微、靜默的方式開始發病，當你的狗狗還很年輕，外表看似健康時，其實裡面已經轉壞了。

細胞開關

另一個與我們能否掌控老化和細胞分裂速度有關的焦點領域，是評估內部信號傳送的情況。近年來，一個在學界備受矚目的遺傳性營養感應「開關」是mTOR，機械雷帕黴素靶蛋白（mechanistic target of rapamycin）的縮寫，前稱哺乳動物雷帕黴素靶蛋白（mammalian target of rapamycin）。你可以把mTOR想成我們所有細胞（血液細胞除外）的校長。布達佩斯羅蘭大學（Eotvos Lorand University）「年長家犬計畫」（Senior Family Dog Project）主導人艾妮可·庫賓宜博士（Eniko Kubinyi）在接受我們採訪時很快指出，人和狗的老化基因途徑相當類似，皆涉及某些生物分子，例如mTOR和AMPK〔單磷酸腺苷活化蛋白質激酶（adenosine monophosphate-activated protein kinase）的縮寫〕。

AMPK是抗老化的酵素，一旦活化，便能促進和協助調節一條名叫「自噬」（自體吞噬）的重要途徑，那基本上負責管理細胞清理門戶，進而促使細胞以較年輕的狀態活動。這條途徑在體內擔綱多樣化的角色，但最根本的作用關乎身體如何移除或回收危險、受損的部分，包括無用的殭屍細胞和病原體。免疫系統能藉此獲得提振，大幅降低罹患肝癌、心臟病、自體免疫疾病和神經失調。這種分子對細胞平衡至關重要。我們也知道AMPK或許能活化我們與生俱有的「抗氧化基因」，那負責體內天然抗氧化劑之生成。我們將在後文看到，活化體內的抗氧化系統遠勝於吃抗氧化補充品。

一如人類，狗狗體內這條代謝途徑也決定了成長和細胞分化（例如一個細胞會成為肌肉還是眼睛的一分子），也可以像調光開關一樣，被諸如飲食、用餐時間和運動等生活因素調亮或調暗。例如在你斷食的時候，mTOR受到抑制，AMPK會打掃房子，讓你享有斷食的一大效益〔狗的例子叫限時段進食（time-restricted eating，TRE），請參閱第4章）〕。那也和調節血糖有關，因為降低胰島素和IGF-1濃度與抑制mTOR、提高自噬有關。若你整天坐著不動，又吃超加工的促炎食品，不僅胰島素一直流動、血糖濃度紊亂，垃圾也會開始在你的細胞裡堆積。用這種方式解釋自噬或許過於簡化，但那是老化過程（和生命本身）的關鍵作用之一。了解我們都有這種內建技術，可自行更新細胞、優化細胞表現，是大有幫助的一件事。照著這本書的策略做，你就能協助活化狗狗體內這把生物學的瑞士刀。

雷帕黴素：將來的神藥？

如前文提到的，mTOR裡的「R」代表雷帕黴素，事實上這是由一種細菌製造的化合物。雷帕之名是紀念它在一九七〇年代初的發現地：南美洲西岸兩千多英里外的復活節島〔Easter Island，又名「Rapa Nui」。隸屬智利，今為世界遺產，以其考古遺址聞名，包括近九百座名喚「摩艾」（moai）的巨大石雕，是十三到十六世紀間由當地居民打造。〕

雷帕黴素的作用與抗生素類似，有強大的抗細菌、抗黴菌和免疫抑制效用。一九八〇年代初期，各大實驗室開始研究雷帕黴素，接下來十年，一連串科學報告出爐，提出雷帕黴素對於酵母、果蠅、線蟲、菌類植物，和對我們最重要的，哺乳動物的細胞成長之效。一九九四年，感謝大衛·沙巴提尼博士（David Sabatini）和他在巴爾的摩約翰霍普金斯大學醫學院及紐約紀念史隆凱特琳癌症中心（Memorial Sloan Kettering Cancer Center）同事的貢獻，科學家終於發現哺乳動物版的TOR。它為什麼可以經過二十億年的演化而不滅，不是沒有原因的：它是細胞生長和代謝的主要調節者，也是細胞代謝——生命——如何在細胞裡編排的秘密之一。

今天，FDA核可的雷帕黴素被用於器官移植病患來預防排斥，它也成為最炙手可熱、研究中的抗老化和抗癌症藥物。充滿企圖心、將雷帕黴素應用在狗狗身上的研究已在進行，若能見到研究結果不僅能促進狗狗健康，也能增進人類健康，將是令人振奮的一件事。澄清一下：我們不是在為你或你的狗開立雷帕黴素這種處方，只是說這種最新科學值得一提，因為未來幾年你一定會在主流媒體裡讀到它。

關於癌症的一件事

很多人都生怕診斷出癌症。狗會出現的惡性腫瘤種類繁多，例如皮膚黑色素癌（melanoma）、淋巴癌（lymphoma）、骨肉瘤（osteosarcoma）和軟組織肉瘤（soft tissue sarcoma），以及攝護腺癌、乳腺癌、肺癌、大腸直腸癌等。平均大約每三隻狗就有一隻會在一生中診斷出癌症，壽命超過十歲的狗會有半數因癌症或帶著癌症過世。就目前所知，犬科癌症的很多事情都與人類癌症相當類似。

不論人或狗，癌症都是種複雜的疾病，部分與基因有關，但並非所有會導致癌症的突變皆可遺傳，而癌症的故事也有各式各樣的理論，包括粒線體受損的衝擊。現在先讓我們聚焦在基因方面。綜觀狗狗的一生，其體內細胞內的DNA都可能出現自發性的變化，這些基因突變可能會日益壯大，或在重要的基因發生。如果某一細胞累積夠多的突變或有關鍵基因發生變異，便可能開始失控地分裂和滋長。若干年後，這個細胞會停止執行應有的功能，繼而導致癌症。這叫體細胞突變（Somatic Mutation）理論，而過去十年，這個假說遭到愈來愈多腫瘤學研究人員質疑，他們主張癌症是一種粒線體代謝疾病。近期癌症研究證實，若將發生癌變的細胞核移植到正常細胞，細胞依舊正常，但如果你將癌變細胞的粒線體移植到正常細胞，那個細胞就會罹癌了。

於是，癌症的代謝理論帶給我們希望：我們可以做些事情來影響粒線體的健康，而粒線體的健康會影響我們的罹癌風險和癌症的治療（如有必要的話）。不論你同意哪一種理論，最終結果都一樣——突變的DNA。研究人員已鑑定出一些強大的基因可靠自己開啟癌變過程，通常是從一個簡單的突變開始，乳癌易感基因BRCA1和BRCA2就屬於這一類。欠缺基因也可能提高癌症易感性，伯恩山犬（Bernese Mountain Dog）和平毛巡迴獵犬（Flat-Coated Retriever）等品種常被刪除CDKN2A/B、RB1、PTEN等重要的抑癌基因，使牠們較易罹患組織細胞肉瘤（histiocytic sarcoma）。最後，環境因素也可能促成癌症，例如吸菸讓人易患肺癌，草坪的化學物質讓狗易患淋巴癌。

不論根本原因是基因、環境，或兩者的結合，癌症診斷通常發生在失控的生長形成大量異常細胞，即醫師所謂的贅生物（neoplasia）之際。贅生物常造成腫塊或腫瘤，是身體一連串失常事件的產物，從細胞危險反應失效開始，最終使細胞帶著功能異常的粒線體和永遠受創的DNA，徹底陷入混亂。每一個增生細胞都內含與最早突變細胞一模一樣的突變基因副本，腫瘤細胞也可能移往其他器官，開始在那裡生長，這叫「癌症轉移」（metastasis）。癌症療法的目標是殺光發病個體內所有腫瘤細胞，因為留下一個細胞便可能使癌症復發。放射線治療被當成「局部療法」使用，目標是殺死腫瘤部位的細胞。外科手術與此類似，常用來割除腫瘤，化療則是一種「全身療法」，盼能殺死迅速增生的細胞，包括腫瘤本身及已經轉移到其他器官的細胞。不過，化療劑也會殺死迅速增生的健康細胞，那就是問題所在。

直到今天，多數疾病的治療（包括癌症）都是事後處置，也就是在疾病診斷出來後才進行。在狗身上，因為狗沒辦法告訴人類牠們不舒服，這往往為時已晚，遺傳研究的進展該彌補這個缺憾。所幸，北美洲民眾已可取得諸如Nu.Q獸醫癌症篩檢（Nu.Q Vet Cancer Screening Test）等簡單診斷法。事實上，在研究癌症方面最令人振奮的可能性之一，就是運用基因組學在突變與癌症釀成嚴重問題之前鑑定、診斷出來。最終，我們希望能創造出基因檢測，在狗狗生病前鑑定出有害的突變。科學界也希望和育犬社群合作，盡可能從族群中清除疾病易感基因檔案。國際犬合作夥伴組織的伯尼特博士，就正努力在做這件事。

快樂、健康的狗狗

延長健康壽命可歸納為避免（或至少延緩）三種類型的衰退：認知、生理和情緒／心智。我們並未誇大第三項的重要性，因為那常被低估或忽視。我們都知道不間斷的壓力對健康有害，但狗狗的壓力有多大呢？這不是在開玩笑，芬蘭一項研究顯示，有72.5%的狗表現出至少一種類型的焦慮，以及其他我們常認為人類特有的精神問題，例如強迫行為、恐懼（症）和攻擊行為等等。千萬別以為這沒什麼大不了，研究顯示，心理創傷或生命初期社交適應不良，都會對狗的健康和壽命造成嚴重的長期危害。這樣的研究再次呈現出與人類類似的結果，創傷和恐懼會嚴重削弱我們的長期健康，這是個無聲但致命的問題。每年都有數百萬隻狗進了收容所，因「行為問題」被安樂死，而那些行為都是在狗狗生命初期被欠缺管理的經驗和事件引發的，又因不當甚至粗暴的「矯正」訓練方法加劇。最後，未處理的情緒創傷會奪走我們和我們同伴健壯、快樂的一生。

許多寵物都被開給精神疾病藥物。根據一家市場調查公司在二〇一七年所做的全國性研究，有8%的狗主人和6%的貓主人前一年曾給過寵物抗焦慮、鎮靜或安撫情緒的藥物。也就是說，美國有數百萬隻動物因行為問題服用藥物。二〇一九年，英國一項針對狗主人的調查揭露，有76%的受訪者想要改變自己狗狗一種以上的行為。我們剛介紹的芬蘭研究發現，對聲音敏感是最常見的焦慮相關特徵，在23,700隻狗中有32%的盛行率。某些人類用藥已獲得FDA核准，可用於特定的寵物心理健康問題，包括抗憂鬱的氯米帕明（Clomipramine/Clomicalm）可以治療狗狗的分離焦慮、鎮靜劑右美托咪啶（Dexmedetomidine/Sileo）可以治療狗狗厭惡聲音的問題。最令人沮喪的是，改變行為的藥物不會造就一隻全新的平靜、身心平衡的狗狗。改變行為的藥物不會賦予狗狗新的性格，你仍需要協調和執行行為干預來協助管理狗狗的壓力反應。

令人難過的是，這樣的狗狗很多都缺乏適當的心智與環境刺激，缺乏免於恐懼、以關係為中心的訓練，以及社會連結。這是一個道德困境，尤其我們談論的病患無法用我們的語言訴說心情、行為屢遭誤解，且需要學習外語才能了解我們對牠們的期望。

相信每一位讀到前一句話的犬訓練師和行為學家都會同意，我們今天在狗身上看到的行為問題，都是社會化不良或不恰當的狗狗，在日常運動量不足、缺乏有效雙向溝通（學習了解你的狗狗）、嗜好或興趣不充分（「狗狗的工作」）的直接結果。從一九七七年就開始跟動物合作的知名寵物訓練師及行為學家蘇珊·克洛蒂爾（Suzanne Clothier）指出：「綜觀我們一生，對我們衝擊最大的塑形經驗，是在我們年輕、易受影響時發生的事，狗狗也一樣。」我們的童年經歷安全、快樂嗎？還是提心吊膽、不可預期、孤寂或痛苦呢？這個答案至關重要。

我（貝克醫師）聽到很多客戶說，他們是在功能失調的家庭中長大，完全不想刻意重複在他們童年時出現的教養錯誤，但他們卻發現自己正以當初被教養的方式來教養他們的狗狗，特別是會動粗、沒有耐心解決衝突和行為難題、受挫時大吼大叫等等。狗狗就跟我們幼年時一樣無助、依賴、無能為力，面對令人不知所措的語言隔閡，脆弱而無法改變現狀，也沒辦法有效傳達情緒。我們可能年紀太小而無法用言語表達我們的感受和想法，卻感覺得到那些可能被忽視或不被承認的強烈情緒：害怕、焦慮、困惑。你的狗狗也有同樣的情緒，外加巨大的語言與社會差異。

狗在覺得害怕或受威脅時咆哮是再正常不過的事，牠們是在溝通，但多數人動輒在小狗咆哮時處罰牠們。要幫助狗狗學會你要求牠和你想要牠做的事，訓練與教導是兩種不同的途徑。訓練不會考慮動物的個別情緒經驗，教導則會考量最適合那名學生的教法。狗狗就像孩子，會以不同方式學習和處理資訊，而以孩子能夠領會和有反應的方式指導他們，是我們身為老師的責任。不妨想像，你在年紀很小的時候被外國人收養，而在某人想拿你東西、你只是在保護自己時，卻被人用陌生的語言吼叫或體罰。歡迎在家犬困惑的世界長大：我們期望牠們像人類的孩子那樣上淑女學校學習完美的儀態、拿到優良行為的博士學位，卻連讓他們去小狗幼兒園上一堂蒙特梭利課的本分都沒有盡到，更別說盡力做好家庭教育或主動聆聽了。

你不能只靠每週一小時的學前教育來教給孩子認識世界所必須了解的事物，身為父母，如果我們不刻意每天在家裡教孩子事情，他們就學不會聽我們說話或和我們溝通。同樣地，不持續投入狗狗的家庭教育，我們的小可愛就會以牠們自己的文化制定自己的規則，在一、兩年內根著於那些對我們而言不被社會接受的行為舉止。和你的狗狗建立穩固的關係需要時間、信任、一致性和出色的雙向溝通，但報酬豐厚：行為良好、壓力較小、因此壽命較長的狗。

我們會在後文更詳盡探討如何在訓練方面有好的開始。現在，先讓我們破除另一個與老化，特別是「年齡」本身息息相關的迷思：人類七歲相當於狗的一歲。就跟其他所有事情一樣，要是有那麼簡單就好了。

我的狗狗「幾歲」了？以新時鐘判斷時間

數百年來，一直有人在比較人和狗的歲數。一二六八年，西敏寺（Westminster Abbey）工匠刻在地板上的一段文字預測最後審判日（Judgment Day）將於何時到來：「如果讀者睿智地考量所有被設計的生物，就能明白第十層天（primum mobile）的終結；刺蝟可活三年，加上狗和馬和人、雄鹿和烏鴉、老鷹、巨鯨，世界：每一個在後面的，壽命都是前面的三倍。」照這樣算來，人可以活到八十歲，狗可以活到九歲。對人和狗都很幸運的是，如果做出睿智的選擇，我們可能活得比那更久。

人類七歲相當於狗一歲的等式可能來自這個籠統的觀察：人的平均壽命在七十歲左右，而狗大約是十歲。但有些專家認為這只是鼓勵飼主每年至少帶寵物看一次獸醫的說詞，因為認定狗的老化速度遠比我們來得快。確實如此，不過要比較人狗的壽命，套用下面這道公式更精確：中型犬出生後的第一年相當於人的十五年；第二年相當於人的九年；之後每一年相當於人的五年。

多數呈現狗狗年齡的圖表也將體型列入等式之中。但諸如此類的圖表不斷受到質疑，也不斷修正來反映新的科學。其他研究提出，一歲大的狗狗大約相當於人類三十歲；四歲時相當於人類五十四歲；若活到十四歲，就跟七十多歲的人類差不多。但麻煩來了，要怎麼定義「人類的歲數」呢（進一步說，我們為什麼非得拿狗的年紀和「人類的歲數」比較不可）？

要計算狗的年齡——就此而言，任何生物的年齡都是如此——也該區分實際年齡（chronological age）和生物年齡（biological age）。我們都認識外表「逆齡」的人，有七十歲長者的外表和活動力看來年輕十歲，或是九歲的德國短毛獵犬（German Shorthaired Pointer）外觀和活動力看來像只有四歲。年齡的概念是相對的，通常與我們身體的運作方式、我們多悉心照顧自己，以及我們在世上的行為有關。幾年前你可能聽過名為「實齡檢測」（RealAge）的特殊算法，那是由現任克里夫蘭醫學中心健康長麥可．羅伊岑博士（Michael Roizen）所創，目標在（以非科學方法）根據我們的運動量、是否抽菸、採用哪種飲食、各種醫學檢驗數字（例如膽固醇、血壓、體重），以及我們的病史來預測壽命。顯然，沒有任何檢測可精確預測壽命，但這些檢測可以相當清楚地顯示，我們可以在健康方程式的哪些項目付出努力。

科學家已嘗試提出新穎、以數據為導向的方式來測量真正的生物年齡，過去幾年也已有多種方法問世。同樣地，沒有哪項檢測絕對準確，但它們非常迷人，且值得研究。例如，據稱我們端粒的長度可顯示老化過程是否順利。端粒是染色體末端DNA的帽子，能防止我們的細胞老化。端粒會隨時間自然縮短，因此，端粒過早出現過短的現象，確實不是什麼好徵兆。還有一種更有趣而先進的年齡測量方式，是所謂的「表觀遺傳時鐘」（epigenetic clock），這也帶我們回到人狗之間的差異。表觀遺傳時鐘是由UCLA遺傳學者史提夫·霍瓦斯（Steve Horvath）首創，仰賴身體的表觀基因組，包含附加在DNA上頭的化學改質（chemical modification）。這些「附加標籤」的樣式會在生命歷程發生變化而透露一個人的生物年齡——那可能落後，也可能超前實際年齡。

這些表觀遺傳的標記對我們的健康和壽命非常重要，也對那些特徵會如何傳遞給未來世代至關重要。就連你吃的食物、你的狗呼吸的空氣，和你倆感受到的壓力，都會透過表觀基因組影響你的DNA。若把你的DNA比喻成硬碟，表觀基因組就是決定哪些基因會發揮效用的軟體。

如果你花了很多錢買基因優異的狗，卻經常讓狗暴露於會對表觀基因組構成負面影響的環境物質，這點格外重要，因為狗的健康可能會因表觀遺傳學的機制而崩壞。同樣地，狗狗就算被發現帶有基因變異或對某種疾病的遺傳易感性，也未必會自動顯現DNA而患病，你可以對表觀基因組造成戲劇性的正向衝擊。你的狗可能基因亂七八糟，卻始終沒有表現出疾病的徵兆，那你絕對可以相信，狗狗的生活方式和周遭環境的所有面向都會對牠的DNA竊竊私語。而確定牠所處的空間只會對牠的表觀基因組訴說健康、活力、韌性的言語，是我們的職責。

對守護者來說，如何影響表觀基因組是一種非常實用的知識。就算我的狗狗是近親繁殖或有巨大的基因缺陷，拜表觀遺傳學之賜，仍有相當大的希望可徹底改善其生活品質和減緩其病程發作。能明白這點，給予我們莫大的信心。無論如何，處理所有已知表觀遺傳的影響是減緩老化、從「預設值」厚植長壽動物潛力的不二法門。雖然在育種層次處理表觀遺傳議題已超出本書範疇，但如果你能落實我們推薦的策略，仍能在促進正向表觀遺傳表現方面占得上風。（欲知更多個製化的概念，請上www.foreverdog.com。）

表觀遺傳的重大誘發因素

食物的營養含量
食物的多酚含量
食物的化學物質
體能活動
壓力
肥胖
殺蟲劑
金屬
干擾內分泌的化學物質
微粒（二手菸）
空氣汙染物

二〇一九年，一項由加州大學聖地牙哥分校（UCSD）研究人員所做的研究，依據人類和狗狗DNA隨時間發生的變化而提出這種新時鐘。所有狗狗，不分品種，都依循類似的發育軌跡，在十個月左右進入青春期，二十歲之前死亡。但為了提高找出老化相關遺傳因子的機率，UCSD研究團隊著眼於單一品種：拉布拉多犬。

他們掃描了104隻從四週大到十六歲狗狗基因組裡DNA甲基化（DNA methylation）的模式。他們的分析揭露狗（起碼拉布拉多犬是如此）和人確實有類似與年齡相關的甲基化模式。最重要的是，他們發現這兩個物種都有特定與發育有關的基因群，在老化過程出現類似的甲基化現象。那暗示老化的某些面向是持續不斷的發展，而非一個明確的過程，而其中至少有某些轉變被保存在哺乳動物體內，形成演化。

這支研究團隊創造了新的時鐘來衡量狗狗的老化，最後造就的狗齡換算法比「乘以七」複雜得多。新的公式適用於比一歲大的狗：16×ln（狗的年齡）+ 31 大約等於人類的年齡。要算出狗狗相當於「人」幾歲，先輸入狗狗的年齡，在科學計算機押「ln」，再把你得到的數值乘以16，最後再加上31。

我們的生命階段與狗雷同。例如，七週大的幼犬大約相當於九個月大的人類寶寶，兩者都剛開始長牙。這個公式也巧妙地讓拉布拉多犬的平均壽命（十二歲）對得上全球人口平均壽命（七十歲）。整體而言，犬的時鐘一開始走得比人類快得多——兩歲大的拉布拉多動作可能看來還像小狗，但其實已經進入無症狀的老化過程——然後慢下來。

可以想見，這項發現令多數愛狗人士開心不起來，但這些研究成果自然已使端粒之測量蔚為風行，儼然在人類生物駭客領域掀起一股驗血潮流，而現在甚至有一間實驗室提供測量狗狗端粒的服務。

誠然，你的狗狗套用這個公式算出的「人類歲數」未必符合事實。眾所皆知，品種不同，老化過程也會不同，且體型也很重要，因此UCSD的公式可能缺乏足夠的變因來得出決定性的結果。不過，對於期望算出狗狗「相當於人類幾歲」的人來說，這道有科學支持的公式仍然比老早就被拆穿的「乘以七」迷思有用多了。

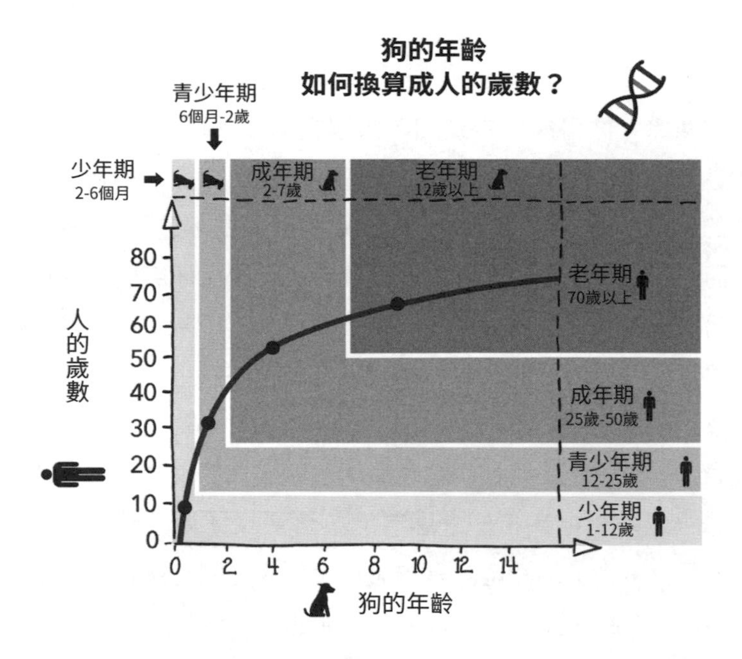

這張圖顯示狗的年紀與人類歲數之間的差異如何隨時間演變。這是以一些相當複雜的計算及數項研究為基礎，特別是UCSD特雷．伊德克博士（Trey Ideker）主導的一項研究，這張圖也是改編自那項研究。深色、描邊的方形顯示主要生命階段的大致年齡範圍，係以一般生理老化的情形為依據。少年期指嬰兒期後、青春期前的階段（狗二到六個月，人類一到十二歲）；青少年期指青春期到發育完成的階段（狗六個月到兩歲，人類約十二到二十五歲）；成年期指狗狗兩歲到七歲、人類二十五到五十歲的階段；老年期指成年期之後到生命結束——狗十二歲、人七十歲——的階段。人類的生命階段是以總結生命週期和預期壽命的文獻為依據。

類澱粉蛋白與老化

多數人都明白這個道理：年紀愈大，硬化、關節炎和關節問題常接踵而至。我們看到很多年邁的狗狗四肢僵硬地走來走去，彷彿腿是竹子似的。我們在狗狗外觀見到的退化性轉變，可能也發生於牠們的大腦。現在我們正開始了解類澱粉蛋白（amyloid）之生成與老化的關係。你可能已經熟知，大腦裡的β-類澱粉蛋白質一旦錯誤摺疊，便會惡性累積而形成「斑塊」（plaque），這可能是阿茲海默的「正字標記」。狗也會形成類阿茲海默症的β-類澱粉蛋白質，而這與認知衰退有關。這就是為什麼科學家研究狗的原因，期盼能藉此增進對阿茲海默症的認識，並尋求治療。一如人類，狗狗的腦健康也與心血管健康息息相關。在年老的病患身上，動脈硬化似乎會造成腦中β-類澱粉蛋白質「斑塊」持續累積，且就連非失智症患者也是如此。這樣的發現說明血管疾病的嚴重程度和「斑塊」這種神經退化疾病標記之間有關，這意味拯救大腦和機動性（腿不要像竹子！）的關鍵，是維護心臟健康。對心臟健康有益的東西也對大腦健康有益，狗如是，人亦如此。

甲基化的過程會不斷修復DNA。任一個甲基（methyl group）的增減都會使我們和狗狗體內發生深刻的生化變化：會活化或鈍化身體的生命密碼、影響核心生命過程。因此一旦甲基化出錯或失衡，就可能招致麻煩。甲基化缺陷已被證實和心血管疾病、認知衰退、憂鬱、癌症有關，以狗為對象的類似研究也正在進行。仍有許多問題懸而未決，例如甲基化的改變是否會引發或影響老化？抑或是以其他方式和老化產生連結？「沒有人知道，目前都是猜測。」主導甲基化研究的UCSD遺傳學教授伊德克博士這麼說。二〇二〇年，當田納西的黃金獵犬歐姬活到二十歲、打破世界最老黃金獵犬的紀錄時，伊德克博士的洞見在全球各地回響，世人紛紛追求她長壽的秘訣。現在我們的目標是找出決定甲基化速度的因素，以及那為什麼在某些動物身上發生得比其他動物快。只要了解這種基因時鐘，我們或許就能在控制老化過程方面占得上風——包括我們的寵物和我們自己。

DNA變異的超級科學

單核苷酸多態性（single-nucleotide polymorphism，SNP）代表DNA序列的變異。SNP是遺傳指令的組合發生改變，專家認為那能為疾病反應、環境因素（包括食物）和藥物提供遺傳標記（genetic marker）。這些在DNA編碼中經過特定編輯的變異，可能轉化為毛色、高罹癌易感性或無法清理體內組織胺等特徵（人狗皆同）。

有些SNP和多種基因變異的組合可能會深刻衝擊身體創造和運用不同養分的能力，使身體難以減輕發炎、促進正常排毒和免疫功能、分泌健康神經傳導物質等等。某些遺傳變異可能導致身體接收到不同或錯誤的細胞指令，例如在蛋白合成過程另選胺基酸，會改變生成蛋白質的樣貌，這意味身體下游會發生不一樣的事，或衝擊其他細胞、器官和組織的運作——全都是遺傳學使然。但萬一在飲食裡沒有足夠生物可用的胺基酸，作為蛋白合成過程的第一、第二或第三胺基酸選擇怎麼辦？這就是營養衝擊DNA之處。我們會在後文討論胺基酸（蛋白質）和其他超加工狗糧所含無幾的重要營養物質的質與量，但我們相信，遺傳變異加上品質不良的營養，就是有那麼多狗狗在中年或十歲前被診斷出退化性疾病的部分原因。

明白這點很重要：諸如此類的DNA差異未必會引發疾病，但可能是疾病相對風險的指標。同樣地，如果你的狗沒有已知某種病症的遺傳風險因子，也不保證牠不會得那種病，但那確實表示牠的風險比具有特定風險因子的狗狗來得低。自人類基因組計畫完成，已有數千項已發表的研究描述了SNP和數百種特定疾病、特徵和症狀之間的關聯。相同類型的研究也在為狗狗進行中。因為食物會影響我們的基因組，科學家正在尋找會影響人和狗的甲基化途徑、傳輸更有利整體健康之營養的SNP樣式，而這個新領域被稱為甲基遺傳營養學。

一隻狗的DNA掌控牠的生理，包括牠的身體如何製造養分、酵素和排除毒物。要是你或你的狗狗有一組變異（SNP）使正常生理機能、代謝和排毒機制無法以理想方式運作，不難看出身體會如何在缺乏關鍵營養的介入下崩潰。正在進行的研究發現，遺傳變異也會影響狗狗的行為，包括恐懼。

人類醫學社群回應遺傳診斷的速度相當快，個製化的甲基遺傳營養學和機能性基因組營養分析已成發展趨勢，讓生物駭客、運動員和有此期望的民眾透過個製化的營養和補充讓健康臻於理想。簡單的DNA唾液檢測即可揭露個人獨一無二的遺傳變異，而這個原始資料可上傳至專用軟體，配合病患的檢驗結果，讓醫師和營養師得以鑑定出需要額外支援的代謝途徑，完全依據病患獨特的基因檔案量身打造。接著醫師和營養師會給予建議，以病患能夠代謝的形式提供欠缺的輔因子或養分。

個製化的藥物和營養耶！我們可以運用我們的基因組來協助判斷什麼樣的藥物和化學療程最恰當，哪些維生素、礦物質和補充品會產生最好的回響，或是該避免攝取哪一些，以發揮改變生命的成效。現在，我們只檢驗狗狗的遺傳疾病標記，但值得慶幸的是，獸醫學也朝著個製化藥物和營養的方向邁進。往後幾年，我們將會見到可供獸醫使用的基因組營養分析，也將有更多物種受惠於個製化的營養及補充，以及依據動物獨特基因組成來設計的醫學和藥物療程。目前已經有保健公司依據你的狗狗的DNA檢測結果、品種易感性、生活方式和生命階段提供客製化的食療計畫了。

長壽鐵粉攻略

- 生命是一個持續破壞和重建的循環。老化也是個正常、不間斷的過程，牽涉到體內諸多反映基因及環境作用的行動。
- 老化的各種途徑，或標誌——以及無數條通往細胞、器官、全身功能異常的路徑——在人和狗身上是一樣的。雖然狗狗經歷的生長階段與人類相似，但牠們的老化速度快得多，因此給了我們研究的機會，期能設計出理想的老化過程。
- 基因突變和／或營養不足可能會增快或降低狗狗的甲基化速率，進而為加速或減緩老化搭建舞台。
- 體型有關係：大型犬比小型犬更容易過早死亡，這部分是代謝的差異及與體重相關的退化性疾病風險所致。年齡和品種是狗狗的兩大風險因子。
- 太早幫狗狗摘除卵巢或閹割可能會對其健康和行為產生長期效應。若要在青春期前幫小狗除去性徵，可以考慮切除子宮或輸精管，而不要完全摘除性器官。
- 目前有多項犬基因組計畫正在進行，盼能勘測出狗狗身上有患病風險的基因。
- 當食物混在一起加熱、使葡萄糖和蛋白質交互作用時，會產生不良化學反應。結果便會形成MRP（包括AGE和ALE）之類的有害產物，帶來生物學上的浩劫。這些化合物，還有其他如黴菌毒素、嘉磷塞和重金屬等傷害性成分，都摻雜在商業寵物食品之中。
- 有個簡單的方法可以判斷狗狗寵物食品健不健康——那在加工過程裡烹煮／加熱了幾次（我們會在Part III詳盡討論）。

- 雖然人類和寵物食品產業的研究、檢驗過程和規範各不相同，但兩者都運用同樣狡猾的宣傳花招，且持續不遺餘力地推銷經繁複加工的食品。
- DNA是固定的，但它會如何運作、怎麼表現自己，卻千變萬化，這是表觀遺傳開關造成的現象。許多表觀遺傳誘發因素都可能改變DNA的運作方式，其中最重要的包括食物養分、環境危害、缺乏體能活動等等。
- 自噬是個重要的生物過程，有助於維持體內整潔。很多時候你會想啟動自噬機制，而你可以透過飲食、用餐時間和運動來啟動。
- 一如孩子，狗需要適當的居家環境和針對行為與社會性的日常指引，才能長成行為優良、愛找樂子且善於處理壓力的毛孩。
- 狗與人類年齡的關係不是單純的一比七。有好幾種方式可以估算狗狗的「年齡」，但狗狗基本的表觀基因開關是否強韌和靈敏，是決定身心健康或功能不良的最重要因素。

PART II

世界最長壽狗狗的秘訣

長篇故事

4

透過飲食抗老

食物如何洩露健康與長壽基因？

你吃的東西會名副其實地變成你；
你可以選擇自己要由什麼組成。
——無名氏

每個人身體裡都有一位醫生，我們只需要幫他運作。
我們體內的自然療癒力是最大的復原力。
我們應以食物做為良藥，我們的良藥就是我們的食物。
但在你生病的時候吃東西，就是餵養你的病。
——希波克拉底（Hippocrates）

一九一〇年，澳洲牧羊犬布魯伊（Bluey）在維多利亞出生。他會活到二十九歲又五個月，創下地球最老狗的金氏世界紀錄。他住在農場，在一群牛羊間工作。二〇一六年，澳洲卡爾比犬（Australian Kelpie）瑪姬（Maggie）在睡夢中過世，據說她活到三十歲。瑪姬跟布魯伊一樣住在農場，但她無法榮膺最長壽狗狗的頭銜，因為她的主人遺失了能證明她的年齡的文件。這兩隻不同凡響的狗狗有許多共通點：他們白天都在戶外遼闊的空間奔跑，因此有充足的運動，也時時接觸到大自然。這是重點，重點。瑪姬的主人布萊恩（Brian）說她每天光是跟著他開的牽引機跑，就要跑好幾英里了。在農場生活也意味著可以吃到許多新鮮的原型食物。瑪姬的均衡飲食以富含蛋白質和較高脂肪攝取的生食為主，完全沒有吃加工狗糧。再次是個重點。而這兩隻狗在各自環境的生活方式都是高品質、低壓力。又來一個重點。

布魯伊和瑪姬是在養狗界極負盛名的「瑪土撒拉」（Methuselah）犬。拜庫賓宜博士和她的布達佩斯研究團隊所賜，這兩隻異常長壽的特例上了全球新聞的頭條。瑪土撒拉是《聖經》裡的族長，猶太、基督和伊斯蘭的人物，據說活到九百六十九歲，是《聖經》中提到最長命的人。在人類的研究中，百歲人瑞一般稱作瑪土撒拉；在犬的世界，活到十七歲以上的狗可視為瑪土撒拉（但如前文提及，狗齡會因品種、體型等不同因素而有相當大的差異）。混種犬則要活到二十二歲半以上才會被視為瑪土撒拉。研究顯示，每一千隻狗中只有一隻可以活到二十二到二十五歲，絕大多數的狗狗都會在那之前死於各種疾病，而其中許多是飲食、運動等可修正風險因子所造成的。

值得再說一遍的是，狗狗愈來愈常被學界拿來研究老化過程，因為牠們是絕佳的樣板，可協助我們理解不同的老化途徑，以及修正哪些生活方式能增進生命的質與量。這項研究是共生的——在狗狗指引我們認識老化過程的同時，我們也學會如何幫牠們延年益壽。

我們常被問這個問題：如果只能做一件事來幫助我們的寵物活得更久，我們會做什麼？你或許會驚訝，那同「一件事」也適用於我們身上：盡可能改善飲食。換句話說：**吃好一點、吃少一點、不要那麼常吃**。但這道理知易行難。我們的目光不斷受到多彩多姿、閃亮繽紛的包裝食品吸引，而其中多數我們最好敬而遠之。想想你自己的飲食習慣，你為了減重或對抗慢性病而試過多少蔚為風行的飲食法呢？不論你是否計算過碳水化合物和熱量、是否討論過一餐該不該多吃一、兩份、是否嚴格照章遵循過療程並天天記錄你吃了什麼，我們敢說，你一生起碼會有一次刻意整頓自己的飲食。我們大多會在某個時間點做這件事，然後馬上破戒，直到新年要立新希望的那一刻才想起來。

不同於我們，狗狗沒有選擇飲食的權利。牠們完全仰賴照顧牠們的我們替牠們做正確的選擇。為狗狗設身處地想一下：現在你每一餐都是由你深愛的人提供，但你沒有發言權，飢餓本能會讓你不得不把擺在眼前的東西吃下去。如果你吃的都是高度加工食品，先撇開心智或免疫系統，你多久會感覺到那對你的身體（你的腰圍）造成的影響？也許不用太久，幾天到幾週都有可能。你的體重會與日俱增；你會覺得懶洋洋提不起勁，內心一片迷茫；你不可能靠睡眠得到充分休息；你的壓力和焦慮都會陡升並顯現在皮質醇濃度上。而最後你會迫切渴望一份乾乾淨淨、直接取之於自然、沒有加工過的新鮮餐點。那就是我們遠祖的進食方式，因此需要從各式各樣原型鮮食攝取養分這點，已經寫進我們基因組的程式了。對狗的祖先，也就是狼來說，尋找食物是需要策略和機智的工作，那也需要大量體能活動。

不論古代狼或現代狼都是典型的肉食性動物，牠們喜歡吃大型、有蹄的哺乳動物如鹿、野牛、麋鹿、駝鹿等；他們也會獵捕河狸、齧齒目和野兔等小型哺乳動物。牠們的飲食以蛋白質和脂肪為主——未經加工的蛋白質和脂肪。同樣地，人類遠祖（未蒙現代食品業和全球供應鏈之利）也靠狩獵採集維生，他們攝取大量野生獵物、魚和可食用的植物，包括堅果和種子。狼也吃莓果、草、種子和堅果，因此有人主張，人、犬這兩個物種的飲食習慣都是雜食性。早期人類也有幸吃到當季的水果，而研究顯示，古代的天然水果或許既酸又苦，但過去兩百年來，我們已將我們的水果「改良」得既香又甜。古代的大蘋果和今天的蘋果幾乎完全不一樣，一如我們人工培育狗狗的品種來滿足我們的奇思妙想，我們也照我們的喜好「改良」水果，今天的水果已變得跟大顆糖果相去無幾，頂多多了一點綜合維他命。

我們的祖先吃東西沒有像我們今天吃得那麼多，也沒有那麼頻繁。他們必須努力工作（意即運動）才能獲得食物，而早餐可能不是一天最重要的一餐，因為他們得花一整天，甚至好幾天來覓食。他們有時幾天一口東西都沒吃，但那無所謂，因為人體已演化成能夠捱餓了，為了求生必須如此。我們有內建的生物技術來因應長時間的食物匱乏，但當我們石器時代的生物技術碰上現代的便利和加工，問題就浮現了。狗狗的情況也是一樣，畢竟牠們是跟我們一起在石器時代「成長」的，也一起生活在二十一世紀。狗和家貓一樣，仍符合肉食性動物的定義。牠們的胃腸道很短，無法從陽光合成維生素D，也缺乏唾液澱粉酶（salivary amylase，消化碳水化合物的酵素）。然而，因為家犬已增加胰澱粉酶（pancreatic amylase）的分泌，很多獸醫師認為狗狗可以吃素。這一點，恕難苟同。

根據飲食與肥胖研究員傑森．馮博士（Jason Fung）的說法，一卡路里不只是一卡路里。他已針對限時段進食法的效用和熱量的差異（例如來自一疊糖漿鬆餅的一卡路里和來自一捲蔬菜歐姆蛋的一卡路里）寫過無數文章。他已廣獲人類營養學界接受的見解，悍然違背了當今有照獸醫營養學家的絕大多數建議。就代謝而言，全碳水化合物飲食的作用與均衡蛋白質加健康脂肪組成的膳食截然不同，而各種碳水化合物也非生來平等——你的身體怎麼對富含碳水化合物的餐點起反應，取決於你的化學組成，與消化碳水化合物的快慢。消化一碗緩釋（slow-releasing）碳水化合物（如烤蔬菜）的感覺，和消化一碗速釋碳水化合物（如穀物）的感覺就不一樣。緩釋（或緩燃）碳水化合物帶給你的飽足感會比消化迅速的碳水化合物（「速燃」）來得大且久，後者會讓你一直想吃東西。所有獸醫可能一致同意的一件事情是：經過演化，健康的狗狗（不同於貓）是能耐餓的。過去，狗未必每個黎明黃昏都能順利獵捕到食物。要是牠們沒有成功獵捕到新鮮的晚餐，可以一連幾天不抓獵物，只吃牠們找得到的東西，如腐肉、植物、橡實、莓果。

癌症研究人員湯瑪斯．西弗萊德博士（Thomas Seyfried），他在耶魯大學及波士頓學院教授神經遺傳學與神經化學癌症療法教了三十多年。他告訴我們，有隻名叫奧斯卡（Oscar）的狗曾在伊利諾大學獸醫學院被禁食一百多天（當年還沒有倫理委員會監管研究動物的人道對待）。據西弗萊德博士表示，奧斯卡結束禁食、送回農場後，仍能跳三呎高越過一道柵欄，進入他的狗舍。這裡提到這項惡劣研究的重點是：健康的狗狗可以斷食一段時間而活得好好的。我們不會在這本書裡推薦特定斷食療程，因為每一種療程都應依據個別動物的年齡和健康量身打造。但我們為你介紹仿斷食策略，讓你的狗狗能享受斷食之利，而不必真的幾餐不吃東西。

若你可以穿越時空——帶著你的狗狗和一袋食物——來到一群正圍著一團劈哩啪啦的篝火分享新鮮獵物的原始人身邊，他們會對你帶去的東西感到驚訝，或許瞠目結舌。你從袋子裡拉出來的東西，就算你已剝去二十一世紀的包裝，他們可能都認不得。光是營養成分表就令他們摸不著頭緒，他們也認不得那些成分（假設他們會閱讀）。至於狗食呢？假設你也為此實驗包了一袋一般的乾糧和罐頭狗食，圍繞在你祖先身邊的狗狗也認不得飼料顆粒或罐子裡的爛泥，也許連碰都不會碰（牠們會分享主人丟給牠們的剩肉）。同一時間，你正坐在那裡吃彷彿來自外太空的餐點，而你二十一世紀的狗狗一定非常羨慕牠的祖先，流著口水眼巴巴望著另一個年代的同類，跟著家人大快朵頤。

食物的力量

要增進你和你的狗狗的健康、延長健康的生命，必須先了解食物的力量。若把生活方式比作藥物，食物便是那種藥物的基石。誠如我們一直在說的，食物絕不只是你身體的燃料，食物更是資訊（名副其實：「它將各種訊息送入你的身體」）。只把食物想成供給能量的熱量（燃料）或只是一堆微量營養素和巨量營養素（構件），既過分簡化，也是被誤導了。恰恰相反，食物是讓表觀基因表現的工具，你的飲食和基因組會起交互作用。換句話說，你吃進去的食物會對你的細胞說話，而這個至關重要的交流會指引DNA的功能。**營養會給我們持續不斷、長達一輩子的衝擊，因此對健康而言，這可能是最重要的環境因子**。事實上，要建造或摧毀我們同伴的健康，飲食是影響最強大的方法；它可以療癒，也可以造成傷害。分子營養研究正努力理解這樣的交互作用。營養基因組學（有時稱為營養遺傳學），即營養與基因互動的學問（特別是關於疾病預防與治療），是所有狗狗健康、長壽的關鍵。

醫學院和獸醫學院沒有仔細教導營養，至少不像其他學科（生理學、組織學、微生物學、病理學）教得那麼仔細。別誤會，那些都是重要的科目，但營養沒有「學」（指「ology」字尾），因此遭到獸醫訓練冷落。時代可能會變，隨著我們終於意識到這方面的不足，未來世代的醫師和獸醫師可能會更注重這個科目，但到目前為止，醫學院和獸醫學院仍大抵囿於傳統方法：我們學習基礎生物學和生理學，然後學習如何診斷和治療疾病，卻幾乎沒有關於「首先該如何預防疾病」的教學。一如人類的醫學，獸醫學也卡在由來已久的管理疾病和控制症狀的範式，而非從頭阻止疾病發生。你的獸醫並非蓄意隱瞞重要資訊，他沒有和你討論針對性的營養干預、生活方式的選擇，以及風險和預防策略，是因為獸醫學校沒有教他這些。

另外，獸醫學生確實接受過與醫學生大同小異的營養教育，可能有所偏誤，因為那些課程一般是請商業寵物食品集團贊助的營養學家來教授。獸醫獲得的資訊主要來自龐大的加工寵物食品業，而那些導致動物健康欠佳的食品，就是那些業者製造出來的。那就像讓狐狸守雞舍！老實說，比那更糟，因為狐狸已經在雞舍裡面了！

缺乏營養素養是遍及全球的問題。二〇一六年，一份針對歐洲獸醫學院院長及教職員所做的調查透露，有97%的受訪者相信針對患者（動物）進行營養評估的能力不可或缺，但只有41%的受訪者對於該院畢業生在獸醫營養方面的技能和表現表示滿意。

具鮮食素養的獸醫人數正迅速增加，但這不是因為獸醫學校已經在教學生怎麼計算自製食譜的理想營養要求，也不是因為小動物營養課正在探討寵物食品加工技術（壓製、裝罐、烘烤、脫水、冷凍乾燥、稍微烹煮或生食）如何影響營養流失。這個需求是消費者驅動的。寵物主人開始堅決要求食物更新鮮，使獸醫師面臨二選一的關卡：自己學著協助客戶，或失去客戶。因為很多人還沒辦法跟獸醫師進行透明、有益的對話，討論如何餵食營養均衡的自製餐點，諸如www.freshfoodconsultants.org等線上指南正填補了這個空缺，為世界各地的寵物主人提供營養完整的食譜。

當Planet Paws臉書粉絲專頁在二〇一二年相當天真地開張，我們上傳了一張圖，列出所有在一般市售狗糧包裝上看得到的成分。不過一個晚上，那張圖就被分享了五十萬次。社團成員成長快速，顯示受眾求知若渴，人們亟欲了解餵食和照顧寵物的恰當方法。其中最受歡迎的一則貼文在討論牛皮骨（rawhide chews），已經有超過五億人次閱讀，隨文所附描述那種東西如何製造的影片，則有四千五百多萬人次觀看。到了二〇二〇年，羅德尼的Planet Paws粉絲專頁已有近三百五十萬人追蹤，而最可能像病毒一樣傳播出去的，是與飲食有關的貼文。

顯然，寵物飼主迫切需要指引，他們希望在寵物營養與健康方面，獲得有事實和科學根據的情報，拒絕噱頭、虛假的廣告。怪不得羅德尼的TED演說是史上最多人觀看、以狗為主題的TED之一，貝克醫師也成為世上第一位在TED Talk暢談營養應因物種制宜的獸醫師。我們樂見寵物食品業在我們眼前進化，更多透明、有道德的寵物公司崛起，擠掉那些會對我們同伴的生命和健康構成威脅的超加工伙食。革命已經爆發，如果你還沒開始參與，看完這本書，你一定會加入。（如果看完這一章還沒加入的話！）世上不只我們這樣想，根據食品學者瑪麗昂．內斯特爾（Marion Nestle）的說法：「我們正置身於一場食物革命之中。」人類和我們毛茸茸的同伴都是如此，而她把這場革命叫作「好寵物食品運動」，一如替代性的人類飲食，替代性的狗食可能包括有機、天然、新鮮、在地種植、非基因改造，或人道飼育的食物。

想像一下，要怎麼從一袋食物中獲得你一輩子需要的理想養分呢？匪夷所思？正是如此，你根本不可能仰賴一杯蛋白質奶昔來供應你所有的營養需求。如我們在Part I提到的，靠標榜「全方位」、含維生素等成分、可補充營養空缺的飲品維生的人，若非暫時如此，就是有特殊原因（例如住院）。這些飲品也是加工食品，就算真的內含所有每日建議養分，也不應做為單一食物來源。沒有人可以靠一種單調的加工食品過活，你不行，你的狗狗也不行。

世人已逐漸體認到這個事實：飼料丸子不足以讓動物滋養身體。二〇二〇年一項研究發現，只有13%的寵物主人僅餵食超加工食品。這是好消息，因為這代表有87%的寵物主人正在狗狗的碗裡添增其他食物。有些國家在恢復同伴動物健康的競賽中位居領先，例如澳洲就有比例最高的飼主餵食新鮮食物多於罐頭或乾糧。

獸醫師和寵物爸媽會在新鮮食物的觀念上出現分歧，部分原因是鮮食是唯一提供DIY選項的寵物食物（你不可能在家裡做乾糧），因此有可能出錯。而確實有人出錯了。充滿愛心、出自一片好意的寵物主人，自己臆測該如何建構營養均衡的寵物餐點，結果造成營養災難。我們認識的每一位獸醫師都至少說得出一件餵狗狗吃（不適當的）鮮食而適得其反的故事，從嚴重腹瀉（太快更換食物）到致命的營養繼發性副甲狀腺機能亢進（nutritional secondary hyperparathyroidism，一種代謝軟骨症，因經年累月鈣攝取比例不當所導致）。有無數個驚悚故事，訴說營養不均衡的自製餐點可能導致的種種情況，這也是市售營養完整生鮮寵物食品業在過去十五年間蓬勃發展的原因之一。確實，**鮮食類是目前寵物食品業成長最快的區塊之一**，令五大寵物食品驚慌失措。五大食品聯手壟斷了市值八百億美元的超加工寵物食品業，而目前沒有一家生產由高品質、人類食用等級原料製成的寵物鮮食。（獨占鰲頭的瑪氏公司擁有世界五大寵物食品品牌的其中三名：寶路、偉嘉、法國皇家，而這頭巨獸還在長大，目前約有五十個品牌。）人類食用等級的鮮食寵物食品公司紛紛崛起，而五大公司被他們瓜分的利潤愈多，我們從五大公司那裡讀到有關鮮食的故事就愈驚駭、愈聳動。我們會在後文詳盡探討如何確定你買的市售狗食有充足的營養，但說到自製膳食，那可能是你給狗狗最好的食物，也可能是最壞的食物，但看營養是否充足而定。

自製飲食的災難是出自好心但知識不足的人去憑空猜測的結果，這也是我們寫這本書的原因：給你一張有科學支持的扎實藍圖照著走。有趣的是，明明有數萬寵物爸媽遵照營養完整的菜單、做對的事、靠自己重建了寵物的健康，你卻很少讀到他們的事蹟。具鮮食素養的獸醫師人數遽增的原因之一，正是原本看似絕望卻奇蹟似復原的案例愈來愈多。這樣的結果很難忽略，而許多獸醫師在見證了多名犬科病患吃了飼主提供的鮮食餐點，而增進健康或改善疾病之後，開始改變立場。很有可能，你的獸醫師每分享一個繼發性副甲狀腺機能亢進的故事，她也（或許百般不願）想得起來數十位，甚至數百位客戶選擇她嗤之以鼻的「另類餵食方式」……卻獲得改變一生的成果。獲得認證的獸醫營養師拉迪茨博士表示，僅推薦超加工寵物食品做為照護營養標準的獸醫師，或許會侵蝕寵物主人對獸醫師的信任。二〇二〇年，一項研究調查了3,673位來自澳洲、加拿大、紐西蘭、英國和美國的寵物主人，結果發現有64%的飼主提供自製餐點給他們養的狗狗吃。我們大膽推測，多數飼主並未和狗狗的醫生討論過這些餵食選擇，以避免衝突。

這令我們不由得懷疑，心存疑慮的獸醫師究竟見過多少（沒有獸醫師介入）的成功案例才燃起好奇，或者至少軟化態度，願意坦率地和客戶交流餵狗狗新鮮食物的事？好消息是，數百萬動物守護者已成為有權力、有知識的倡議者，大幅改善了狗狗的營養、健康生活方式和環境。結果，他們已正面影響本身飼養動物的病況。我們發現具有成長心態的獸醫師，對於各種新興動物健康趨勢的好奇心最強烈，這使得全球上萬獸醫師開始認真研究，這些他們完全沒有參與的戲劇化復原，背後究竟有何真相。一如任何健康範式的轉移，新舊之間開始出現裂痕。生食獸醫學會（The Raw Feeding Veterinary Society）是一個由想要更了解鮮食的獸醫師集結成的專業組織，它只是冰山一角，但反映出寵物爸媽正施予業界莫大的變革壓力。

全球各地已有數十家較小型的獨立寵物鮮食公司如雨後春筍般冒出來，由熱情洋溢、有專科認證的營養學家帶頭，製造用真正的食物、摻雜極少的新鮮原料所做的餐點。當然，這些公司只占寵物市場的一小部分，但隨著像你這樣的寵物主人逐漸洞悉一輩子攝取速食有多危險，它們勢必會成長茁壯。在鮮食派獸醫師社群和具健康意識的寵物愛好者，因主張寵物應改吃輕加工食品而飽受批評數十年後，這是令人欣慰的轉變。坦白說，「生」這個字很容易誤解。我們謹慎地使用「生」這個字是因為它只是微加工寵物食品類別中的一個選項，而它在許多人腦海中會喚起汙染、腐敗、腐爛肉品的刻板印象，而非社區肉舖的畫面。「生」這個字不幸的言外之意已使預防醫學革命停滯不前，讓許多本意良善的寵物爸媽無法放心給他們的毛小孩天生想要、基因也需要的食物（如果你懷疑這句話，自己做個實驗，看你的狗狗會選哪一種吧）。在Part III，你會看到除了生食，還有多種寵物食品落在「較新鮮食物」的範圍裡。而在生食的範疇裡還有六種選擇，包括殺菌消毒過的生肉。

別忘記，曾有人告訴我們反式脂肪（重人造奶油）最好，醫生也曾幫助大型菸草公司賣菸。〔這不是開玩笑的，一九四六年，雷諾菸草公司（Reynolds）曾刊登有這句口號的廣告：「抽駱駝牌的醫生最多。」〕但若讓最新的科學說話，你就無法爭辯了。如果你還沒準備好餵生食也沒關係，你可以自製或購買稍微烹煮過的鮮食，只要減少超加工食品的攝取量，就能獲得顯著的健康效益，大大增進狗狗的健康。

我們了解，正如我們不會大啖一盤生雞肉、喝沒有處理過的水搭配產自受汙染海灣的生蠔，我們也不會餵狗狗任何有可能害牠們生病的東西。我們會用衛生、安全、美味、營養的原料，為狗狗的長壽奠定基礎。狗狗可能愛吃許多我們吃的食物，但我們必須尊重物種差異，而我們會告訴你怎麼做。這句話也請記錄下來：我們不是在建議你把狗當成狼那樣餵。幾乎所有袋裝狗糧的包裝上都有狼的圖像，讓人聯想到人類超加工食品包裝上，必有看似活潑健康快樂的華麗人像。我們都知道那些食物長期而言有礙健康，但厲害的行銷善於一邊鎖定和利用脆弱的人性，一邊挑逗我們的味蕾。我們的狗狗渴望健康的蛋白質和健康未摻雜的脂肪，加少許碳水化合物。那正是牠們祖先所選擇的食物，絕對不是凸顯狼臉、虛有其表的狗糧包裝袋裡找得到的東西。

未摻雜的生食是狗歷經演化的主食，而過去幾百年來，牠們當然尚未失去這種演化的適應力，但如果你的目標是避免超加工食品，這不是唯一的選項。顯然，我們的目標是盡可能減少家人攝取高度精緻食物的數量，但加工技術並非生來平等。我們將在Part III教你如何運用某些簡單的標準——摻雜的數學——評估各種狗食品牌，屆時你將能輕易分辨各種狗食產品屬於哪一類。業界知道你在找加工較少的寵物食品，所以他們措辭狡詐。寵物食品業濫用「自然」、「新鮮」、「生」等詞彙，甚至挾持「微加工」一詞，胡亂塗在乾糧的袋子上，徹底欺騙大多數寵物爸媽。

判別食物究竟屬於微加工、加工或超加工狀態或許很難，但事實上，除非你的狗狗自己抓獵物或吃園子裡的黑莓，你給牠的所有市售飲食都經過某種程度的加工。理論上，洗滌、切剁剛摘來的蔬菜也是一種加工，但我們談論的是廣為營養學界接受的定義：

無加工（生）或「新鮮、瞬加工（flash-processed）食品」：新鮮、未煮過的原料為保存目的輕微改造，營養流失甚少。瞬加工技術的例子包括碾磨、冷藏、發酵、冷凍、水、真空包裝、巴斯德消毒法（巴氏殺菌）（依據NOVA食品分類）。

「加工食品」：前一類的定義（「瞬加工食品」）加上一道加熱工序。（也就是有兩個加工步驟，包括熱摻雜。）

「超加工食品」：工業食品產物（無法在家裡製作），含有不會在家庭烹飪出現的原料，需要多道加工步驟、使用多種事先已加工過的原料，以及各種添加物來提升味道、質地、顏色和風味等，並經過烘烤、煙燻、裝罐、壓製等方法製作。壓製指的是迫使可泵送（pumpable）的產品或混合過的成分——在這個例子是狗糧——通過小的開口，將原料塑造成指定的式樣。壓製是在一九三〇年代為乾義大利麵條和早餐穀粒生產而研發的，一九五〇年代便應用於寵物食品製造。

因此事實非常明確：較新鮮、瞬加工狗食所含的原料只經過一次摻雜。這類狗食包括生食（冷凍）、高壓巴氏殺菌（HPP）生食、冷凍乾燥和脫水狗食等，採用未煮過、事先未加工處理過的原料。這些稱為「瞬加工」是因為其摻雜或處置過程一閃而逝，時間短促，也只做一次。理論上，這類寵物食品可稱為「超未加工」（ultra-unprocessed），因為在加工的光譜上，它位於超加工寵物食品的對端。

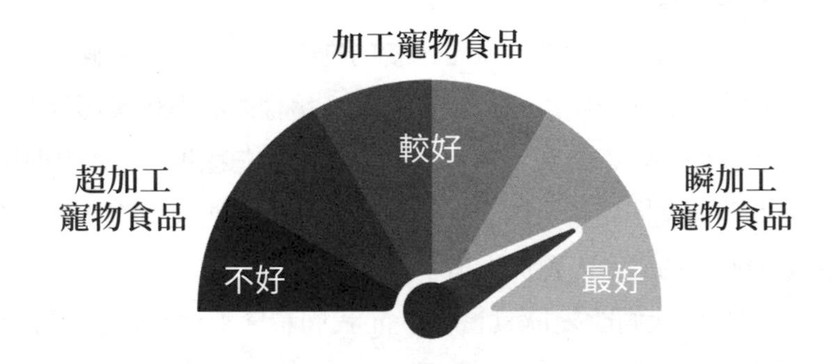

加工狗食經過額外的加熱步驟，或含有經過那個步驟的成分。這一類包括稍微煮過的狗食，以及使用加工過（非生食）原料製造的冷凍乾燥或脫水食品。這一類食品比超加工寵物食品來得健康，因為原料未經精煉或反覆加熱。

超加工狗食經過多次熱摻雜、含有事先加熱精煉過的原料，也加了一般消費者買不到的工業添加物。例如我們在超市裡買不到高果糖玉米糖漿或雞肉粉（或任何肉粉），唯有食品業者買得到這些原料（人類和寵物食品業者各買各的）。腐胺（putrescine）和屍胺（cadaverine）（相信我們，你不會想多知道這兩種香料的事情，它們的名稱已說明一切）只是各公司用來引誘狗狗吃乾燥食品的眾多添加物之二，一般消費者買不到。玉米筋質粉（corn gluten meal）是許多獸醫線寵物食品都會使用的一種原料，消費者只能在居家園藝店（非超市）買到——它被作為除草劑販售。沒有所謂「家庭版」的狗糧製造商。就定義而言，超加工食品含括大多數「氣乾」狗食、一些脫水狗食（不是生鮮原料製成），和所有罐裝、烘焙、壓製狗食，我們會在Part III提供一些簡單的訣竅來釐清種種混亂。這個資訊會讓一些人震驚、一些人震怒，但為了寵物的健康，你非明白不可。

我們在訪問世界幾位長壽專家時，一再碰到這個非常有趣的情況：一把這個主題的幾個點連起來，他們都會產生奇妙的反應。在頂尖科學家暢談他們的研究如何證實食物具有療癒或傷害之效、會影響表觀基因組、或搗毀／拯救腸道菌叢後，我們會問他們餵自己養的狗吃什麼。多數時候，我們會聽到一連好幾聲「噢我的天啊」、「我從沒想過這樣的發現也會影響其他哺乳動物」和「書出版後請寄給我，但拜託現在就教我怎麼做！」我們明白，得知我們一直在不經意間讓龐大的全球性速食業主宰我們及寵物「健康食品」和點心的成分時，的確令人驚慌失措。

醫生一直督促我們改變飲食習慣，而我們希望那個目標涵蓋我們全部家人，包括狗狗。只要添加「核心長壽加料」（Core Longevity Toppers，簡稱CLT），就可以為狗狗完成部分目標，那可以輔助正餐，也可以當點心，我們將在Part III詳加認識它。那一長串CLT超級食物的最大好處是，它們可以加在任何種類的狗食上面（包括超加工飲食）來增進整體健康。你不必一次改變所有事情，事實上，你也許完全無須更動狗狗的正餐。也許對你而言需要徹底翻修的是點心，光是把你目前買的那些昂貴卻劣質的點心換成CLT，就是帶領狗狗的健康邁向更高水準的一大步。讀著讀著，你可能會發現你的狗食沒有業者或你的鄰居或獸醫師說得那麼好。如果你考慮更換狗食品牌，我們也會提供做出周全品牌選擇所需的標準：基於營養數值，而非行銷炒作或流行程度。

比起超加工的狗糧和罐裝寵物食品，多數生食、冷凍乾燥、稍微烹調和脫水的狗食，熱摻雜的情況輕微得多。從現在起，我們將把這些加工程度較少的食物選擇稱作「較新鮮的飲食」或「瞬加工飲食」。要選哪些種類、多少份量的較新鮮狗食完全由你決定，我們會在Part III教你如何梳理那些變項，以及更多資訊。

這些關於狗食的對話形同一場革命，我們希望改變你對餵養狗狗（和你自己）的思維。寵物爸媽改善狗狗營養狀態的方法很多，一次改變一種即可。簡單地在狗狗碗裡增添一些東西，即可顯著改善其腦部功能、皮毛健康、呼吸、器官運作、發炎現象及微生物體平衡。**每用一口新鮮、生機食物取代一口「速食」（即高度加工寵物食品），你就往減緩老化的正確方向邁進一步。**

兩個T：種類與時機

說到餵狗狗吃東西的「最佳實務」，可歸納為兩個T：

種類（Type）：哪種營養最為理想？
時機（Timing）：應該在一天的哪些時候進食？

種類：一半蛋白質一半脂肪

與一般觀念相反，我們在前文強調過，狗需要的碳水化合物比例是零。因為我們自己的飲食充斥碳水化合物，也因為大部分的狗食都以碳水化合物為基礎，這句話或許聽來荒謬。如我們在Part I所述，當農業革命使人類從採集狩獵者逐漸轉變成種植作物的農人，狗狗也調整澱粉消化來適應這種飲食變遷。從演化的觀點來看，當時發生的事情相當引人注目：我們開始種植穀物，並且和狗狗分享食物沒多久，就改變牠們的基因組了。狗分泌的澱粉酶——分解碳水化合物的酵素——比狼多，事實上，這種轉變是狼演化成狗的關鍵一步。自然世界有時很殘酷，不演化就是死路一條，動物必須適應飲食和環境的變遷與挑戰才能存活下去，並傳遞DNA。古代犬藉由讓胰腺分泌更多澱粉酶來適應被餵食的殘羹剩飯裡愈來愈多的碳水化合物，這也讓狗狗得以繼續收割與人類一同演化之利。

有趣的是，寵物食品配方專家理查．派頓博士（Richard Patton）說，據估計，甚至到一百五十年前，狗吃進的碳水化合物仍不到總熱量攝取的10%，就狗活蹦亂跳的生活方式而言完全可以應付。但過去一百年，自富含碳水化合物的超加工狗食發明後，狗的非自願碳水化合物攝取量就一飛沖天，而這並不適合牠的代謝機制。狗可以消化，也確實在消化碳水化合物，但問題不在這裡。跟人一樣，長期吃進精緻碳水化合物，已帶給狗狗不良的健康影響。

雖然狗的胰腺會分泌可以分解碳水化合物的酵素，但那不代表狗的大部分熱量應來自澱粉。這是健康出問題的濫觴，特別是會導致全身發炎和肥胖的代謝問題。隸屬瑪氏公司旗下，在美國、墨西哥、英國等地開設多家獸醫診所的班菲德動物醫院（Banfield Pet Hospital）指出，光過去十年，狗的肥胖程度就增加了150%。

馬克．羅伯茲博士（Mark Roberts）針對狼和家犬的主要營養素進行過研究，而我們以此為題，與他有過一次精采的對話。羅伯茲博士是紐西蘭梅西大學（Massey University）動物生醫科學獸醫研究所（Institute of Veterinary, Animal and Biomedical Sciences）的科學家，他最有名的研究是：如果讓狗自己選擇要吃什麼，狗會如何憑本能作決定呢？牠們不會選碳水化合物。恰恰相反，牠們跟狼一樣，會先選來自脂肪和蛋白質的熱量，碳水化合物則敬陪末座。這就是為什麼許多鮮食配方專家建議應有50%的熱量（不是食物量）來自蛋白質，50%來自脂肪，這是家犬和野生犬科都偏愛且需要的「祖傳飲食」。

再說一遍，狗不是狼，而在自選飲食的研究中，狗選擇攝取的碳水化合物確實比狼多（牠們是否可能已經在農業革命期間發展出對這種食物的喜好了？!）這兩群犬科動物選擇的蛋白質、脂肪和碳水化合物範圍叫「符合生物學性（biologically appropriate）的主要營養素範圍」，而這就是我們建議身為狗狗長壽鐵粉的你，致力達成的範圍。

現在很快算一下你餵的乾糧裡有多少碳水化合物：翻到包裝袋背面，找到保證成分（Guaranteed Analysis），把蛋白質、脂肪、纖維、水分、灰分加起來（如果你沒看到灰分的數值，就估計有6%，即食品礦物質含量的估計值），再用一百減去你剛加起來的數字。算出來的差，就是狗狗食品裡的澱粉量。因為不易消化的纖維已納入算式，你最後得到的數字就是澱粉類碳水化合物（會分解成糖）的量，「符合生物學性」的量不到10%。身為獸醫師，我（貝克醫師）發現許多活潑好動的狗狗可以耐受飲食裡有20%的澱粉（糖）而不致出現嚴重後果；但餵30%到60%那些狗狗根本不需要的澱粉，並且是餵一輩子，勢必會造成原本意想不到的傷害。

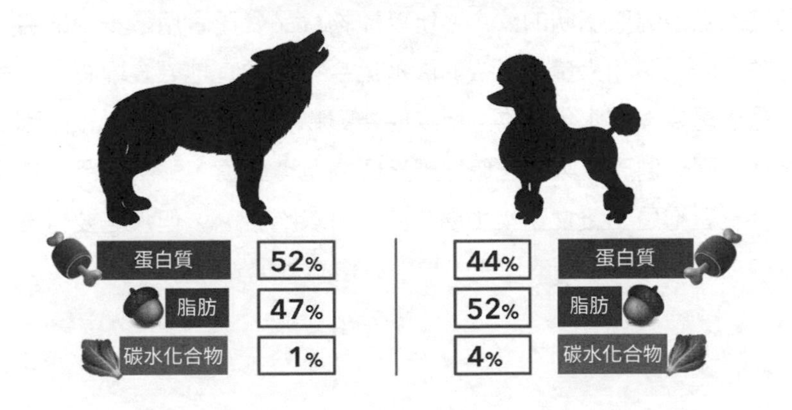

以精緻麵粉和糖製成的碳水化合物為主食的人，必與林林總總與發炎有關的健康問題搏鬥。當他們改用從新鮮食材攝取更多健康蛋白質和脂肪的飲食法，通常都會覺得如釋重負（包括減輕體重負擔）。與盛行觀念相反：**碳水化合物是種非必需的養分**。身體，特別是大腦需要的葡萄糖，可透過「糖質新生作用」從胺基酸（來自蛋白質）合成。脂肪會產生名為酮體（ketone bodies）的超級燃料，經過代謝，其實能比葡萄糖更有效率地供給大腦能量，人獸（人類和狗狗）都是如此。因此人狗（以及許多其他物種）是可以不吃碳水化合物就能達到營養需求的，不過多數人仍可適量享用碳水化合物。我們該補充的是，碳水化合物確實是人類演化的關鍵，我們有可以向兩側擺動的下顎骨和表面平坦的臼齒來咀嚼穀物，但狗狗沒有。倘若沒有在高品質的脂肪和蛋白質之外也吃進碳水化合物，人類不可能發展出這麼大的腦。我們不是說你該徹底杜絕碳水化合物，而是建議，如果我們的目標是促進代謝健康、延年益壽，就該留意狗狗的澱粉（糖）攝取量。

省小失大

飼主平均每個月花二十一美元在寵物食品上，並不足以支撐高品質肉類及健康脂肪的飲食。所以寵物食品公司會用最少量的劣質肉類、固化脂和大量飼料級的碳水化合物來便宜地餵食寵物。了解這點很重要：碳水化合物之所以成為寵物食品常見的原料，是因為便宜，而非健康。因為正確地餵養寵物所費不貲，寵物食品業便說服消費者狗是準雜食動物（現在甚至可以吃素），但那是要付出代價的：除了付出牠們的健康，更別說還有獸醫費用了！

除了人吃加工食品的研究，現在我們也有研究顯示狗狗世界的情況：比起吃新鮮狗食的狗，吃乾燥食品或乾糧的狗，發炎和肥胖率往往較高。這樣的研究成果在二〇二〇年初又複製一次：研究人員夥同一家寵物鮮食公司和佛羅里達大學蒐集了4,446隻狗的身體狀況評分和族群統計學、飲食及生活方式的數據資料。其中有1,480隻狗（33%）被主人形容為過重或肥胖，而有356隻狗（占8%）被判定為肥胖。這項研究的寵物鮮食包括市售鮮食、市售冷凍食品及自製食物。研究領導人李安．派瑞（LeeAnn Perry）表示：「這些種類的寵物食品大多使用原型食材，經稍微烹煮或最少量的加工而後冷凍或冷藏……在我們調查的4,446隻狗狗裡，有22%目前只餵鮮食，另有17%餵鮮食搭配其他種類的食物。」

這項研究的結果很明確：餵乾糧和／或罐頭食品的狗較可能過重或肥胖。同樣不出所料的是，研究人員發現每週逐漸增加狗狗的運動量，可以降低狗狗過重和肥胖的可能性。

我們有幸能拜訪在芬蘭赫爾辛基獸醫學院任教，研究狗代謝學的安娜．赫姆—畢歐克曼博士（Anna Hielm-Bjorkman）。在那間教學醫院進行的狗風險專案（DogRisk）是數項創新研究專案的先鋒，旨在評估不同種類的狗食對健康的影響。那些專案已經發現，生食造成的代謝壓力比狗糧來得小，而吃生食的狗狗發炎程度和疾病指標都比吃狗糧的狗狗低，包括同半胱胺酸（homocysteine）濃度，甚至就連外表看似精瘦健康的狗狗也是如此。外觀不是一切，你看不到體內的代謝、生理或表觀遺傳出了什麼狀況。我們憑知識與經驗推測：今日有數以百萬計走來走去的民眾和他們的狗狗，身體都有慢性發炎的現象，只是外表看不出來而已。我們訪問的所有專家一致同意：**慢性、低度發炎是多數疾病之始**。

發炎如何顯現在我們的狗狗身上？

有發炎成分的病症看名稱就知道了：詞尾都帶著「炎」字（英文字尾帶「itis」，每一種發炎性疾病都有這個字尾）。發炎是我們帶狗去看醫生的最常見原因，包含下列幾種常見病症：

名稱	發病位置	症狀
牙齦炎	牙齦發炎	口臭導致口腔疾病、一直流口水
葡萄膜炎	眼睛發炎	瞇眼、看來疼痛、揉眼睛
耳炎	耳朵發炎	耳朵感染、發紅
食道炎	食道發炎	噁心、舔嘴唇、過度吞嚥、不願進食
胃炎	胃發炎	胃食道逆流疾病（酸逆流）、嘔吐、噁心、食慾減退
肝炎	肝臟發炎	嘔吐、噁心、昏睡、常口渴
腸炎	腸道發炎	嘔吐、噁心、腹瀉（大腸激躁症候群、發炎性腸道疾病）、放屁、脹氣
結腸炎	結腸發炎	腹瀉（帶血或不帶血）、便秘、肛門腺問題、用力解便
膀胱炎	膀胱發炎	泌尿道感染、泌尿道結石、用力解尿
皮膚炎	皮膚發炎	熱斑、瘡、痂、皮膚感染、癢、咬皮膚、舔皮膚
胰臟炎	胰臟發炎	嘔吐、腹瀉、昏睡、厭食
關節炎	關節發炎	僵硬、關節痛、瘸腿、活動力降低
肌腱炎	肌腱發炎	膝蓋、肩膀、肘、腕、踝疼痛及腫脹、瘸腿

以上種種病症有什麼共通點呢？這些診斷的「炎」都會被助長發炎的食物火上加油，特別是精緻碳水化合物中的糖。寵物食品中過多的澱粉會導致血糖濃度居高不下，這本身就會創造助長發炎的狀態。玉米、小麥、米飯、馬鈴薯、木薯、燕麥、扁豆、鷹嘴豆、大麥、藜麥、「古代穀物」[4]和其他可以在寵物食品中見到的碳水化合物，也會刺激體內製造糖化終產物（AGE），引起長久不斷且變本加厲的全身性發炎。

我們在拍攝《狗狗癌症系列》（Dog Cancer Series）時，追蹤了數十隻狗狗在從狗糧轉換成生酮飲食期間的血糖濃度。牠們的飯前血糖濃度大幅降低，低到有些主治獸醫師打電話給飼主表達關切，怕狗狗遇上低血糖危機。就像運動員的靜息心率（resting heart rate）比他們久坐不動的朋友低得多，吃生食的狗狗的飯前血糖也可能比吃澱粉的狗狗低得多。

這不是問題，並且有利無弊。請記得，**我們的目標是讓身體裡的胰島素和血糖保持低而穩定**，這即是餵食「符合生物學性」（低澱粉）食物所帶來低代謝壓力的好處。當血糖高於110 mg/dl時，狗狗的身體就會分泌更多胰島素。我們發現狗狗在吃了一碗狗糧後，血糖常超過250 mg/dl，而更令人擔心的是在吃完滿滿澱粉的一餐後，胰島素會在狗狗體內晃蕩多久。一項研究發現，在飽食一餐澱粉八小時後，狗狗體內的胰島素濃度仍居高不下，反觀在低澱粉的一餐前後，胰島素的差異就微乎其微了。如果你的狗狗還吃第二餐澱粉（可能還有第三餐），再加上澱粉點心，不難看出那些「炎字輩」因何而生，更別說慢性退化性疾病了。

4. 譯註：古代穀物為一行銷術語，指數千年來幾乎不曾經過種植改良的穀物品種，如Kamut、高粱等，相對於玉米、稻米和小麥等經過長期選擇性育種的穀物。

如果我的狗狗吃了適合物種的飲食，低血糖會成為風險嗎？幸好，只有個子非常小的幼犬（不足五磅重）是低血糖高風險族群，這就是獸醫建議給小小狗少量多餐的原因。健康的成犬，包括體型嬌小的品種，擁有足夠的肝醣和三酸甘油酯存量，而能在餐與餐間提供不間斷的能量，不致面臨低血糖的風險。

如理查．派頓博士指出，即便經過演化，家犬仍可適應飽食／飢餓狀態。狗狗會在飢餓時分泌多種荷爾蒙來提高血糖，而只會分泌一種荷爾蒙，即胰島素來降低血糖。多數備受寵愛的現代犬連一餐都不會跳過，更別說斷食超過一天或吃不含碳水化合物的東西了。事實上，大部分的狗狗每天從早到晚都在不停攝取熱量，一日多餐和不間斷的點心已讓備受寵愛的狗狗逐漸蛻變成吃飽喝足的狗狗，身體源源不斷地分泌胰島素，久而久之會使胰腺疲憊不堪，形成發炎和代謝壓力。在第9章，我們會教你創造理想的餵食「時窗」來盡可能減輕代謝壓力、為身體創造療癒的機會。

市售寵物食品的誕生與演化

自詹姆斯．史普瑞特推出「專利肉類纖維狗蛋糕」，市售狗食產業就蓬勃成長。今天，大部分的狗狗都吃超加工市售食品，而其原料主要是人類食品業的副產品。當大家對狗的觀感從單純的寵物逐漸演變成摯愛的家庭成員，商業狗食業發動了一場「對抗廚餘的戰爭」，成效卓著，也催生出餵養狗狗的新模範：全方位的市售寵物食品——寵物專用。成功的公司很早就博得獸醫師信任，而那些獸醫師開始推薦客戶只吃市售寵物食品；若以「專為狗狗設計」的角度來看，人類的食物被認定為不適合。這一點，社會力量也推波助瀾。隨著愈來愈多女性在二十世紀中葉進入職場，她們為家人和狗狗準備食物的時間變少了；此外，農業工業化創造出種種農業創新（例如肥料、牽引機），也讓肉和穀物等商品（及其副產品）變得便宜而充足，狗食製造商可以大肆運用。

接下來，愈來愈多業者以集中動物飼養（CAFO）的方式飼養家畜，種植稻米、小麥、玉米、糖和大豆等經濟作物的技術也日益普及。隨著農人產量增加，食物的價格大幅下跌，寵物食品業者不僅利用人類糧食供應的剩餘食物，也利用人類食品加工和農業工業的副產品，讓商業化的狗狗膳食更容易負擔、更平易近人。戰後景氣讓市售狗食不再是奢侈品，而比較像是實際、便利且現在人人負擔得起的必需品。人們愈來愈深信殘羹剩飯不安全（殘羹剩飯這個詞聽來就具有貶意），寵物食品公司便利用這種觀念，暗示調理營養完整均衡的餐點極其複雜，最好留給「專家」處理。

雖然寵物食品公司巴不得你相信他們的產品是絕對安全、營養豐富的金礦，但事實絕非如此。如果這是你第一次聽到寵物食品業的問題，下列幾點也應留意，才能做出有見地的品牌選擇：

- 「人類食用級」與「飼料級」食物在安全及品質上有莫大差異。肉品會由美國農業部（USDA）食品檢查員檢驗，過關即獲准供人類食用，不過關便成為寵物和家畜的飼料級原料。這麼說並不為過：「寵物食品」應稱為「寵物飼料」，因為那是由未獲准供人類食用的原料製成的。除非品牌特別在網站上表示「人類食用級」，否則寵物食品公司用的都是飼料級的原料。我們估計，只有不到1%的罐裝和乾燥寵物食品是由人類食用級原料製成，也就是說，絕大多數寵物食品的品質和汙染程度堪慮。並非所有飼料級原料都是不良選擇，問題在於寵物飼料沒有公眾評級系統〔例如USDA的極佳級、特選級或上選級（Prime/Choice/Select）〕，因此品質風險極高。
- 美國飼料品管協會（Association of American Feed Control Officials，

AAFCO）和歐洲寵物食品產業聯盟（European Pet Food Industry Federation，FEDIAF）都頒布了貓狗的營養需求。照理說，各公司應遵循他們的指導方針才能標榜產品「營養完整均衡」。AAFCO要求寵物食品標籤須包含保證成分分析、營養充足說明，並依重量由多到少列出原料。不過，該組織並未要求消化測試或成品營養測試。

- 袋上的「最佳賞味期限」（保存期限）是指未開封狀態。各公司並未揭露一旦開封，食品可以穩定、安全餵食多久。

- 寵物食品公司不必特別在成分表上詳細指明，他們從供應商買來的大宗原料裡添加了什麼化學保存劑或其他物質。

- 沒有任何法律或規範要求寵物食品公司篩檢產品的重金屬、殺蟲劑或除草劑殘留物，或其他汙染物。

- 狗跟人很像，在不同生命階段有不同的能量和營養需求，但絕大多數的寵物食品都標榜「適合所有階段」（意即從幼犬到老年一體適用的營養）。聲稱在品管程序「逐批檢驗」的公司應該願意與你分享測試結果，請要求他們出示你購買那一批寵物食品的檢驗報告。

好脂肪與壞脂肪

一如碳水化合物，脂肪也有好壞之分。壞脂肪，例如飽和脂肪或反式脂肪，會助長發炎而常出現在高度加工食品中；健康的脂肪是富含抗炎性omega脂肪酸的單元不飽和或多元不飽和脂肪酸。絕佳的健康脂肪來源包括堅果、種子、酪梨、雞蛋，諸如鮭魚、鯡魚等冷水性多脂魚類，以及特級初榨橄欖油。脂肪以不精煉、不加熱、生食為宜，加熱過的脂肪會釋放出那些可怕的高度脂氧化終產

物（ALE，AGE的脂質版）。

寵物食品公司將碳水化合物，包括馬鈴薯、米飯、燕麥、藜麥行銷成豐富的「能量」（即熱量）來源，但來自非必要碳水化合物的熱量會排擠掉精瘦、健康的蛋白質和高品質的脂肪量，也就是抵消應做為狗食主角的營養。無穀類添加食品的澱粉含量往往比以穀類為主的食品還高，且通常含有凝集素（lectin）和植酸（phytate）等抗營養素的豆類。抗營養素是存在於植物的化學物質，會阻礙你的身體從食物吸收必要養分。並非所有抗營養素都是壞的，若你食用大量植物，也不可能完全避免，但避免經由以穀類為主的食物過量攝取，是有幫助的。

以穀類為主的食品還有一個問題：可能含有汙染殘餘物。如Part I提及，二〇二〇年，有94%的寵物食品召回事件（在美國多達1,374,405磅）肇因於黃麴毒素，一種與腎衰竭、肝衰竭和多種癌症息息相關的黴菌毒素。我們自己的檢驗顯示，純素狗食的嘉磷塞濃度最高，而那其實是會經由食物鏈上傳的；嘉磷塞會引發腸漏症和腸道菌叢失調，繼而導致嚴重全身性發炎（後文會再探討這個現象）。

二〇一九年，一項研究檢驗了三十隻狗和三十隻貓的尿液，發現尿液中的嘉磷塞濃度是一般人類暴露量的四到十二倍，尤以吃乾糧的狗狗濃度最高。也別忘了我們在Part I強調過的那項二〇一八年的研究：康乃爾大學研究人員分析八家製造商的十八種市售寵物食品的嘉磷塞殘餘量，結果在每一項商品中都發現那種致癌物。此刻，健康研究中心實驗室（Health Research Institute Laboratories，HRI）針對貓狗體內嘉磷塞濃度所做的持續性研究仍在進行。截至目前，已經有些結果會讓有健康意識的寵物爸媽尷尬不已：**狗的嘉磷塞濃度是人類平均的三十二倍**。這些充斥化學物質的非必要碳水化合物不只會破壞腸道菌叢，也絕對不會讓狗覺得飽足。鮮食派獸醫已指出，許多吃乾糧的狗狗看來胃口極佳、彷彿無底洞、永不滿足、一直飢腸轆轆，而這令人不禁要問：牠們這般狼吞虎嚥滿滿碳水化合物的單一熱量來源，是不是不顧一切地想要滿足生物本能對脂肪和蛋白質的需求？

隨著使用USDA人類食用級原料的寵物食品公司愈來愈多，競爭也更趨激烈。請上品牌網站：如果該品牌使用人類食用級的原料，你會馬上看到「使用人類食用級原料」這句話，品牌一定會大肆宣傳凸顯這個特色的口號和主張，以幫助潛在消費者了解為什麼他們的產品要賣那麼貴。對這些公司來說，透明是重要的鑑別因素，因此他們常驕傲地在網站上分享第三方／獨立消化檢測和營養分析檢驗結果，以及嘉磷塞、黃麴毒素和其他汙染物的檢驗報告。這是建立消費者信任及信心的一大步，畢竟要對那款市售狗食的原料品質有信心，消費者才會購買。

如果你在品牌網站上找不到這樣的資訊，請打顧客服務電話詢問；資料透明的公司不會隨便掛你電話，因為他們會以自己的原料和原料來源為傲——他們明白，這些正是讓他們的產品有別於競爭對手的重要因素。有些鮮食公司使用人類食用級原料，但製造廠並未獲得生產人類食物的許可，這樣就不能標榜產品是人類食用級了；有些較新鮮食品的製造公司或許選擇採用某些未核可為人類食用的原料（例如用磨碎的新鮮骨頭作為鈣質來源），使產品就算品質卓越也不得標示為「人類食用級」。餵食這些產品安全又健康，相信業者會很樂意在你致電時解釋給你聽。

食物會對微生物體說話

溫馨提醒：多數狗狗最多可以應付20%的熱量是來自食物中的澱粉，而不致發生嚴重代謝問題。而我們遇過的狗狗大都耐受力驚人，當我們餵食愈來愈多精緻、高升糖的碳水化合物，於是壞事也開始降臨。其實，這也跟滋養狗狗的微生物體有關。食物或許是維護微生物體健康的最重要因素，這個事實的重要性再強調也不為過，但那些住在腸道裡（和其他器官，包括皮膚）的微小細菌更是健康與代謝所不可或缺的。**微生物體對哺乳動物的健康是如此重要，本身就可視為一個器官**。我們的寵物都有自己獨特的微生物體，反映本身的演化和環境暴露狀況，包括飲食。（冷知識：你的體內有整整99%的遺傳物質不屬於你，而是屬於你的微生物同志！）這些肉眼看不見的生物大多住在你的消化道，雖然其中不乏真菌類、寄生蟲和病毒，但顯然是細菌掌握了你的生物學王國的鑰匙，因為你想像得到的每一項健康特徵，都要靠它們支撐。

這種不可思議的體內生態會幫助你和你的狗狗消化食物和吸收養分、支持免疫系統（事實上，我們有70%到80%的免疫系統位於腸道壁內）和排毒路徑、製造和分泌重要酵素及其他與生態合作的物質、抵禦其他致病細菌、協助調節身體的發炎途徑，進而降低罹患幾乎所有慢性病的風險、透過影響荷爾蒙系統助你應付壓力，甚至確保你一夜好眠。這些微生物製造的物質中，有些是你全身上下，從新陳代謝到腦部運作皆不可少的代謝物。基本上，我們會轉包某些重要維生素、脂肪酸、胺基酸和神經傳導物質的合成工作給這些微生物。

你和你的狗狗腸道裡的細菌會製造維生素B12、硫胺素、核黃素和凝血所需的維生素K。好的細菌也會透過關掉皮脂醇和腎上腺素的水龍頭，讓一切保持和諧——這兩種荷爾蒙皆與壓力有關，若不斷湧出，可能會對身體造成浩劫。腸菌也在神經傳導素領域扮演要角，協助供應血清素、多巴胺、正腎上腺素、乙醯膽鹼和迦瑪—胺基丁酸（GABA）。以往，我們以為這些物質是在「樓上」的大腦中分泌，直到新研究及技術使我們眼界大開、見證了微生物體的能耐後，我們才明白事實並不然。雖然科學家尚未完全揭露微生物體及其理想組成（以及如何加以改變）的秘密，但我們已經知道，擁有多樣化的菌落是健康的關鍵，而這種多樣化取決於我們的飲食選擇：那能否供養微生物、奠定微生物體正常運作的基礎。會破壞健康微生物體的事物包括暴露於會扼殺菌落或負面改變菌落組成的物質（例如環境化學物質、肥料、受到汙染的水、人工代糖、抗生素、非類固醇消炎藥物等等）、情緒壓力、創傷（包括外科手術）、腸胃道疾病、缺乏營養，或不符合生物學性的飲食（會對代謝造成壓力的食品）。

人類微生物體計畫（The Human Microbiome Project）在二〇〇八年展開，盼能將住在人體裡的微生物分類編目，而其結果已改寫醫學教科書。在該計畫推動前，我們不了解免疫系統的指揮中心就是微生物體本身。**大多數免疫系統駐紮於我們腸道各處**，稱為腸道相關淋巴組織（GALT），而那關係重大：我們全身上下的免疫系統，有高達80%隸屬於GALT。我們的免疫系統為什麼主要駐紮在腸道呢？答案很簡單：腸壁是除了皮膚外，人體與外界的邊界，是我們最可能遇上具威脅性的外來物質與生物的地方。我們免疫系統的這個部分並非在真空中運作，還恰恰相反，那會與全身其他免疫細胞交流，如果在腸子裡遇上有潛在危害的物質，便會發布警訊。這也是食物的選擇對免疫健康如此重要的原因。上述種種也跟我們的狗狗有關。丹妮拉．盧文伯格（Daniella Lowenberg）曾為公共科學圖書館（Public Library of Science，PLOS）部落格報導狗狗皮膚的微生物體，有句話這麼寫：「一間屋子沒有狗就不成家，而一隻狗沒有微生物『機組員』就不是『DOGG』。」世界各地有許多機構正在研究狗狗的微生物體序列，例如總部設在舊金山灣區的AnimalBiome就是這樣的公司，正透過微生物體的研究與產品，致力發展寵物照護。該公司能夠在狗狗進行腸道修復式介入前後，評估其微生物體。

多項義大利研究顯示，餵狗吃以肉為主的鮮食能對健康狗狗的微生物體造成正面影響。我們拜訪烏迪內大學（University of Udine）農業、食品、環境和動物科學系的科學家梅莎．桑德利（Misa Sandri）和布魯諾．史帝凡農（Bruno Stefanon） 來理解箇中緣由。乾淨、新鮮、符合生物學性的食物滋養現今狗狗的方式，跟他們流傳數萬年的祖先膳食一樣；狗狗要活得比平均壽命久，這種食物也為必要的細胞活力與代謝能力奠定基礎。我們和桑德利及史帝凡農的訪談，引人入勝地探討了食物（及特定營養素）可能怎麼協助或妨礙身體重建及自癒的能力，取決於腸道裡哪些微生物群落被建立起來或遭到破壞。他們率先比較了狗狗的微生物體在改吃生食或熱加工食品之後會如何改變：**生食會培育更豐富、更多樣化的腸道生物群落**。倫敦國王學院醫學院的微生物體專家提姆．史派克特博士（Tim Spector）進一步強調腸道健康的關鍵作用，指出那與狗狗健康壽命的諸多面向息息相關。赴該校訪問期間，給羅德尼最大衝擊的是博士的結論：「現在的貓狗一輩子都吃加工食品。從我最近的研究來看，我想不到對於任何動物的微生物體來說，有什麼比長時間餵食高澱粉、高加工、不多樣化的食物還要糟的。這會減少腸道裡微生物的種類、降低酵素和代謝物的數目，那還會傷害免疫系統，但過敏和癌症都要靠免疫系統遏止。」

會影響狗狗腸道健康的不只有你選擇的食物，我們將在第6章解釋，你選擇的環境也會衝擊狗狗的消化道，連帶衝擊其免疫健康。現在，讓我們回過頭看看寵物食品業拿來引誘你（和你的錢包）的一些行銷戰略。

宣稱背後的真相

相當程度上，寵物食品業就像牛仔褲業。一條牛仔褲可以賣你三十美元，也可以賣你三百美元，就算布料是一模一樣的。有一些關鍵術語如下所述：

- 「優質」（premium）沒有定義也沒有規範，什麼都可以自稱優質。
- 「獸醫認可」意指有某位獸醫因任何理由替食品背書，包括拿錢辦事。
- 「有機」、「新鮮」、「自然」可能有各種意義，與人類食品業如出一轍。

• 寵物食品允許採用欺騙式行銷。包裝袋上有隻烤得油油亮亮、閃閃動人的火雞，不代表袋子裡有烤火雞。

• FDA的「合規政策」（Compliance Policy）允許寵物食品公司在寵物食品中使用「非屠宰死亡」的動物。理論上，屠宰死亡的動物在被宰殺之前是健康的。但依照合規政策，疾病或其他原因致死的動物可被提煉，身體組織可用於寵物食品，這就是幾年前安死液殘留在寵物食品裡而害死許多動物的原因。

• 許多品牌都幫行銷術語註冊商標，讓你對你購買的商品產生好感，如「抗氧顆粒」（Life Source Bits）、「活力旺」（Vitality+）、「健康優活」（Proactive Health）配方等等，就算我們根本不知道這些詞語究竟是什麼意思。

• 食品裡標榜額外功效的營養補充劑，如「有益臀部與關節健康的葡萄糖胺」、「添加omega-3改善皮毛健康」等，實際含量可能只有百萬分之幾（幾ppm），基本上只是用營養補充的名義來引誘你，毫無附加健康效益可言。

• 請了解內斯特爾博士所謂的「鹽分法」（salt divider）：公司知道超級食物在標籤上看起來很棒，但你要怎麼知道食物裡究竟含有多少薑黃、歐芹或蔓越莓呢？請看看那些食物位於成分表的哪個地方，是在鹽的前面還是後面？鹽（寵物的必需礦物質）甚少超過原料的0.5到1%，所以列在鹽後面的超級食物，完全是為了行銷擺好看的。

何謂「人道洗白」？

在聯邦及州層級，法律對農場動物福祉的保障極為有限。就算有限的保障確實存在，也跟不上肉品業、酪農業和蛋業迅速工業化的腳步。如此一來，在這些產業做商用飼養的動物，便常遭受種種既合法也不為大眾所見的殘酷對待。因此，消費者，甚至包括關心動物福祉的消費者，常在無意間買到經由不人道措施所生產的食品。

各大食品製造商利用這種情況發動行銷宣傳，將肉品、乳酪和蛋製品描述得比實際情況人道，這種做法就叫「人道洗白」。人道洗白常用的詞彙包括「人道」、「幸福」、「牧場畜養」、「照顧」、「絕無抗生素」、「自然方式飼養」等等。因為USDA和其他政府機構沒有為這些話術下定義，食品製造商可恣意使用，且用法往往和合理的消費者詮釋不一致。很多消費者逐漸了解人道洗白行銷所創造的期望，和工廠化農場的實際情況之間存在相當大的落差。有人提起訴訟，指控食品製造商和寵物食品公司誤導消費者，這些訴訟不僅針對人道洗白本身，也凸顯了原本遭到忽視的基本產業實務。

很多我們認識的人都想確定成為其他動物食物的動物有得到人道對待，包括人道屠宰。已經有些寵物食品公司被控以不實廣告人道洗白。二〇一五年，羅德尼曾在科羅拉多州丹佛市進行的年度AAFCO會議上，質疑FDA放任寵物食品包裝採用欺騙性的圖片與行銷。FDA的回應是：那是言論自由。因此我們極力建議，千萬不要以貌取人，你在包裝上看到的**未必**是內容物。你必須像為你的孩子篩選學校和保母那樣研究狗狗的寵物食品公司，你必須自己埋頭研究，多問幾個問題，問到你覺得可以放心做決定為止。

眾人對「加工」一詞的定義爭論不休，但其實用常識即能簡單釐清。我們每個人，包括我們的寵物，都在吃加工食品（任何盒裝、袋裝、瓶裝、罐裝、有標籤的東西，十之八九是加工食品）。我們承認狗糧的便利是多數人生命中的現實，就像我們經常吃加工食品，而試著在不趕時間、不趕路時製作較好的食物選擇來平衡一切。人類的表觀遺傳學研究判定，攝取最大量超加工食品的人口，出現慢性病的機率也較高。這項發現促使食品分類制度〔即國際食品資訊理事會（International Food Information Council，NOVE）〕的發展，依加工程度分為微加工、加工、超加工。

最近，有人提出寵物食品也應實行類似制度，目標在提供獸醫師中性語彙，來和雇主討論寵物飲食的類別。寵物超加工食品的定義和人類一樣：經過分餾、重新組合且含添加物的食品；換句話說，即乾燥、罐裝，或其他使用超過一種加熱或加壓工序製造的寵物食品。根據這種寵物食品分類制度，「微加工」市售寵物食品是新鮮或冷凍的寵物食品，未經或僅經過一道加熱或加壓工序。我們會在Part III解釋我們為什麼建議寬鬆一點的定義。

有接近九成的狗食都經過某種程度的加工。我們在前文詳述過，需要擔心的是超加工食品。這些食品使用的原料固然確實出自大自然，但經過多次機械、化學和熱加工，也和其他並非大自然孕育的原料混合。它們使用的合成添加物包括鹿角菜膠（carrageenan）和其他增稠劑、合成色素、光澤劑和增味劑、人工氫化脂、實驗室合成的維生素和礦物質、保存劑和香料。研究顯示，不只是食物被侵犯的次數會使健康植物變得令人髮指，原料加熱的時間和溫度也很重要。**一般乾狗糧的原料平均經過四次的分餾或離析、精煉和加熱，使之（按照定義）成為超、超、超、超加工食品。**

多數超加工寵物食品除了原料品質欠佳、升糖指數爆表，其製造過程中的副產品：**梅納反應產物（MRP），更令人擔心這種食品對健康的**嚴重**長期不良影響**。近年來，市售寵物食品因含有兩種危害最甚的MRP而遭致猛烈抨擊：丙烯醯胺（acrylamides）和多環胺類（HCA）。丙烯醯胺是強大的神經毒素，會在澱粉進行熱加工的過程中產生；丙烯醯胺也引起人類健康學界陣陣驚慌，你可能聽說過燒焦或煮過頭的食物可能會提高罹癌風險。多環胺類這種化合物也已經被判定為致癌物，存在於高溫加工的肉品中。這些發現其實並不新，卻深埋在醫學文獻中。但毋庸置疑，超加工寵物食品業希望這種情況保持下去。若讓大眾得悉那些該死的研究，預估二〇二五年將達1,130億美元的銷售額，便可能備受衝擊。回到二〇〇三年，加州勞倫斯利佛摩國家實驗室（Lawrence Livermore National Laboratory）的科學家分析了二十四種市售寵物食品的多環胺類含量，結果只有一種沒有測出陽性。從此，這樣的發現就在一份接著一份研究報告中反覆出現，包括研究科學家暨明尼蘇達大學藥學院醫藥化學教授羅伯特．托瑞斯基博士（Robert Turesky）的開創性研究。他也是該校共濟會癌症因果中心主任（Masonic Cancer Center Chair in Cancer Causation）。當他檢測自己狗狗毛裡的致癌物時，因為清楚自己沒有給牠們吃烤肉排和全熟漢堡肉，他便把矛頭指向超加工乾燥寵物食品，而找到罪魁禍首。

如前文解釋，當碳水化合物和蛋白質（澱粉及肉類）一起加熱時（不論在體內或在食品製造過程中），會產生一種截然不同但同樣具破壞力的永久化學反應，名叫糖化（glycation），製造出糖化終產物（AGE）。獸醫師席歐涵．布里吉拉辛格博士（Siobhan Bridglalsingh）曾於二〇二〇年評估四種加工程度不同的狗食（罐裝、壓製、氣乾、生食），對健康狗狗的血漿、血清及尿液AGE濃度的影響，而在接受我們訪問時解釋了此次研究成果。她的發現如你所料：餵給健康狗狗罐裝和壓製的食物會在體內產生最高濃度的AGE，氣乾的食品居次，生食當然最低。布里吉拉辛格博士指出：「餵給狗狗這些食品，就其加工方式而言，非常類似一個人吃了西式飲食而攝取大量外生的AGE來源（生食除外）。」她解釋說，AGE會導致狗狗罹患嚴重退化性疾病。

引用她的話：「我們發現熱加工會影響食物裡的AGE濃度，連帶使血漿總AGE發生類似改變。因此，我們可以說經高溫處理的食品會導致食物裡形成更多AGE，而那與血液循環裡總AGE的增長相當。」我們問她是否因為這些研究成果而改變對寵物食品的看法，她的回應呼應了我們的說法：「現在我對餵狗狗自製食物的態度開放多了。」

那項研究有何意義？布里吉拉辛格博士說得直率：「那意味餵我們狗狗高溫加工食品，可能等於我們一直吃速食。我們都知道天天吃速食的後果，卻可能正強迫我們的狗狗這麼做。我們有選擇，卻給狗狗吃這種食物；身為獸醫專家，我們有責任提供狗狗更好、更安全的東西。因此，要是餵這種飲食會使牠們容易發炎和罹患退化性疾病，我們可以改變現狀，做必要的事情來為牠們製作比較健康的食物，而提供牠們更好的食物，很可能就能延長壽命、提高生活品質。」

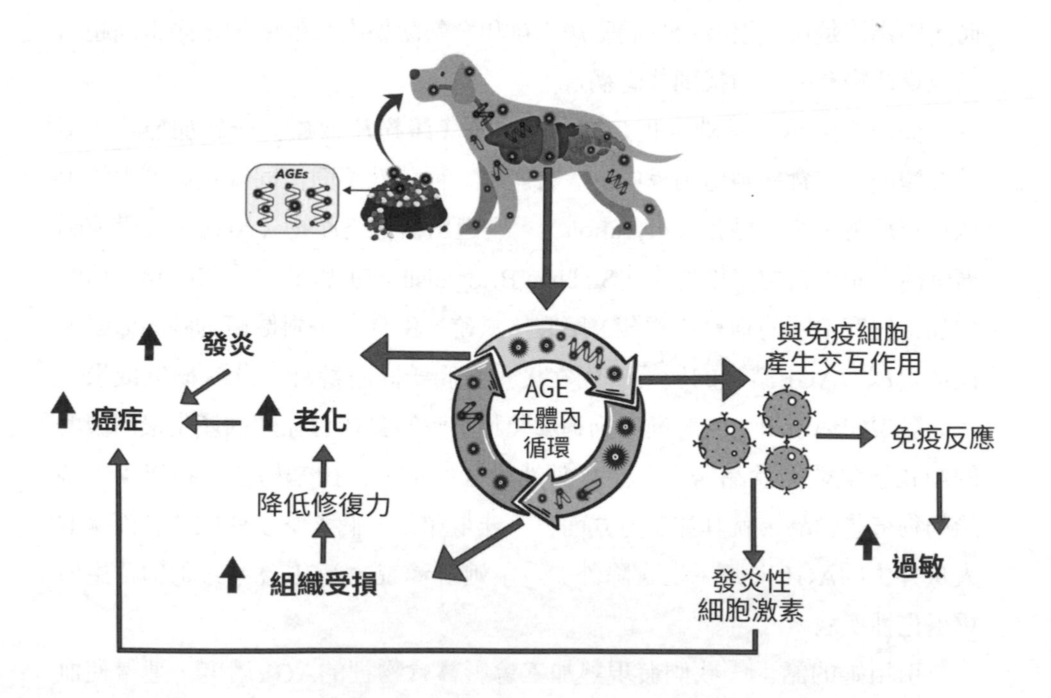

雖然這項開創性的研究首開先河地評估了狗食加工技術與AGE生成的關係，但當然已有其他寵物食品研究凸顯過飲食導致的發炎和免疫系統失衡對健康的影響。我們認為全世界每一位動物愛好人士都該知道的檢驗結果是什麼？我們的狗狗並不身強體壯，因為這些有毒化合物在牠們體內的濃度比吃速食的人類高一百二十二倍（貓則比人高三十八倍）。

我們知道餵給實驗室動物的超加工飲食會造成生長異常和食物過敏，但從來沒有任何已發表、隨機對照、控制變因的臨床試驗比較乾糧、罐頭和生食對某一群狗一輩子的健康、疾病和壽命有何影響。不少短期研究檢視了超加工飲食和攝取未加工生食的動物有何差異，結果充分反映了獸醫師在臨床上看到的現象：生食能降低氧化壓力、提供更好的營養（因為更容易消化）、創造更多樣化的微生物體來改善免疫系統、正面影響狗狗的DNA和表觀遺傳表現，包括皮膚問題。比較生食與加工寵物食品的研究數量固然有限，但已呈現出數十年來生鮮餵食者報告的趨勢：吃生食的寵物擁有較健康的身體狀況、更旺盛的活力、更有光澤的毛皮、更潔淨的牙齒和正常腸胃蠕動。餵生食的飼主相信，比起吃超加工食品的動物，他們的動物較不會發生健康問題。謝天謝地！餵食微加工或生食有助於減少已在組織裡累積的AGE量。

但不幸的是，美國狗狗的標準飲食糟透了。一輩子吃高度加工食品、讓有害的AGE源源不絕地湧入，會對身體的每一個組織造成傷害。從肌肉骨骼疾病到心臟病、腎臟病、重大過敏反應、自體免疫疾病和癌症，怪不得我們終於逐漸覺醒：我們到底餵我們的寵物吃了什麼東西？毫無懸念，AGE在體內引發的種種問題，就是狗狗最常去看獸醫的種種原因。正如我們憑直覺相信，一直吃垃圾食物不是什麼好主意，現在我們明白，我們也不該讓狗狗吃一輩子的超加工食品。更棒的是，或許你已經決定，是時候該減少狗狗25%到50%的超加工食品攝取，甚至全部拋棄，讓狗狗碗裡的東西常保新鮮。我們將幫助你做到這件事。

在狗狗保健領域，過去四年來，一種無加工食療策略掀起一波波壯闊波瀾。一如人的飲食，狗的飲食也可以巧妙設計來從脂肪提供多於蛋白質的熱量（生酮飲食）：欲管理某些種類的犬科癌症，這是強大的營養策略。你或許已經聽過生酮飲食，因為人類飲食領域早已掀起一股強勁的趨勢，運用生酮飲食來協助管理特定疾病了。

生酮飲食在代謝和生理學的諸多面向與斷食類似，它嚴格限制碳水化合物、適量限制蛋白質攝取，迫使身體轉向脂肪需索燃料。身體在這麼做之前，會先燃燒貯存的葡萄糖和肝醣，接著肝臟便會介入，製造名為「酮體」的替代燃料。當酮體在血液裡累積，你的靜息（飯前）血糖A1c（糖化血色蛋白，一種體內糖化反應的指標）和胰島素濃度低而穩定時，身體就會進入「酮症」（ketosis）狀態。當我們斷食，或睡了長長、斷絕葡萄糖的一覺起床，或進行非常劇烈的運動後，都會經歷輕微的酮症。酮症是哺乳動物演化的關鍵步驟，讓我們可以熬過食物匱乏之期。儘管狗狗不能永遠處於這種代謝狀態，但酮症確實可以做為強大的短期或間歇性策略，來管理各種發炎情況。酮症也可能曾於狗的演化中扮演要角，今天則能用來促進健康，特別是治療癌症。

拍攝《狗狗癌症系列》紀錄片時，我們訪問了德州非營利機構生酮寵物庇護所（KetoPet Sanctuary）的夥伴，也遇到數十隻正在對抗第四階段癌症的狗狗，牠們正用生酮飲食做為主要的癌症療法。營養均衡、由脂肪和蛋白質各提供約50%熱量的生食，能在多數狗狗體內引發輕微酮症狀態。生酮飲食可調整脂肪與蛋白質的比例來因應不同代謝需求，但KetoPet強調，生酮飲食必須餵生食。他們發現高溫加工過的脂肪會導致胰臟癌，無摻雜的生脂肪則可健康無虞地代謝而無副作用。就小動物而言，胰臟癌是棘手的難題，因此應不計一切代價避開氧化、加熱過的脂肪。**脂肪加熱也可能製造另一種含有劇毒的MRP：高度脂氧化終產物（ALE），許多毒物學者相信那是對器官系統傷害最劇的物質。**

在羅伯茲博士的研究中，狗狗自己選了類似比例的主要營養素（50%來自健康脂肪、50%來自蛋白質），這個結果證實狗狗仍保有某些古老、天生的代謝智慧——如有選擇，家犬更喜歡攝取脂肪和蛋白質做為主要能量來源，而這在動物實驗裡能降低代謝壓力、提升生理和免疫表現。這是有道理的。我們只需要比照過去一萬年在大自然優美環境中發展的主要營養素比例，來給狗狗提供餐點就可以了。

時機：尊重生理時鐘

光靠食物維持健康固然不錯，但透過食物和用餐時機來達成理想健康與壽命，更是事半功倍。我們在研究關於哺乳動物活力的卓越見識時反覆聽到，就算是世界最健康的食物，若在一天不對的時機吃下肚，也會變成生理壓力源。這句話說得對：「**你吃了多少和吃了什麼固然非常重要，但你在**什麼時候**吃可能更重要。**」這是索爾克研究所（Salk Institute）薩欽．潘達博士（Satchidananda Panda）的金玉良言。他正努力開拓「透過更好的用餐時機來促進健康」這條路。熱量不會分辨時間，但你的代謝、細胞和基因當然會。透過尊重狗狗與生俱來的代謝機制，我們可以盡力為牠們降低飲食壓力；尊敬狗狗由來已久的「飲食時窗」，我們便可收割一種平衡的晝夜節律——一種與生俱來的體內時鐘，已調節我們的睡／醒週期數千年之久——所帶來深刻的健康效益。

不論男人、女人，或狗狗都有生理時鐘，那嚴格來說應稱為「晝夜節律」（circadian rhythm），是由配合周遭環境日夜循環的反覆活動模式所限定。這些節律大約每二十四小時重複一次，我們的睡—醒週期、荷爾蒙的漲退，以及體溫的高低起伏等等，都大致配合二十四小時的太陽日。特別重要的是，健康的節律能使荷爾蒙按正常規律分泌，從與飢餓線索有關的荷爾蒙，到與壓力和細胞修復有關的荷爾蒙皆然。當你的生活並未與節律同步，你就不會覺得處在最佳狀態，或許暴躁、疲倦、飢餓、容易感染，因為你的免疫系統並未百分之百運作。如果你曾跨時區旅行而感受到時差，你一定明白擾亂晝夜節律是什麼意思（和什麼感覺），而且通常不怎麼感到開心。

我們會在第6章看到，你的晝夜節律是繞著你的睡眠習慣而轉，因此睡眠剝奪可能嚴重傷害我們的食慾。我們首要的食慾荷爾蒙如瘦體素（leptin）和飢餓素（ghrelin）安排了我們飲食規律的停和走，會照時間工作。飢餓素告訴我們該吃東西了，瘦體素說我們吃夠了。針對這些消化荷爾蒙的新興科學研究，已經有突破性發展：數據顯示，不充足的睡眠會導致這些荷爾蒙失衡，進而對飢餓和食慾造成負面影響。一項常被引用的研究發現，連續兩晚睡不到四小時的人，食慾會增加24%，且容易受到高熱量的點心、高鹽分的零嘴和高澱粉的食物誘惑。這或許是身體在尋求碳水化合物形式的快速能量修正，而各種加工、精製食品就是最好的目標。

千萬別以為狗的晝夜節律沒什麼大不了。我們曾赴加州南部索爾克研究所，潘達的調控生物學實驗室（Regulatory Biology Laboratory）拜會他，討論攝取食物的時機有何影響。動物與生俱來的晝夜節律會支配食物何時提供滋養和療癒，何時變成代謝壓力；而限制熱量攝取（或「間歇性飲食或斷食」）能使狗狗增加數年壽命。潘達的研究證明，只要拿走食物碗，限制點心供應來配合動物的生理時鐘，許多最常見與年齡有關的代謝疾病都可以避免。

當我們告訴寵物飼主，健康狗狗一天不想吃東西或跳過一餐沒有什麼關係時，他們好不驚訝。但狗狗確實不需要一天吃兩、三頓正餐，餐與餐間又吃點心（人也不需要）。一如我們，狗天生就能應付斷食，事實上，牠們應偶爾斷食一段時間來重啟代謝開關。

間歇性斷食，在動物領域有時被稱為限時段進食，有段可回溯數千年的歷史（多數宗教都將齋戒納入教義實踐是有原因的）。西元前四、五世紀的希臘哲學家希波克拉底（Hippocrates）是西方醫學的鼻祖之一，也留給我們「希波克拉底之誓」。他是為健康斷食的強力支持者，他曾在著作中提出，疾病和癲癇都可以用完全斷絕飲食來治療。羅馬時代的希臘哲學家普魯塔克（Plutarch）在著作〈過得好的忠告〉（Advice about Keeping Well）中說：「用藥不如斷食一天。」偉大的阿拉伯醫師阿維森納（Avicenna），也常開斷食三週以上的處方。古希臘人人用斷食和限制熱量飲食來治療癲癇，而這種療法在二十世紀初重新流行起來，斷食也被用來幫身體排毒和淨化心靈以追求純自然的健康。就連班哲明．富蘭克林（Benjamin Franklin）也告訴我們，他認為「最好的藥就是休息和斷食」。

斷食有多種方式，但對身體的基本效果一致。斷食會活化升糖素（glucagon）這種荷爾蒙，那會抵消胰島素、平衡你的血糖濃度。不妨用這個視覺意象來理解這個概念：想像有支槓桿或翹翹板，一個人上升，另一個人就下降。這個比喻常被用來簡化或解釋胰島素和升糖素的生物學關係。在你的身體裡，如果胰島素濃度上升，升糖素濃度就會下降，反之亦然。當你給你的身體食物，你的胰島素濃度會上升，升糖素濃度就會下降。一旦你不吃東西，相反的事情就會發生：胰島素濃度降低，升糖素濃度上升。一旦你的升糖素濃度上升，便會引發多起生物事件，其中一種碰巧是自噬，也就是前文討論的細胞清理機制。這就是為什麼透過安全的限時段進食（就狗狗而言是餵食）來暫時不給你和狗狗的身體營養，是使細胞更趨健全的最佳做法之一。**把狗狗所有熱量攝取擠進一天固定的一段時間，能為牠的生理機能做許多驚人的事情**。除了維持「細胞年輕」和減緩老化，研究證實這種做法能提振活力、促進脂肪燃燒、降低罹患糖尿病和心臟病等疾病的風險，這些都是因為斷食能啟動自噬，或細胞大掃除的緣故。

約翰霍普金斯醫學院神經科學教授，也是前國家高齡化研究所（National Institute on Aging）神經科學實驗室主任馬克．馬森（Mark Mattson），是這個領域的多產研究人員。他曾與潘達博士合作，在醫學文獻發表眾多研究成果。他最感興趣的是斷食可以如何改善認知功能，以及如何降低罹患神經退化性疾病的風險？他曾在多項研究中讓動物進行隔日斷食，斷食日僅攝取10%到25%的熱量。據他指出：「如果你在動物年輕時重複做這件事，牠們可以延長30%的壽命。」請再讀一次這句話：只要改變動物吃東西的時間，就可以延長牠們的壽命——大幅延長！**而且不只是延長時間，還是有更健康的身體、更少疾病的時間**。馬森博士甚至發現動物的神經細胞在進行這種療程時更能抗衡退化。他也曾針對女性進行為期數週的類似研究，結果發現她們消耗更多體脂肪、留住更多精瘦肌肉，也改善了血糖調節。

妙就妙在，會誘發這種生物反應的機制不只有自噬，還有壓力。在斷食期間，細胞會承受輕微的壓力（健康、「好」的壓力），而細胞會透過提升自己化解壓力，或許還有抵抗疾病的能力來回應那股壓力。其他研究亦證實這些發現：適切的斷食能降低血壓、改善胰島素敏感性、提振腎臟功能、強化大腦運作、重建免疫系統、增進疾病抵抗力，這些哺乳動物統統適用。

斷食對狗的生理機能來說是再自然不過的事，牠們同樣能從中獲益。有些狗天生會自己斷食，這可能令飼主擔心受怕，但牠們的自主斷食行為是在模仿大自然的現象，讓消化系統喘息，給身體休息、修復和重建的機會。愈來愈多動物專家建議每週讓健康的狗狗（體重超過十磅者）斷食一天，那一天，也許就給牠們消遣用的骨頭嚼嚼就可以了。對某些人來說，讓狗狗跳過一餐的想法會令他們心神不寧，研究也證實許多飼主把寵物當成家人，相信限制食物會導致動物心靈受創。因此，這些飼主可能不想遵守限時段餵食的建議或減重計畫，因為他們不想停止餵零嘴，或不想限制食物的量。但創造健康的常規是為我們的狗狗創造健康生活的必要環節，對許多狗狗來說，嚴格控制熱量的愛（我們喜歡稱之為「健康食物界限」），是創造健康飲食習慣的一部分。我們將在Part III提供一長串超低熱量的點心和零嘴，讓你可以放心在狗狗固定的「飲食時窗」餵食。澄清一下：斷食的意思是斷絕食物，絕非飲水。

誰在訓練誰？

「可是你不了解我的狗！」這句話我們時常聽到。狗是反應靈敏的習慣性生物，多數守護者並未察覺，自己無意間在狗身上創造了林林總總與食物有關的惱人行為，從你一開冰箱就手舞足蹈、鬼吼鬼叫，你一坐下來吃東西就嗚咽哀鳴，到如果晚餐沒準時開飯就吐膽汁（這將在第9章詳盡探討）。明白這點很重要：你的狗狗的反應，不論行為上和生理上的反應，都是你（或許無意間）培養出來的。

一點也沒錯！你要為你屋子裡那頭毛茸茸食物怪獸的行為負責。如果你是不慎創造出一頭點心獸，你也可以刻意重塑這些行為，並且就從今天開始。那需要時間和耐心，但我們相信，改進討厭行為的唯一之道，是持之以恆、深思熟慮地進行適當、正向的行為矯正。狗天生會重複對牠們有利的事情，也就是說，要是做出特定舉動就有機會獲得牠們想要的東西，牠們就會再做一遍（反覆地做，有時會變得更可惡來讓你不得不注意牠們，且以牠們想要的方式回應）。如果你毫無回應（名副其實的毫無：沒有答話、沒有眼神接觸、真正零互動），你的狗狗很快就會停止那些失去效用的行為，而且這會兒牠訓練人類的技能棋逢敵手了！我們知道很多狗狗半夜會用討人厭的「餓怒」行為吵醒飼主，直到飼主矯正這種模式為止。普瑞納研究所（Purina Institute）發現，一天餵兩次的小獵犬，夜間活動大約比一天餵一次的狗多50%，因此限時段進食甚至能夠增進你和狗狗都想要的修復性睡眠時間。

「休息—修復—重建」循環是打造長壽狗狗的關鍵要素，我們將在Part III指點你可以如何將限時段進食的「飲食時窗」嵌入狗狗的生活，來促進這個循環。在適當的時機餵狗狗適當數量的適當營養，這三種「適當」便是獲致生物學勝利的神奇鐵三角。我們希望現在你已經相信，讓狗狗隨心所欲想吃什麼就吃什麼、想什麼時候吃就什麼時候吃，餐間還加餵碳水化合物的點心，就是一枚生物學的炸彈。點心固然重要，但點心的份量和時機更重要。

新鮮最好，意謂：那是「從冰箱取出的人類食物」

市售狗食最大的成就之一，是讓一整個世代的狗飼主相信，餵狗狗「人類食物」不論在營養或社會上都不被接受。但這種觀點卻遇到了二十一世紀科學的強力挑戰。並非所有人食對狗都不好，事實上，人食是狗狗能吃到品質最好的食物，因為那已經通過檢驗了！人類食物的品質比多數狗狗吃的飼料級食品好太多了。但你供應狗狗哪些種類的人食至關重要。當然，**那不是指直接從餐桌上丟食物給牠吃，而是運用在生物學上適合狗的人類食物來創造均衡的餐點，或做為訓練點心或碗裡的配料。**

簡單地說，我們鼓勵你把真實、健康、新鮮的食物餵給家中的每一分子（只要記得別餵狗狗吃洋蔥、葡萄、葡萄乾就可以了）。混搭從冰箱取出的新鮮食物和市售即食食品的平衡策略是很好的選擇，而我們會在Part III詳盡解釋箇中意義。我們希望你順應個人的食物哲學和錢包，挑選有共鳴的食物、餵食風格，和寵物食品公司。

長壽鐵粉攻略

- 寵物食品業即將徹底轉變，因為寵物飼主要求更健康、更新鮮的食物來替代傳統顆粒乾糧和罐裝狗食。
- 相較於超加工的狗糧和罐裝寵物食品，多數生食、冷凍乾燥、稍微烹煮和脫水的狗食品牌，熱摻雜的情況輕微許多。
- 過去幾百年，自富含碳水化合物、超加工的「狗食」發明以來，狗狗非自願的碳水化合物攝取量迅速增加，已經到了危害代謝機制的地步。
- 比例：狗狗的熱量攝取應有約50%來自蛋白質、50%來自脂肪，這是家犬和野生犬科動物喜歡的祖傳飲食法，最有益於達成健康、長壽的雙重目標。狗狗不需要澱粉，若你讓牠一輩子有30%到60%的熱量來自澱粉，對健康後患無窮。
- 現今研究顯示，狗狗吃愈多飼料乾糧，就愈可能過重、肥胖、出現全身發炎的徵狀（「炎」字輩的診斷）。
- 食物不只會向細胞、組織和系統傳送資訊，那也是給腸道微生物體的重要資訊，對我們的代謝和免疫系統的能力與運作關係重大。
- 時機很重要：你的狗狗在什麼時間吃東西，跟牠吃了什麼和吃了多少一樣重要。熱量不會分辨時間，但身體的代謝機制、細胞和基因會。當進食符合身體的晝夜節律時，食物較為滋養、對代謝的壓力較輕。間歇性斷食——或我們所謂的「限時段餵食」——對狗和人都是強有力的工具。健康的狗狗不需要一天吃三餐，外加餐間恣意吃點心。當牠們不想吃正餐或點心時，別煩惱，那不僅正常（只要牠們不是病了），而且有益。在適當的時間餵狗狗適當數量的適當營養，是獲致生物學勝利的神奇鐵三角。

5
三重威脅
壓力、孤立、缺乏體能活動，如何危害我們大家？

開心的時候，我們恨不得自己有尾巴可以搖。

——W. H. 奧登（W. H. Auden）

緹娜．克倫迪克（Tina Krumdick）說了她的狗狗毛澤（Mauzer）恢復健康的旅程，故事深刻動人：

「毛澤有長期腹瀉問題。我帶她去附近一位獸醫師那裡去了一年，能做的檢測都做了，一無所獲。感覺全都用猜的。每一次我離開診所，都帶了不同的狗糧和更多藥物來試著讓她的便便成形，但一概無效。我覺得他們一直在治療她的症狀而非找出原因。最後一次就診後，我記得我載了一袋六十美元的袋鼠乾糧回家，不由得懷疑：『萬一問題就是這種食物引起的呢？』

「一個朋友的朋友推薦我去找貝克醫師。我很猶豫，因為去她那裡要開超過一個鐘頭的車，而且聽說她是『非典型』獸醫。然後毛澤開始拉出沒消化的乾糧和血，那就像消防帶一樣從她身體裡拉出來。她一週掉了七磅，那時我以為她可能活不下去了。我約診了，因為或許她需要的就是非典型方式。貝克醫師走進來，坐在地板上，毛澤爬上她的大腿，那時我就知道我們來對地方了。由於之前試過的都行不通，貝克醫師幫毛澤做了血液檢測，診斷她吸收不良。

「貝克醫師建議我餵生食，真正的食物，她也開立了補充品協助毛澤從吸收不良復原。不出幾天，她的便便就恢復正常，體重也開始增加。血便停止了，她也不再昏昏欲睡。然後我開始輪換野牛、鹿肉和火雞等她從來沒攝取過的蛋白質。這種多樣性不但沒有擾亂她的系統，還治癒了。我用冷凍藍莓當點心，我也從我做給自己吃的晚餐之中撥了一點幫她加菜，那都是些新鮮健康的東西。她的毛色從黯淡變得亮麗了，她更有活力、眼睛炯炯有神、精神抖擻。好幾千……我花了好幾千美元追逐一個從我餵她吃的東西開始的問題。諷刺的是，是食物製造了問題，也是食物治癒了她。」

毛澤的好轉反映了其他許多狗狗在注重飲食後經歷的轉變。毫無疑問，毛澤原本的食物給身體製造了壓力，降低那種代謝壓力有助於扭轉情勢。雖然壓力有許多形式，但一旦壓力綿延不絕，就只有一種結果：生病。而既然壓力讓你如此焦慮，我們就必須加以解決。

壓力的疫情

如果我們問一整個房間裡的人，覺得自己偶爾——或許一直——感受到焦慮、煩躁、疲倦、恐懼、易怒、不知所措的人請舉手，我們猜，會有很多隻手舉起來。如果我們可以對他們的狗狗做一樣的事，請牠們吠叫來表示自己受到多大的壓力，相信現場一定叫聲連連。

我們都同意現今世人承受的壓力特別大，有超過三千萬美國人服用抗憂鬱藥物（美國抗憂鬱藥物的處方數量自一九九〇年代以來成長超過四倍）。自進入二十一世紀以來，幾乎每一州的自殺率都向上攀升。失眠困擾了約四分之一的美國成年人，使許多人尋求助眠藥物只為能夠闔眼。雖然我們希望社群媒體能使我們聚在一起，卻可能造成反效果：每五個美國人就有三個說自己覺得孤寂，而只有約半數美國人認為自己的人際社交互動具有意義。

我們也不像以前動得那麼多，而這會使我們的身心壓力雪上加霜。在美國，只有8%青少年做到有關單位每天運動六十分鐘的建議，照建議每天運動三十分鐘的成年人更不到5%——而三十分鐘只是「最低建議量」。事實上，美國人一天有超過一半時間久坐不動。我們與祖先的平均相差甚遠：來自現代採集狩獵部落，例如坦尚尼亞原住民哈扎人（Hadza）的資料告訴我們，光為搜尋糧食，他們平均每天就要走3.5英里（女性）到7英里路（男性）。

數千年來，運動，或說「動」，是日常生活所固有、不可或缺的成分，其實就是生存的同義詞。採集狩獵者別無選擇，只能出外搜尋養分、靠雙腳運輸，而毛茸茸的同伴則緊跟在後。我們動得愈多，大腦就愈強健——也愈大——我們也愈傾向於建立緊密連結的社群、分享資源、在多層面的社會結構中仰賴彼此。這些複雜的社會結構也包含我們的狗。

許多媒體都報導「久坐如同吸菸」的觀念，而這是有理由的。二〇一五年一份在《內科醫學年刊》（Annals of Internal Medicine）發表的綜合分析和系統評論做出以下結論：久坐不動的行為與所有原因的早死都有關係。另外，運動本身已證實能預防疾病和死亡。二〇一五年另一項為期數年的評估研究顯示，每一小時從椅子上站起來稍微動個兩分鐘，就能降低33%任何原因導致的早死風險。在許多大規模分析中，體能活動也被證實能降低多種癌症風險，包括大腸直腸癌、乳癌、肺癌、子宮內膜癌和腦膜瘤。這是怎麼辦到的？可能至少有一部分是因為運動能神奇地控制發炎。身上的慢性發炎較少，就能降低細胞耍流氓、變成癌症的機率。

我們的狗狗也是如此。要是牠們動得跟牠們的先祖一樣多，或是想花多少就花多少時間在外頭奔跑、嗅聞和活動，牠們就能降低過早老化和生病的風險，當然也包括憂鬱在內。雖然我們不常討論狗狗的憂鬱症，但牠們和我們一樣，受憂鬱及（沒那麼嚴重的）其近親，也就是焦慮所苦的比率節節高升。

狗憂鬱的方式可能跟人類不一樣，但任何親眼看過狗狗走過創傷經驗（飼主或家人死亡、天災、暴露於大聲的噪音、遷徙，或家庭動能改變如新婚、有新生兒、離異等等）的人都知道，狗會徹底展現悲傷、無精打采或其他與平常不同的行為來回應上述壓力源。牠們可能會不肯散步、停止飲食、開始亂吠、變得內向，或表現出其他我們可能認為「不得體」的舉止。獸醫師常在這種情況下開立抗焦慮藥物，且那些藥物跟我們服用的一樣：百可舒（Paxil）、百憂解（Prozac）、樂復得（Zoloft）。但我們相信有比開處方箋更好的辦法。

焦慮和攻擊性是狗狗常見的問題。根據《犬科行為期刊》（Journal of Veterinary Behavior）報導，狗狗有高達七成的行為問題可歸咎於某種形式的焦慮。雖然跟人類一樣，暴力與忽視當然是狗狗焦慮和行為問題的根源，但其他的壓力源就可能比較微妙而隱伏了：困惑、嫌惡的訓練技巧、獨處時間變長、睡眠品質差、缺乏運動等等，但這些原因不需藥物即能治療。

這其實毫無意外，因為過去十年，運動已被承認為治療及預防憂鬱和焦慮的有效策略。（那種研究還要多久才能應用到狗狗身上，觸及一般獸醫呢？）二〇一七年，一項研究追蹤了四萬名十一年來沒被診斷出任何心理健康問題的成年人，結果發現規律的休閒運動能大幅降低憂鬱風險，而那碰巧是全球各地失能的主因。基於這種強烈關係，研究作者提出，甚至只要每週從事體能活動一小時，就能預防12%的憂鬱病例。接下來引人側目的是二〇一九年一項哈佛大學的研究，這項研究有數十萬人參與（優質研究的跡象），斷定每天慢跑十五分鐘（或散步或做園藝久一點點）即有助於預防憂鬱。科學家使用名為孟德爾隨機化（Mendelian randomization）的先進研究技術，鑑定可變動的風險因子——在這個例子為運動量——和憂鬱之類的健康議題之間的因果關係。研究人員做出革命性的結論：「增加體能活動量或許是預防憂鬱的有效策略。」

運動確實是強有力的療法，但多數人並未悟出箇中奧妙，也把狗拴在跟我們一樣久坐不動的習慣上。**狗需要天天活動筋骨，而活動的種類視狗狗的性格、身體和年齡而定（所以恕我們無法提供一體適用的指南），我們稱此為「天天活動」療法，而這種療法能幫助狗狗感覺平靜、減輕焦躁、改善睡眠，並增進狗狗彼此間的互動品質**。這些是直接的身心效益，而運動對壓力本身也有直接影響。動物行為學家向來建議用運動解決狗狗常見的行為問題，因為那是我們所擁有的成效最卓著的工具之一，但運動也可以用來管理壓力。有氧運動二十分鐘帶給人類的抗焦慮效益，可維持四到六小時，如果每天重複，還會有累加效果，對動物來說亦是如此。

如被給予機會，實驗室的老鼠會自願選擇上滾輪運動。研究顯示，牠們的腦內啡（endorphin，能減輕痛苦、增加幸福感）能維持好幾個小時，要到運動結束九十六個小時後才會回復到之前的水準。運動對大腦產生的效應，持續時間比運動本身久得多，而對於有過動症或焦慮的狗狗來說，短時間的運動便可能是一場及時雨，足以增進你倆的長期生活品質，天天劇烈運動則會重新連結我們狗狗同伴普遍存在的戰—逃壓力反應。運動也會改變腦部的化學作用，包括改變和促進腦細胞生長來營造較平靜的狀態。其實我們的狗狗受的苦不比我們少，運動能預防沉重壓力在動物身上造成的危害，包括恐懼和焦慮。這或許就是為什麼《紐約時報》作家亞倫·卡羅（Aaron E. Carroll）要說：「運動是最接近萬靈丹的東西。」迫切的問題是：我們是否有給我們的狗狗機會，照牠們所需要的那樣經常、大肆運動呢？

我們也必須說一下**選擇的重要**。沒錯，狗狗應該得到獨立做決定的權利。我們花了一整個Podcast和哥倫比亞大學巴納德學院（Barnard College）

心理系資深研究員亞麗珊德拉．霍洛威茲博士（Alexandra Horowitz）探討這個問題。著有暢銷書《狗的內幕：狗看到、聞到、知道什麼》（Inside of a Dog: What Dogs See, Smell, and Know）的霍洛威茲博士專門研究狗的認知，也跟我們一樣，強力擁護「讓狗享受當狗」的觀念。我們是否常讓我們的狗狗選擇要走哪條路溜達，左邊，還是右邊？我們不是在談教狗狗學會繫牽繩散步或聽話，而是在談把某些決定交給我們的狗狗去做——包括讓狗狗決定我們平常做什麼給牠們吃。**建立夥伴關係，而非獨裁政權。**當我們的狗狗讓我們知道牠們有某種難以遏制的需要、非朝某個我們原本不打算去的方向嗅什麼東西不可，我們有多常尊重牠們的願望呢？我們會讓牠們聞多久才猛拉牽繩？給予狗狗一定程度的掌控權決定想去哪裡、想做什麼、發生什麼事，比我們想像中重要。事實上，很多狗狗對於牠們的生命該何去何從，從來沒有發言權。給狗狗在生命各領域更多選擇是份禮物；給予自主權，就是尊重牠們主動參與本身健康（及我們的健康！）的需求，而這會反過來增進牠們的自信、生活品質，乃至對我們的感謝及信任。

「動鼻子」（亦稱「氣味工作」）是你可以和狗狗一起進行的心智活動。氣味活動對反應過度、受過創傷、亂發脾氣或被禁止散步的狗狗格外有益。所有狗狗都可受惠於鼻子在外「狩獵旅行」帶來的各種「腦力激盪」和心智刺激。這樣的活動順應牠們與生俱來的嗅聞欲望，且有助於減輕壓力。

壓力大的狗狗會過早老化

過早老化，是我們都想避免的現象。全球抗老化妝品市場在二〇一八年總值達380億美元，且很多人認為會在二〇二六年時達到600億。生命本來就會在所有人身上造成磨損，但拌入嚴重的焦慮、有毒的壓力，或許再加一點憂鬱，年齡的時鐘就會滴答滴答愈走愈快、愈走愈快。不妨想想，總統們在白宮那四年或八年期間老得多快，頭髮白得多快。龐大壓力、焦慮或嚴重憂鬱纏身的人，往往看起來格外蒼老，彷彿剛走出一場風暴，一切經歷都寫在臉上。壓力確實會在我們的外在留下痕跡，但更會在我們的內在留下雙倍痕跡。我們的狗狗也一樣。

探討人類頭髮過早灰白——老化的一項顯著外貌特徵——的研究相當多。與頭髮早白有關的最重要因素包括氧化壓力（生物學的生鏽）、疾病、長期壓力和遺傳（基因促使我們的頭髮容易變白）。若潛在遺傳作用與壓力沉重的生活方式結合，就會降低毛囊和黑色素細胞對壓力的抵抗力。

現在我們對狗也有類似的研究。二〇一六年一份在《應用動物行為科學》（Applied Animal Behaviour Science）發表的研究指出，焦慮和衝動行為，以及年輕狗狗口鼻過早灰白之間呈現明顯的正相關。雖然狗狗口鼻線上的毛通常會隨年紀變白，但這種現象在年輕狗狗（不滿四歲）身上並不多見。在這項特別的研究中，作者檢視了一種動物行為的個案研究，指出許多毛色過早灰白的狗狗也表現出焦慮和衝動的問題。無獨有偶，一項稍早的研究也指出，諸如躲藏或逃跑等特定行為偏差，與狗狗毛皮裡的皮脂醇濃度有關。

相信你記得，皮脂醇是與壓力等級成正比的體內荷爾蒙，皮脂醇濃度愈高，表示壓力愈大（發炎也愈嚴重）。但皮脂醇有個有益的功用，它能指揮調度免疫系統，要身體做好準備抵禦攻擊。對於短暫、容易解決的威脅，皮脂醇成效卓著；然而，我們現代生活方式所受的攻擊接連不斷，因此皮脂醇夜以繼日泉湧而出，但皮脂醇長久持續氾濫可能導致腹部肥胖、骨質流失、免疫系統受抑制、胰島素阻抗風險增高、糖尿病、心臟病和情緒疾患。在我們的狗狗身上，情緒疾患常被描述為行為問題如侵略性、破壞性、恐懼和過動等。

在這些狗狗身上測出的皮脂醇濃度反映了長期情緒反應。這兩項研究不是特例，先前已經有眾多研究鑑定出狗潛在的焦慮和衝動症狀，例如焦慮的狗可能會嗚咽或想待在主人身邊。有衝動問題的狗可能難以專注、不停吠叫、表現出過動的徵狀。二〇一六年那項研究的作者表示，**在評估一隻狗的焦慮、衝動或恐懼問題時，應考慮口鼻的灰白狀況**。年紀輕輕就口鼻泛白可能暗示狗狗正承受太大的壓力，但這是可以扭轉的狀況。於是問題來了。壓力是什麼？

壓力的科學

在物理學上，「壓力」一詞指作用力與反作用力之間的交互作用，但我們都知道，今天這個詞的意義遠不止於此。我們每天都把「壓力」掛在嘴邊：我壓力好大！是最受歡迎的一句。壓力的症狀普世一致，反映了寬廣的光譜，從悶悶不樂、煩躁不安到心跳加速、胃痛、頭痛、全面恐慌發作，也有些人會覺得壞事即將發生。請記得，壓力是生命（無可避免）的要素，壓力協助我們避開危險、集中精神、能在著名的戰—逃情境憑本能反應。當我們處在緊張狀態，會對環境更有警覺性、更敏銳，而這可能助益良多。但長久不散的壓力，可能對身心造成長期危害。

好的壓力、壞的壓力

一如脂肪和碳水化合物，壓力也是如此。好壓力的例子包括像斷食之類的飲食習慣，這會給細胞非常輕微的壓力，在體內製造最終會是正面的效應。運動也會以增進健康的方式給身體壓力。但也有數不盡壞壓力的例子可能導致不想要的後果，例如研究顯示對狗咆哮或體罰狗狗可能會導致狗狗長期分泌壓力荷爾蒙，而這已被認為和壽命縮短有關。

我們把今天所用的「壓力」一詞的起源，歸給二十世紀初一位奧匈裔加拿大內分泌學家。一九三六年，亞諾斯·雨果·布魯諾·「漢斯」·塞耶（Janos Hugo Bruno "Hans" Selye）把壓力定義為「身體對它所受的任何要求產生的非特定反應」。塞耶提出，一旦受制於持續不斷的壓力，人類和動物都可能罹患某些先前被認為是生理因素累積所致而威脅性命的疾病（例如心臟病或中風）。現在塞耶博士被公認為壓力研究之父（享譽盛名到印在加拿大郵票上），他強調日常生活和經驗不僅會對我們的情緒健康，也會對我們的身體健康造成衝擊。

這個事實也許令你訝異：與情緒有關的「壓力」一詞，一直要到一九五〇年代、冷戰爆發時才進入主流詞彙和常用語。要到那時，我們才用「壓力好大」的標籤取代「恐懼」。自塞耶的時代以來，已有大量研究一再證實，持續不斷的壓力對我們的生理有實質危害，我們甚至可以測出壓力對生理系統的影響：神經、荷爾蒙及免疫系統等活動的化學失衡。經測量，身體的晝夜節律會受到干擾，另外科學家也測出大腦的物理結構會因壓力而改變。

關於壓力有一件弔詭的事：不論感覺到的是哪一種或多大程度的威脅，我們的生理反應差異不大。不論是真的性命攸關的壓力源，或只是一長串待辦事項或和家人爭執，身體的壓力反應基本上如出一轍。首先，大腦會傳送訊息給腎上腺，那會立刻分泌腎上腺素，而腎上腺素會使你心跳加快、血液流入肌肉，讓你的身體做好逃跑的準備。當威脅遠去，你的身體會恢復正常；但要是威脅仍在，你的壓力反應加劇，那麼下視丘—腦垂腺—腎上腺軸（HPA axis）上就會再被誘發一連串事件。這條路徑上有眾多壓力荷爾蒙，聽下視丘發號施令。下視丘是大腦裡一個雖小但重要的管理區域，在控制許多身體機能上扮演要角，包括從內含的腦下垂體分泌荷爾蒙。那是我們大腦連結神經和內分泌系統的部分，負責調控身體許多自律機能，尤其是新陳代謝。下視丘以「情感的所在地」著稱，但也是情感處理的總部。你感覺壓力罩頂（或者你想怎麼稱呼都可以：緊張、擔憂、緊繃、焦慮、不知所措等等）的那一刻，下視丘就會派出名為「促腎上腺皮質激素釋放激素」（Corticotropin-releasing hormone，CRH）的壓力調解者開啟一連串反應，致使血液裡的皮脂醇濃度達到高峰。儘管我們從很久以前就了解這個生物過程，但更新的研究顯示，只要感覺到壓力，便可能誘使身體發出發炎訊號傳到大腦，準備做出超反應。我們的狗狗身上也會上演類似的過程，這是一種已在動物王國保存數萬年的機制。二〇二〇年，一群芬蘭研究人員檢視了近一萬四千隻狗的寵物焦慮，結論是：「我們認為其中有些行為問題與人類焦慮症類似，甚至同型，而針對這些在與人共享環境中產生的自發行為問題所進行的研究，或許揭露了許多神經病學病症背後重要的生物因素。例如，犬強迫症無論在表現型或神經化學層次，都與人類的強迫症（OCD）雷同。」換句話說，**當你飽受壓力，你的狗狗或許也飽受壓力**。

影響長期壓力的訓練方法

訓練狗是門不需要證照亦無規範的專業，沒有最低教育資格、管理標準，也不保障消費者權益。「買家當心」不足以總結某些暴力訓練方法對狗狗所造成的有時無法挽回的傷害。如果你想要矯正狗狗的某些行為，一定要知道，你選擇的訓練師和他使用的訓練方式會衝擊狗狗的健康，也可能誘發（或平息）慢性焦慮、恐懼和侵略行為。**我們訪問的研究人員一致同意，負面的訓練方法會危害狗狗的長期福祉**。實際上，有比吼叫、毆打、窒息、電擊更安全、更仁慈、更睿智的方式。為了狗狗的心理健康著想，請聘用以科學為基礎的訓練方法的訓練師（如果你需要指引，請看375頁的附錄）。

下一個問題則是：我們可以怎麼更妥善地調節我們的壓力——為我們，也為我們毛茸茸的家人？答案可能令你意外：除了適當的高品質睡眠和運動外（兩者都能透過對我們的生物學產生多重效應，大大提升我們管理壓力的能力），也要顧好腸胃。

睡眠和運動對壓力的影響

長期沒有一夜好眠，或沒有做劇烈運動強迫心臟跳快一點的人都知道結果：悶悶不樂、暴躁易怒、覺得自己糟透了。跟人一樣，狗需要充足的睡眠和運動，但狗的睡眠和運動習慣與我們不盡相同。首先，狗不是像我們這樣晚上睡一覺然後整個白天醒著。牠們傾向想打盹的時候就打盹——常是出於無聊——而可以馬上醒過來，迅速採取行動。除了晚上睡覺，牠們整天都在打瞌睡，加起來平均每天要睡十二到十四個小時（視年齡、品種和體型而略有差異）。牠們打盹時，只有大約10%的時間處於快速動眼期（REM），也就是眼睛在闔著的眼瞼底下轉動、對夢境做出反應的時間。因為牠們的睡眠模式較不固定也較淺（REM較少），所以需要總時間較長的睡眠來彌補深層睡眠的不足（我們約有25%的睡眠在快速動眼期）。

但睡眠對狗狗和人類一樣重要。在探討犬科睡眠的研究中，狗跟我們一樣，會在非快速動眼期間經歷好幾波短暫的腦電活動，稱為「睡眠紡錘波」（sleep spindle）。睡眠紡錘波的頻率被認為和狗狗有多順利留住牠們在睡前學到的新資訊有關，這與人類的研究相呼應：我們把新儲存的資訊記得愈清楚，睡眠品質就愈好。睡眠紡錘波是我們——狗狗亦如是——鞏固記憶的程度，當睡眠紡錘波出現，腦便與外界隔絕，擋掉資訊。試驗證明，在打盹時睡眠紡錘波頻率較高的狗，學習力優於頻率較低的狗狗，而這些結果與人類和齧齒動物的研究發現一致。

然而，人和狗的睡眠模式固然有差異，睡眠對兩者卻同樣重要：能提神醒腦、重振活力、讓生理運作順暢、代謝完好無損。而如同缺乏有修復功用的睡眠可能引發健康問題，睡得太多也不對勁——那暗示狗狗可能有憂鬱、糖尿病、甲狀腺機能低下症，甚至聽力喪失等症狀。

運動從很久以前就被證明對健康不可或缺，不論你是智人、犬科或其他哺乳動物。那可說是最強而有力、獲科學證明能支持健康代謝（例如控制血糖和整體荷爾蒙平衡，以及抑制發炎）的方式，此外亦有助於維持肌肉和韌帶正常和骨骼健康、促進血液和淋巴循環、提高細胞組織的氧氣供應量、穩定情緒、減輕感受到的壓力、增進心臟和腦部健康、促進休息得更充分、更酣熟的睡眠。事實上，睡眠和運動是攜手並進的。我們知道我們不是第一個告訴你，這兩種習慣對健康至關重要的人，但我們有時會忘記，它們對我們的狗朋友同樣必不可少——雖然劑量、形式和強度都不一樣。

顧好腸胃才能保持冷靜、鎮定和連結

稍早我們討論過微生物體健康的重要性——那是住在我們（和狗狗）體

內的微生物群落，以細菌為主。一開始針對微生物體對健康有何貢獻的研究，主要集中在消化健康和免疫穩定性。但現今科學，特別是與犬科有關的科學，正在探究住在狗狗腸子（消化道）的細菌可能如何影響牠的心情，進而左右行為舉止。證據顯示，腸子會影響腦部，而且這兩者時常互相交流。

腸道微生物參與諸多不同機能的運作，從合成營養素和維生素到幫助我們消化食物、避免發生代謝障礙，包括肥胖。好的細菌也會透過關掉皮脂醇和腎上腺素的水龍頭來維持事物和諧——這兩種荷爾蒙若不斷湧出，可能對身體帶來浩劫。我們不認為我們的腸道和大腦像手指與手掌連接得那麼緊密，但就這個話題而言，「腸—腦軸線」極其重要。腸道菌會製造出各種可透過神經和荷爾蒙與大腦交流的化學物質，而這種交流是條獨一無二的雙向道。

相信大家都有過那種神經緊繃到胃痛，或者更糟的，衝進廁所的經驗。迷走神經是我們中樞神經系統和腸神經系統數億個神經細胞間的首要傳播者。沒錯，我們的神經系統不只由我們的腦和脊髓組成，除了中樞神經系統，人人都有內建於腸胃道的腸神經系統。中樞神經系統和腸神經系統都是在胚胎發育期間從同樣的組織創造的，而兩者透過迷走神經連結，那從腦幹一路延伸到腹部。那會組成自主神經系統的一部分，並指揮許多不需要意識思考的身體過程，例如維持心跳率、呼吸和管理消化。交感神經是我們體內的戰—逃系統——加快我們的脈搏和血壓、將血液輸送到大腦和肌肉、離開消化作用。那讓我們提高警覺、戰戰兢兢。反觀副交感神經系統則是我們的休息和消化系統，讓我們得以重建、修復和睡眠。

腸道微生物是否可能造成壓力的主題，最早是在所謂「無菌老鼠」的研究中探討的。這些老鼠是特別未經正常腸道接種（gut inoculation）程序飼養長大的，因此科學家得以研究欠缺微生物，或者反過來說，讓牠們暴露於特定壓力的影響，再記錄其行為轉變。二〇〇四年，一項指標性研究透露了大腦與腸道菌雙向互動的一些最早線索，那顯示無菌的老鼠會對壓力產生劇烈反應——大腦化學作用發生變化、壓力荷爾蒙濃度增高，但只要給牠們一種名為嬰兒雙歧桿菌（Bifidobacterium infantis）的細菌，情況就可能翻轉。此後，多項動物研究探索了腸道菌對大腦的影響，和情緒、行為之間的關係。腸道製造的化學物質和荷爾蒙會有何種效果，取決於有哪些細菌存在，因為不同的細菌會製造不同的化學物質。某些細菌製造的化學物質有鎮定效果，某些則可能會助長憂鬱和焦慮。例如在許多研究中，餵給老鼠特定益生菌（乳酸桿菌或雙歧桿菌）生成的化學物質會被送往老鼠腦中管理情緒的區域，這些細菌會傳送訊號，降低老鼠的焦慮和憂鬱。簡單地說，某些腸道菌會影響心情和行為。

以上我們剛敘述的生物學也發生在狗狗身上。事實上，早期多數釐清腸道菌是如何與大腦交談的研究，是在非人類的動物（特別是老鼠）身上進行的。但請了解這點：已有實驗結果顯示，狗狗的腸道微生物體，以及該群落與大腦的關係，無論在組成和功能重疊上都與我們更相似，狗狗的腸道—大腦軸線的運作方式與我們類似。這種新科學有助於解釋這些微小生物是如何影響狗狗的情緒，可能如何引發焦慮，進而產生攻擊性或其他惹人厭的行為。

奧勒岡州立大學一項研究提供了驚人的例證。二〇一九年，研究人員採集了一戶人家所飼養三十一隻狗（養來在鬥狗場比賽）的腸道菌，他們評估每一隻狗的侵略性行為，把牠們分成兩個群組：展現明顯侵略性的狗，和對別的狗攻擊性沒那麼強的狗。研究人員仔細檢驗那些狗的糞便，分析腸道微生物體，發現特定菌群通常在侵略性強的狗狗體內濃度較高。除了推斷腸道微生物體中有某些種類的細菌可能和侵略性及其他焦慮行為關係密切，他們再次強調其他許多狗研究人員已經注意到的現象：焦慮有時和侵略行為相關，而焦慮的根源或許可溯至腸道和它的微生物居民。

腸道菌組成的特徵可能反映焦慮程度和行為的概念，在研究學界愈來愈受歡迎，科學家也逐一找出哪些種類和哪些結果有關聯。目前，科學家正在了解什麼樣的飲食會支援什麼樣的微生物相。如果狗的飲食會影響住在腸道裡的細菌種類，那什麼樣的飲食會支持健康的腸道和有益的下游效應呢？

一些研究比較了以肉類為主的生食和狗糧，斷定吃生食的狗，體內菌群的生長較平衡，梭桿菌的數量也會增長（是好事）。在一項研究中，比起餵狗糧的對照組，至少餵一年生食的狗有更豐富、更均衡的微生物體。另外我們也知道吃鮮食狗狗的微生物體會促使「快樂荷爾蒙」血清素分泌增加、減輕認知衰退，也更能妥善調節和人、狗認知衰退及阿茲海默症有關的放線菌（Actinobacteria）。

知道我們可以試著透過腸道來解決一系列毛病——焦慮、壓力、憂鬱、腸炎，甚至認知衰退——是極具自主性的事。腸道微生物體是個一直在變化的生態系統，會受許多因素影響，包括飲食、藥物（例如抗生素和非類固醇消炎藥物）和環境等等。研究顯示，服用一回合的抗生素，可能得花好幾個月才能重建狗狗的微生物群落，就連服用一週的非類固醇消炎藥物（Deramaxx、Previcox、Rimadyl、Metacam等）也可能嚴重損害腸道健康。我們當然不是建議你中斷狗狗的止痛藥，但制定損害管制計畫來緩和長期使用許多藥物對腸胃道的不良影響，是許多處方獸醫師正在實行的事。要重建和優化狗狗的微生物體，最好的辦法是建立簡單卻能對生理機能發揮效用的日常生活習慣：睡眠、運動、飲食、接觸環境。年齡也是這道方程式的要項，因為腸胃道微生物的多樣性——腸道健康的關鍵——會受年齡影響。我們和我們的狗狗年紀愈大，就愈難維持那種多樣性。你會在Part III看到我們鼓勵你在狗狗碗裡增加一點點各形各色的療癒食物，因為這裡的科學十分明確：**狗狗的腸道菌叢愈豐富多樣，就愈健康。**

糞菌移植吐露秘密

微生物體恢復治療（microbiome restorative therapy，MRT）是糞便腸道菌叢移植療法（簡稱糞菌移植）的雅名：採集身心健康捐助者糞便中的微生物體樣本，過濾後提供給病患。這聽來或許令人驚駭，實為一種古老的療法，根源可溯至非洲——長久以來，母親都用這種方式拯救染上霍亂病危的寶寶。快轉到數百年後，現今美國頂尖醫院紛紛採用這種根本療法來拯救感染致命困難梭菌（Clostridium difficile）的病患。身為獸醫師，我知道一直有醫師用糞便移植治療有致命腸胃道感染的人類，但從來沒想過將之應用在獸醫實務上，直到遇上菲力士（Felix）。

菲力士是十週大的黃色拉布拉多幼犬，儘管注射了疫苗，仍感染小病毒（parvovirus）。他的飼主花了一萬多美元努力救他的命，但菲力士仍住進一家專業醫療中心的加護病房，迅速凋零。幾天後，院方通知飼主他已經站不起來，該考慮讓他人道安樂死了。就在那時，菲力士的媽媽惠妮（Whitney）打電話給我，她問我有沒有「藏了什麼救命絕招」，可以讓她在當天下午預定執行安樂死之前試試。我告訴她糞便移植的事，建議她採集她別隻身強體健、吃生食的拉布拉多犬的新鮮糞便，帶去醫院。如果照顧的醫生同意，他們會把糞便打成泥，用灌腸的方式提供給菲力士，讓他受感染的腸胃道充滿來自姊妹體內的數千萬隻益菌。

結果奏效。移植完數小時，菲力士就站起來了，那是他復原的開始。那一刻，所有參與菲力士醫護的人士都認識了糞便的力量。此後研究繼續進行，又有幾項驚人的發現：把健康老鼠的糞便移植到憂鬱的老鼠身上，治好了後者的憂鬱症。從瘦鼠灌入肥鼠的糞便移植使肥鼠體重減輕，把溫和狗狗的糞便移植到性好攻擊的狗狗體內，也改善了行為。我們才剛開始了解究竟有多寬多廣的健康問題，可以用這種簡單、古老、已獲證實的療程有效治療。

說到糞便：「食糞」（coprophagia）是吃屎的正式醫學用語。如果有機會，多數狗狗一生偶爾都會做這件事。這種汙穢的習慣可以提供健康的線索和狗狗微生物體的需求。狗狗天生就會試著運用周遭環境可得的工具和資源來矯正疾病，包括吃免費的大便。狗狗會基於不同的理由搜尋和吃下不同種類的大便。研究人員相信，有些狗是在尋找益生菌來源來解決消化問題。狗也可能因為牠們找到的糞便裡有部分消化的食物，或牠們欠缺的營養或物質而吃它（例如兔子的糞便是補充消化酵素的天然豐富來源）。有時食糞是種行為問題：狗會在特定情況下吃自己的屎。如果你的狗出現這種令人不安的習慣，請試著輪換各種益生菌和消化酵素補充劑，找出有益的組合。如果你的狗狗常吃野生動物的糞便，務必每年帶狗狗的糞便樣本去請獸醫師檢查，確認是否有寄生蟲透過食物鏈傳到狗狗身上。

腸壁完好是關鍵

腸壁的健康、力量和機能非常重要，那隔開了身體的內外，以及潛在的外來危險。不論人或狗，腸胃道都鑲著單一層上皮細胞，從食道一路連通到肛門。事實上，身體所有黏膜表面，包括眼、鼻、喉及腸胃道，都是各種病原體的侵入點，因此身體必須善加保護。

腸壁是其中表面積最大的黏膜，而它有三項主要工作。首先，它是身體從食物獲取養分的管道；其次，它阻擋可能有害的粒子進入血液，包括化學物質、細菌和其他可能對健康構成威脅的生物；最後，腸壁可透過「免疫球蛋白」來指揮免疫系統，這種蛋白質會綁住細菌和外來蛋白質，阻止它們入侵腸壁。免疫球蛋白是腸壁另一邊的免疫系統細胞所分泌的抗體，會穿過腸壁送進腸子裡。這種功能最終會引領致病（壞）生物和蛋白質通過消化系統、隨糞便排出。

無法從腸道吸收營養，是通透性問題，也就是俗稱腸漏症的元兇之一：不應放行進入身體的物質會從漏洞非法入侵、煽動免疫系統。這樣的匯合相當程度決定了全身的發炎情況。**如今已有眾多科學文獻記載，一旦腸道屏障受到危害，便可能導致林林總總的健康問題、各式各樣的症狀，最後演變成一輩子的慢性病。**

腸壁也和腸道菌叢——以及你的飲食——關係密切。加工食品可能釋放出細菌毒素在腸子裡遊蕩，融入微生物體之中；一旦腸壁受到腸漏症危害，那些毒素便可能竄入血液，透過循環引發浩劫。在此同時，原本健康的腸道菌叢也可能變得有害而失衡，導致我們在前文定義過的微生態失調。很多東西都可能擾亂狗狗的腸道菌叢，如抗生素、獸醫殺蟲劑〔跳蚤和蜱蟲（狗蝨）藥物〕、類固醇和其他獸醫藥物（非類固醇消炎藥物）。這些侵犯有的是暫時且必要的，但最大的罪魁禍首藏在狗狗的超加工食品裡：嘉磷塞殘留物、黴菌毒素和狗狗不斷攝取的AGE，都會導致微生態失調和混亂的微生物體。一項動物研究證實，**除了造成腸漏，梅納反應產物也會增加腸道裡有潛在危害的細菌數目**。怪不得那麼多吃加工食品的狗狗都有腸道問題，更別說免疫系統失調了。請記得，狗狗的免疫系統大半位於腸道壁內，而那現在受到永久的危害了。當我們從寵物主人那裡聽到牠們的狗狗有腸胃道問題、食物和環境過敏、行為或神經病學問題和自體免疫疾病，我們常懷疑根本原因是微生態失調和腸漏症。所幸修正不是難事：更天然的飲食不僅能滋養微生物體的組成和功能，也能維持腸道完好。

微生態失調會靜悄悄地發生，沒有外顯症狀，直到出現全身免疫反應，也就是這裡癢、那裡癢和腸胃症狀變明顯的時候。不論在狗或人身上，微生態失調都和肥胖、代謝疾病、癌症和神經機能障礙等等有關。不幸的是，最常開給狗狗腸胃道問題的抗生素甲硝唑（metronidazole，即Flagyl），會使微生態失調變本加厲。甲硝唑會殺死梭桿菌（狗消化蛋白質需要的細菌），此時病原體便趁虛而入，扎根發展，除了引發大腸激躁症

（包括梭桿菌數量驟降），分節絲狀菌（segmented filamentous bacteria，SFB）也會增加。這可能誘發白細胞介素第六因子〔interleukin-6，簡稱白介素-6（IL-6）〕的表觀基因表現和其他發炎路徑，造成全身發炎；那也可能誘發Th17基因的表觀基因正調控，可能導致異位性皮膚炎和其他皮膚發炎症狀。研究也顯示，吃乾糧狗狗的梭桿菌數量銳減。狗風險專案團體也在吃生食／乾糧而健康／有異位性皮膚炎的斯塔福郡鬥牛㹴犬身上發現類似的基因表現模式。生食似乎能啟動有消炎效果的基因表現。

目前世界各地正如火如荼地進行微生物體計畫，而這個前景看好的研究領域仍在初生階段。雖然要了解的事情還很多，但相當明確的是，腸道微生物體在我們小狗的無數身心過程都扮演吃重的角色。那就是我們為什麼會說，健康的寵物從健康的腸胃開始。我們將在飲食的脈絡下回到這場對話。在討論行為時，我們餵給狗狗什麼食物，以及食物在腸子裡扮演何種角色，或許是最容易被忽略的主題。就像餵給小孩太多高糖高添加物的精緻加工食品，可能把他們變成容易激動、過動、壞脾氣的小孩，狗狗也一樣。

土壤的支援

狗天生擁有久經演化琢磨而成的智慧和睿智直覺，引領牠們做出療癒的選擇——如果有機會的話。可惜，多數狗狗平常沒什麼機會憑本能做出療癒自己身體的選擇。

「動物生藥學」（zoopharmacognosy）——這是一種形容動物自我藥療的行為——源自古希臘文：「zoo」（動物）、「pharmaco」（治療）、「gnosy」（知覺）。動物知道牠們自己需要什麼，以及何時需要。

動物生藥學已在野生動物文獻詳盡記載數十年。麥可·霍夫曼博士（Michael Huffman）在一九八〇年代讓更多人注意到這個引人入勝的研究領域，率先發表他對野生黑猩猩仔細挑選藥用植物來處理不同疾病的卓越觀察（他探討這個主題的TED×Talk令人神魂顛倒）。

我們問霍夫曼博士有關家犬和「異食癖」的事（異食癖為醫學名詞，指動物吃非食物的東西，例如土壤、泥土、衛生紙），他笑著解釋**家犬仍具備非常適合牠們的古老本能，但多數家犬不被允許自然表現那些有助於身體平衡的行為**。我們替狗狗做了牠們大部分的決定，且沒有給牠們足夠的機會嗅聞、挖掘和分辨自己需要哪些有機物質，來矯正牠們的生物群系失衡或微量礦物質缺乏症。狗在家裡通常沒什麼選項——頂多只能舔舔地毯纖維、嚼嚼牠們從垃圾桶偷來的衛生紙屑、偶爾吃吃牠們在人行道裂縫咬出的野草，但那與和牠們共同演化的大自然植物醫藥櫃有天壤之別。更糟的是，牠們常因表現出這些迫切的渴望而被處罰，這當然會使焦慮雪上加霜。我們不是建議你讓狗狗整個下午在鄉下亂跑舔石灰石來彌補缺鈣的情況，但確實建議你評估狗狗的行為，了解牠們到底在找什麼，又為什麼要找。別讓你的狗狗探索不安全的地帶，包括經化學處理過的環境，但一定要讓你的狗狗當狗，給牠們時間和空間嚼嚼青草、舔舔泥土、耙耙土壤來挖掘牠們要找的根、嚐嚐某種雜草，品味藏在草皮裡的三葉草。如果你的狗發狂般想吃有機物質（緊接著嘔吐），你的狗狗可能有微生物體的問題，或是生病了。若不然，牠在人行道裂縫尋覓的青草，可能是牠唯一能自己選擇盼望的東西的機會，就讓牠好好享受吧。你可以上www.carolineingraham.com，深入了解如何在你的狗狗身上應用動物生藥學。

基於這些理由，我們的摯友史提夫．布朗發起犬科健康土壤計畫（Canine Healthy Soil Project）。史提夫明白他所撫養、很早就接觸到健康、無化學、無毒土壤的小狗，顯然遠比其他育種者飼養、出生頭八週完全關在室內、嚴守衛生規範、在近乎無菌環境中生長的幼犬來得健康。健康的土壤具有豐富的生物多樣性：一克土可能含有一百億隻微生物、兩千到五萬多個與狗狗微生物體有直接關係的物種。研究支持這種說法：小狗需要在生命初期接觸微生物豐富的土壤，為長久的免疫健康奠基。因為多數幼犬沒有獲得這種機會，史提夫現在就想提供以土壤為基礎的微生物體支援，協助滋養現代狗狗欠缺的微生物。他的目標是藉由提供食物，以及來自各種以土壤為家的微生物、具生物活性的有益代謝物，來協助建立均衡、具生物多樣性的微生物體。這些微生物有助於狗狗的口部、腸道，特別是毛皮（若局部應用）發展多樣化的微生物群落。歷經兩年研究發展，優異的成果令他震驚，特別是在行為、過敏、肥胖、糖尿病、口部健康、呼吸、毛皮、關節炎和腦部功能等方面。

「腳踏實地」

最近幾年，很多人談到所謂自然療法有多厲害，而那主要是叫我們為了新鮮空氣和更平靜的心靈親近大自然。這個運動源於日本的「森林浴」：浸淫在自然的景色、聲音和氣味中。森林浴是在一九八〇年代於日本發展，一九八二年起由日本林野廳視為公共健康倡議大力推廣。與這種療癒措施有關的研究發現，包括針對免疫功能、心血管健康、呼吸道疾病、憂鬱、焦慮和過動症等療效。研究人員將徜徉大自然的部分免疫良效歸功於吸入俗稱芬多精（phytoncides）的分子，那是樹木和植物為防範寄生蟲和疾病而分泌的。

現代生活方式常使人類（及動物）難以直接接觸土壤，研究發現這種失聯可能是造成各種生理功能障礙和不健康的一大因素，而與土壤重新連結已被發現能促進重大生理轉變，也改善了主觀健康報告。

你是否好奇動物怎麼提前預知地震要來呢？答案是舒曼共振（Shumann resonance，地球的電磁波震動）。沒錯，確有其事，地球有狗狗感應得到（科學證明你也可以）的能量。阿布杜拉．阿拉杜加德博士（Abdullah Alabdulgader）的團隊在《自然》期刊發表了一份令人著迷的報告，鑑定出地球的磁力，以及那種作用力如何影響哺乳動物的自主神經系統反應。他們的研究強有力地證實，哺乳動物自主神經系統的日常活動會對地磁和太陽活動的變化做出反應，這解釋了能量環境因子可能如何以各種方式影響心理生理學和行為（想想滿月和地震的例子！）。動物對舒曼共振格外敏感：頻率 7.8 赫茲（hertz）的舒曼波幾乎和 α 腦波的頻率一模一樣（α 腦波與平靜、創造力、警覺性和學習有關）。

在明尼蘇達大學哈柏格時間生物學中心〔Halberg Chronobiology Center，「晝夜節律」一詞正是法蘭茨．哈柏格博士（Franz Halberg）發明的〕進行的研究證實，地球節律和共振與人類及動物多種健康指標都有重要的關係。當生理節律被擾亂，混亂與煩躁往往是最先出現的症狀。**我們相信，有機會經常直接接觸土地，對你的狗狗很重要**。最好一天能好幾次。

一九六〇年代，人類看醫生有90%是因為急性傷害、傳染病和分娩；今天，有足足95%是為了壓力相關或生活習慣導致的失調，代表有某種因素正在干預身體維持正常和平衡的能力。寵物也是如此。五十年前，獸醫師主要診視急性傷害和傳染病，但時至今日，我們看的多數病患是受腸胃問題、過敏和皮膚病、肌肉骨骼問題和器官功能障礙所苦。這是一種流行病。要給你自己和狗狗的健康打好基礎，最好的辦法是走出戶外、接觸土地，例如去散散步。如果可以選擇，所有動物都會善用地球的磁場，迷路的狗狗甚至能藉此找到回家的路。事實上，研究顯示，動物會故意讓身體某些部分接觸土壤來獲得特定生理效益，問題在於我們不常給牠們這種機會。我們遇過的所有長壽健康的狗狗，每天都在戶外消磨許多時光。你和你的狗狗待在安全無虞的戶外環境愈久、允許牠們嗅聞、挖掘、滾翻、奔跑、嬉戲，牠們就愈能扎下健康的基礎（我們敢說，也愈快樂滿足）。

長壽鐵粉攻略

- 有毒的壓力——讓身體承受太大的壓力、造成不健康的影響——是種疫情，正荼毒人類和狗狗的世界，所幸我們有些簡單且不必動用藥罐的策略可以對抗壓力。
- 運動是壓力、焦慮、憂鬱和孤寂感的解藥——不論你是人是狗。只要每小時動個兩分鐘，就可以降低任何原因造成的死亡風險。我們所謂的「天天運動療法」能幫助狗狗感覺平靜、減輕煩躁、改善睡眠，並提升狗狗彼此的互動品質。
- 你的狗狗毛色過早灰白嗎？素行不良嗎？這些都可能暗示，牠們承受的壓力太大了。而當你壓力太大時，你的狗狗很可能跟你一樣。狗狗的身體和情緒線索都是提醒你有潛在問題需要注意的徵兆。
- 我們及我們狗狗的腸道生物群系，會左右我們的健康，而可能受到飲食選擇、睡眠品質、環境暴露或好或壞的影響。這也意味我們可以藉由選擇更好的生活方式來對腸道的微生物體造成正面的衝擊。
- 狗喜歡自己為健康做些決定，可能包括嗅來嗅去、搜尋（沒灑農藥的）青草，諸如此類的行為可能對微生物體產生正面衝擊。不過現在有太多狗狗沒有獲得足夠的機會探索自然、到處亂聞、挖掘土壤，名副其實「腳踏實地」、扎下健康的基礎了。

6
環境的衝擊
泥巴狗與髒狗的差別

狗是紳士；我希望能上狗的天堂，而非人的。
——馬克・吐溫（Mark Twain）

二〇一〇年，我（貝克醫師）有個氣喘發作的貓病患，她需要愈來愈頻繁地使用吸入器來緩和失控的氣喘症狀。當我進一步探究那隻貓的氣喘何以在過去數個月變得難以控制，我發現飼主是某知名直銷家居香氛公司的頂尖業務代表。她在家中舉辦多場家居香氛產品派對，展售琳琅滿目的香氛蠟燭、插電芳香器和其他芬郁得令人難以抗拒的家用噴霧。她家裡每一個房間都有某種香氛裝置。在此同時，她的貓咪的氣喘變得嚴重，嚴重到得住院。當那隻貓的媽咪清掉家中所有噴出揮發性有機化合物的玩意，貓的氣喘便平息了；她的狗狗的慢性結膜炎、眼睛分泌物和舔爪子的習慣也迎刃而解。

真的，環境很重要。非常重要。

減損壽命的現代危險

我們小時候，安全帶可繫可不繫（特別是在荒郊野外開車時）、隨時隨地想抽菸都可以抽（包括飛機）、十八歲以下不能喝酒、充斥反式脂肪的人造奶油比真奶油受歡迎，我們甚至用塑膠容器微波東西吃（記得懶人電視餐嗎？）。我們騎腳踏車和滑雪時不戴安全帽、喝後院裡溶出塑化劑和鉛的管子裡的水（記得那股金屬味嗎？），曬太陽不擦防曬乳（大家比較喜歡嬰兒油）。今天，這些行為不是限定年齡、完全禁止，就是被大力勸阻。另外，我們還做了其他許多今天的孩子不准做，或被視為不健康的事。每一個世代都有新的危險需要避免或規範，而我們非常期望未來能看到進一步的監督和檢驗，特別是化學物質及相關產品方面。只可惜規範向來遠遠落後於研究，現在如此，或許永遠都會如此。

在我們發現某種物質（或行為或活動）的潛在危險之際，很多人已經大量暴露而受到影響了。美國環境保護署、歐盟、世界衛生組織都保證會加倍努力蒐集「新興汙染物」（contaminants of emerging concern）的資料，疾病管制及預防中心也已建立全國系統來追蹤環境危害物及其可能造成的病痛。國家衛生研究院在一九六六年設立的國家環境衛生科學研究所也進行或支援研究，但沒有參與生物監測。看來無論哪一種規範，都不大可能實行得夠快來確保我們和狗狗的安全。

在許多方面，我們今天居住的世界比數個世代以前安全。在車禍、戰爭、天災中傷亡的人比較少了；拜更好的醫藥，包括更周全的公共衛生措施之賜，全球疾病的重負也卸下了。我們較可能在年老後死亡，而非在四十二歲時傷重或心臟病突發不治。但在環境暴露的領域，現代的生活方式仍有許多尚待管理和提升安全的空間。**要是我們不去控管和減輕我們暴露於各種汙染的情況，包括我們吸進、吸收，甚至是從眼睛進入（例如夜晚的藍光）和我們聽到會擾亂我們平靜感的東西，就沒辦法把壽命再往後延了。**

想到汙染，你的腦海或許會浮現工廠噴氣的煙囪、煙霧瀰漫的都市風景、瓶外有骷髏頭警告標誌的溶劑、車輛廢氣、垃圾掩埋場和被塑膠淹沒的海洋。我們通常不會想到那些隱伏於四周、肉眼看不見，卻是我們和我們的寵物天天都會接觸到的汙染。花點時間想一下身邊所有能反映現代性的舒適便利。回到今天一早，想想你怎麼度過這一整天——從你使用的化妝品、盥洗用品、個人用品、清潔用品到你坐的家具、沉迷的電子產品、踩過的草坪、地毯、櫸木地板；你呼吸的空氣、喝的水、睡的床墊、穿的衣服、聞的香氣，以及感受到的過量噪音和光線。族繁不及備載——而我們還沒有納入食物呢。為切合這一章的宗旨，我們會先撇開食物，著眼於從環境接觸到的有毒物質。

事實上，要了解除了食物，你的日常生活還暴露於哪些物質？這裡有個很棒的方法。請看看下列各項，有沒有哪一項的答案是肯定的：

- 你有沒有喝未過濾的自來水（並給你狗狗的碗裝這種水）？
- 家裡有沒有鋪地毯或合成木地板？
- 是否使用瓶外貼有毒物管控標籤的家用清潔劑？
- 有沒有防汙、阻燃的裝潢或家具？
- 是否使用有香味的市售洗衣精或衣物柔軟精來洗衣服、床單等等？
- 你或你的寵物的碗盤是塑膠的嗎？
- 是否用塑膠袋貯存食物？
- 是否用塑膠容器加熱食物？
- 你抽菸嗎？或是家裡有人抽菸嗎？
- 你的草坪是否有用殺蟲劑或除草劑？你的鄰居有嗎？
- 你有使用古龍水或香水嗎？
- 你家裡有用香氛蠟燭或空氣芳香器嗎？
- 你的孩子或寵物放進嘴裡的玩具有用塑膠做的嗎？
- 你住在大都會裡或機場附近嗎？
- 你的居家環境有噴灑殺蟲劑嗎？
- 你家中有壁癌或發霉嗎？

你的得分愈高，身上承受的有毒負擔就可能愈重。現在，想想一隻狗生命中的一天，不妨想像在牠頭上裝一部攝影機，把遇到的各種環境暴露記錄下來。那些與你會遇到的類似，因為你和你的狗狗有共同生活體驗，喝一樣的水、躺一樣的沙發、吸同樣的空氣、摩擦同樣經專業洗滌、散發芳香的衣物。狗狗甚至因為更親近土地、缺乏保護的衣著而更常暴露於這些汙染源，且沒有天天洗澡來沖掉化學物質和汙染物。你身高五、六呎，但你的狗只離地面幾吋，而且常睡在遍布化學物質、空氣中所有看不見的微粒最終降落的地方。家用清潔劑的氣味瀰漫空氣，某些產品持續從原料釋放化學物質（新的乙烯基浴簾的氣味就是一例），更何況你狗狗的鼻子比你敏感一億倍。家裡藏在地板上和角落裡的灰塵，通常充滿像風滾草一般堆積的潛在毒素；較老的房子還可能有含鉛的塗料，萬一在窗台或踢腳板旁邊龜裂或剝落，就會被吸入、吃進或舔舐。

在外頭，狗狗喜歡草地的鬆軟，但如果草地經過處理，牠們潮溼的爪子和鼻子就會接觸大量致癌物，那會造成身體非常大的負擔。多項回溯二十年的研究顯示，家用殺蟲劑，包括驅蟲劑、各種抑制螞蟻、蒼蠅、蟑螂、蜘蛛、白蟻、植物／樹木昆蟲的產品、除草劑（包括專業草坪服務使用的產品）、野草抑制劑和跳蚤抑制劑（包括室內噴霧、滅蚤項圈，各種除蚤肥皂、洗髮精、噴霧或粉末），全都和孩童及寵物罹患某些癌症的風險呈現驚人成長有關。一大群來自世界各地的研究人員曾對此進行多項研究，其中一項以麻薩諸塞大學伊莉莎白．伯頓—強森博士（Elizabeth R. Bertone-Johnson）為首的研究結果相當令人擔憂：**暴露於草坪殺蟲劑（特別是專業草坪維護公司使用的），會使狗狗罹患淋巴癌的風險提高70%**。幾個月前我們在Facebook貼出一段草坪化學物質風險的教育影片，共有一百八十萬人觀看；很多寵物爸媽是第一次聽聞這件事而大吃一驚，給我們排山倒海般的回應。震驚之餘，他們斷然採取行動，重新思考自己維護草坪的做法。

另一項來自普渡大學（Purdue University）的類似研究也發現，化學處理過的草坪與犬科罹癌風險增加之間關係密切。普渡大學的研究特別著眼於蘇格蘭㹴犬的膀胱癌風險，長久以來，這種狗罹患膀胱癌的比率遠高於其他品種。牠們容易罹患這種癌症的基因傾向，讓牠們成為適合研究的「哨兵動物」，因為牠們不需要像其他品種暴露於那麼多致癌物便可能患病。注意聽了：普渡研究團隊發現，暴露愈多、風險愈高：暴露於那些化學物質的群組，膀胱癌的發生率比對照組高四到七倍。由於狗和人的基因組相似，研究人員或許能藉此在人身上找出使個體易患膀胱癌的基因。

這項研究特別值得一提，是因為那凸顯了一個與我們在草坪、花園裡使用的化學混合物有關的重要事實：俗稱的惰性成分可能是禍首。每年都有數十億磅重未經檢驗的化學物質降臨我們的草坪和花園，儘管我們很容易抓出DDT或嘉磷塞等惡名昭彰的壞蛋，但要揪出其他名副其實躲藏在我們鼻子和腳下的罪犯，就困難多了。

身體的負擔

如我們在Part I簡短提過，住在工業化國家的人體內有上千種從食物、飲水和空氣累積的合成化學物質。它們構成所謂「身體的負擔」，也貯存在幾乎每一個組織裡，包括脂肪、心臟與骨骼肌肉、肌腱、關節、韌帶、內臟和腦。這些化學物質的貯存方式視其化學性質而定，諸如汞之類的脂溶性毒素會貯存於脂肪組織，高氯酸鹽等水溶性毒素（可能透過供水攝取到）一般會在穿過身體後隨尿液排出。許多毒素是脂溶性的，意味你擁有愈多脂肪，就留有愈多毒素。另一個壞消息則是，毒素可能引發水分和脂肪蓄積。當身體超載過多毒素，發炎自然接踵而至，而我們的身體會為了稀釋脂溶性和水溶性的毒素而做出留住水分的反應。

再重申一遍：絕大部分的化學物質，其中許多來自塑膠，從來沒有經過徹底測試、看看對健康究竟有何影響。來自塑膠的化學物質會被人體吸收——93%六歲以上的美國人身體對雙酚A檢測呈陽性反應，而你知道這種源於塑膠的化學物質已證實會危害我們的生物學——特別是荷爾蒙（內分泌）系統。其他一些塑膠所含的化合物也被發現會危害荷爾蒙，或對健康造成其他不良影響。

在美國，質譜法（mass spectrometry）被用來篩檢一百七十多種環境汙染物，包括磷酸酯殺蟲劑、鄰苯二甲酸鹽、苯、二甲苯、氯乙烯、除蟲菊精殺蟲劑、丙烯醯胺、高氯酸鹽、磷酸甲苯二苯酯、環氧乙烷、丙烯腈等等。用十八種尿液代謝物檢驗出的結果，可能有助於判定你的身體承受了多少負擔——它留滯了多少化學物質，又分屬哪幾種。我們正努力將這些檢驗應用到寵物身上，但就算沒有這些專業檢測，科學家仍有充分證據顯示，從未出生的胎兒到老狗身上，都有人類承受的負擔。來自有毒化學物質的汙染物太普遍了。

普渡大學研究的一些參與者也記錄了住家有經過處理和未經處理草坪的狗狗，尿液裡各有哪些化學物質。結果證實，就連沒有給自家草坪噴藥的人，也可能使寵物（和他們自己）暴露於有害的化學物質，因為他們會踩過其他地方的草地（例如鄰近的步道和公園），或是物質從附近草坪飄過來。除草劑的煙霧飄得遠比你想像中遠——最遠可達兩英里，大多數在0.8英里內。但那已足夠蔓延好幾戶人家了。

在德州理工大學的環境及人類健康研究所，科學家查出狗狗有看似不可能的雙酚A和鄰苯二甲酸酯暴露來源：狗狗喜歡咬的玩具和圍欄等訓練裝置。這些物品的製造原料是會濾出化學物質的塑膠，而那些物質因為會破壞荷爾蒙系統而被歸類為內分泌干擾物，據悉也會對人類造成不良影響，並且和女孩因荷爾蒙失調產生的性早熟有關。

秘訣：兩種最具攻擊性、確實會致癌的草坪化學物質是2,4-二氯苯氧乙酸和嘉磷塞（年年春的主成分）。請查閱你草坪處理劑裡的化學物，如有疑慮，就別再使用。幾乎每一種有毒的產品或服務都有較安全的替代選項。

幫狗狗洗洗腳

你的狗狗的爪子就像溼式除塵紙，會吸附各種過敏原、化學物質和其他汙染物。請記得，狗狗只會從鼻子和腳的肉墊出汗，因此潮溼的小肉墊可能會蒐集大量刺激物。只要迅速、簡單地幫狗狗泡一下腳，就可以大幅減少牠舔腳、咬腳的時間。你可以用廚房水槽、浴室洗臉台或浴缸，視狗狗的體型而定。

在水槽或浴缸注入幾公分深的水，只要能淹過爪子就可以了。我們最喜歡的洗劑是聚維酮碘（即優碘，藥房有售），一種有機、非刺激性的溶液，安全無毒又抗菌。用水把優碘稀釋成冰茶色（淺褐色），如果顏色太淡，只要再加一點優碘就可以。如果有點深，就再加點水。讓你的狗狗站在溶液裡兩到五分鐘即可，不必對牠的爪子做任何事情，溶液會幫你處理一切。如果狗狗對下水感到緊張，說話和唱歌都沒辦法讓牠冷靜，那麼給牠一點點心無妨。然後把肉墊擦乾，就可以放牠走了！每兩、三天重複一次。

煙霧彌漫的草地固然是家門前的危險地帶，室內也同樣危機四伏，而我們有超過90%的時間待在室內。除非你是在大舉處理過的草坪滾來滾去、把臉埋進草堆，室內環境在許多方面都比在戶外更毒。過去十年所做的多項研究，包括二〇一六年由美國眾多機構聯合發表的綜合分析，都確切證明家裡的空氣可能是杯百毒雞尾酒——滿是灰塵，而灰塵中含有會毒害免疫、呼吸、生殖系統的化學物質。這杯雞尾酒也含有諸如甲醛等揮發性有機化合物，和煤煙、一氧化碳等燃燒副產品。事實上，我們的室內會那麼毒，揮發性有機化合物堪稱罪魁禍首，這些就是新車裡找得到（賦予新車新車味）的那些毒素。揮發性有機化合物並不穩定，因此很容易揮發（變成氣體），也可能和其他化學物質結合成各種化合物，一旦吸入或經皮膚吸收，便可能引發不良反應。這些物質存在於各式各樣的產品：古龍水、地毯黏合劑、膠水、合成樹脂、油漆、亮光漆、除漆劑和其他溶劑、木材防腐劑、絕緣泡沫塑料、黏合劑、噴劑、清潔劑、脫脂劑、消毒劑、防蛀劑、空氣芳香劑、插電式室內芳香器、貯存的燃料、模型用品、乾洗衣物和化妝品等等。

就算你可能做足預防措施，將空氣傳播的化學物質降到最少、盡可能選擇環保替代品，我們仍建議你為家裡投資一部空氣清淨機。空氣傳播的化學物質是家中數一數二的汙染威脅，而且是鬼鬼祟祟地汙染，從你的鼻子入侵。市面上有的空氣清淨機是設計來淨化煙霧及粒子，有的設計來處理化學物質和氣體，有的設計來抗黴菌、病毒和細菌，也有十項全能的機種。空氣中有超過九成的微粒可用高效濾網有效清除，如果你或你的狗狗有過敏或氣喘問題，空氣清淨機可能有助於減輕症狀。當然，經常更換家中冷氣濾網、每年清洗一次管路也有幫助。如果你今天還不想投資空氣清淨機，要盡可能減少家中空氣裡的毒素，最簡單、最快速的辦法就是時時讓家中保持通風，把窗子打開吧！

秘訣：想到得換掉手邊所有家庭用品、跟狗狗一起過更乾淨的生活，或許令你驚慌失措。但大可不必，你可以做些簡單的事情來減少暴露。下一次改用無香味、保護環境的洗衣皂；沙發和狗床用了化學處理過的襯墊？鋪上有機毯子或用天然纖維織成的被子；地毯有問題？用有高效濾網的吸塵器吧；室內空氣不好嗎？讓房間窗戶開著，保持通風，廚房、浴室、洗衣間用抽風機。這些行動簡單、便宜，且有助益。

讓我們瀏覽其他一些充斥我們及摯愛夥伴日常生活的惡質居家汙染，以及其源頭，這將助你了解可從何處著眼，來改變你清潔家裡的用品、在花園裡噴灑的東西、裝潢、裝飾房間的方式，以及要帶哪些消費產品回家，包括個人保養品。

底下列出的是居家汙染的部分常見來源，資料來源為環境研究及世界衛生組織（who.int）、美國環保署（epa.gov）、環境工作組織（ewg.org）等組織：

噴霧劑
建築材料（牆、地板、地毯、塑膠百葉窗、家具）
一氧化碳
清潔用品（清潔劑、消毒劑、地板及家具亮光劑）
乾洗衣物
暖氣或電暖器
模型用品（膠水、黏著劑、橡膠膠合劑、麥克筆）
絕緣泡棉
草坪、花園的農藥
鉛
發霉
樟腦丸
油漆（特別是經過抗黴菌處理的）
個人保養品
殺蟲劑

塑膠
層板、塑合板
聚氨酯清漆
氡
房間除臭劑、空氣芳香劑、香氛蠟燭
合成纖維
自來水
菸
木材防腐劑

塑膠玩具屋：臭氣四溢的生活

到處都是塑膠。從汽車到電腦、洗澡和寵物玩具到瓶子、衣物到廚房用具到貯存罐，塑膠真的無所不在。過去十年我們製造的塑膠比整個二十世紀還多，而目前流通的塑膠製品中，有整整半數是僅供單次使用，也就是用一次就丟的。多數人不了解，典型的塑膠氣味，特別是狗狗柔軟塑膠咀嚼玩具的氣味，正是「化學湯」的明顯徵象。對健康危害最劇的，是我們已命名的物質：雙酚A、聚氯乙烯（PVC）、鄰苯二甲酸酯類和烴基甲酸酯類。

雖然消費者已大力呼籲商品禁用雙酚A，尤其是孩子會接觸的用品（如學習水杯和奶瓶），但那仍繼續潛伏四周，而狗玩具更是因充滿這種化學物質而惡名昭彰。標籤中有「香精」（fragrance）之類文字的東西也可能有問題。根據美國聯邦法規，凡標示「香精」的物質，都不必對環保署、食品藥物管理局或任何管理機構揭露成分。

妙就妙在鄰苯二甲酸酯類也可能躲在「香精」的標籤裡，因為那正是添加來使香味持續，並協助潤滑原料中的其他物質。鄰苯二甲酸酯不只存在於一般塑膠製品，也藏身於香水、髮膠、洗髮精、肥皂、美髮定型噴霧、乳液、防曬乳、除臭劑、指甲油和醫藥用品中。當然，在寵物商品和玩具裡也找得到蹤影。在二〇一九年這類物質一項早期研究中，紐約州衛生部的生化學家開始檢測寵物貓犬暴露於二十一種鄰苯二甲酸酯類代謝物的情況，結果發現非常普遍，其中一種鄰苯二甲酸酯類濃度更快要達到環保署認為人類「尚可接受」的兩倍。

有毒的玩具、咬具和床

下列成分常出現在寵物的玩具和咬具裡：

• **鄰苯二甲酸酯類：**這一大類的化學物質常添加於PVC製成的寵物玩具來軟化乙烯基，使乙烯基更具延展性、更耐咬。鄰苯二甲酸酯類的氣味跟乙烯基一樣。

成分表中「對羥基苯甲酸甲酯」（methylparaben）、「對羥基苯甲酸乙酯」（ethylparaben）、「對羥基苯甲酸丙酯」（propylparaben）、「對羥基苯甲酸異丙酯」（isopropylparaben）、「對羥基苯甲酸丁酯」（butylparaben）和「對羥基苯甲酸異丁酯」（isobutylparaben）等詞語是明確的線索，但多數玩具並未標示成分。這不是什麼尖端科學：狗愈常玩、愈常咬乙烯基或柔軟的塑膠玩具，就會有愈多鄰苯二甲酸酯類滲出。這些毒素來去自如，可能被狗狗的牙齦和皮膚吸收，最後的結果就是肝腎受損。

• **聚氯乙烯（PVC）：**通稱「乙烯基」，這是種相對硬的塑膠，但通常會添加鄰苯二甲酸酯類的軟化劑。PVC也含有氯，因此隨著狗狗一再咀嚼用PVC製成的玩具，氯就會釋放出來。氯會產生戴奧辛這種著名的危險汙染物，可能致癌和損害動物的免疫系統，也和生殖及發育問題有關。

● **雙酚A：**這是聚碳酸酯（PC）塑膠的基本原料，被廣為應用在琳琅滿目的塑膠製品，包括你家附近寵物店販售的商品，並且也存在於狗食罐頭（以及人類食品）的內裡。二〇一六年密蘇里大學進行的一項研究證實，雙酚A會干擾狗狗的內分泌系統，也可能使狗代謝紊亂。

● **鉛：**我們都知道鉛是有毒物質，特別是對神經和腸胃道而言；凡知情者都怕鉛中毒。但人們不了解，雖然美國從一九七八年起即禁用含鉛塗料，鉛仍充塞我們四周。除了數十年前上漆的狗屋，鉛還可能透過網球或其他寵物玩具、加鉛上釉的進口瓷碗，以及鉛汙染的水進入寵物的生活。

● **甲醛：**你可能在小學五年級的生物課第一次聞到甲醛（但願量很少），那是沿用已久的防腐劑，但也是舉世聞名的致癌物，不論從嘴巴吃進、鼻子吸入或皮膚吸收都可能致癌。它該牢牢鎖在那些保存標本的罐子裡，不該出現在目前隨處可見的牛皮咀嚼玩具裡。

● **鉻、鎘：**消費者事務機構（ConsumerAffairs）幾年前所做的檢驗讓沃爾瑪（Walmart）如坐針氈，其毒理學報告揭露，大型連鎖店販售的寵物玩具裡的鉻、鎘含量相當高。過量的鉻會傷害肝、腎、神經，也可能導致心律不整；高濃度的鎘則可能傷害關節、腎和肺。

● **鈷：**Petco公司在二〇一三年召回受鈷輻射汙染的不鏽鋼寵物碗，喚起大眾認識無毒食物碗、水碗及不鏽鋼的重要性，此後便由第三方檢測汙染物。

● **溴：**這種阻燃劑常見於家具泡沫塑料，包括狗床使用的泡棉。若達到產生毒性的濃度，溴會引發胃痛、嘔吐、便秘、食慾不振、胰臟炎、肌肉痙攣和發顫。

回收使用啾啾玩具

狗不知道牠們趨之若鶩的啾啾玩具的製造原料有多毒。事實上，很多狗都會對玩具進行一項任務：盡快把它咬走。如果這種歡欣鼓舞、手忙腳亂又有高報酬的肢解玩具行為留給你一大堆啾啾，你可以回收使用，自己製作毒性較低的玩具。把用過的啾啾用紙包起來、塞進舊棉襪、在襪口打結；然後拿報紙捏成一顆顆嘎吱嘎吱的紙球，把襪子埋進球堆裡，狗狗又會開心興奮得不得了（且不會有更多鄰苯二甲酸酯類或PVC了！）。

關於阻燃劑請注意：化學阻燃劑常見於我們日常使用的許多產品。依法，阻燃劑可加進各式各樣的家用品，如家具、布料、電子產品、電器、床墊、寢具、襯墊、坐墊、沙發、地毯等等。問題是，阻燃劑不會乖乖待在所屬產品中，它們會外洩，可能汙染家中灰塵，而那會堆積在狗狗（和寶寶）玩耍的地板上。如我們在Part I強調過的，二〇一九年一份奧勒岡州立大學的研究鑑定出阻燃劑可能是貓咪甲狀腺機能亢進疫情的元兇（一九八〇年每兩百隻貓才有一隻被診斷出甲狀腺機能亢進；今天則每十隻就有一隻）。阻燃劑幾乎不可能徹底避免，但你可以採取簡單的預防措施來減少暴露量，例如在狗狗和含有阻燃劑的表面之間加一層防護，例如有機床單或毯子。

關於除蚤驅蝨藥請注意：這些嚴格來說也是殺蟲劑，對吧？這些藥避免跳蚤、蜱蟲等害蟲侵擾我們的寵物，但它們有毒嗎？如果可以毒死害蟲，會不會也害我們的寵物中毒呢？很多包裝上的警語會建議，如果人類皮膚接觸到產品，需要進行毒物管控，但暗示直接施用於狗狗的皮膚安全無虞。近年來已有產品接受檢驗，結果令獸醫學會和環保署驚慌不已。二〇一九年，一份針對Bravecto和其他含異噁唑啉類（isoxazoline）成分的蝨蚤產品所做的調查報告顯示，每三位狗主人就有兩位（66.6%）表示有異常副作用。有時這些藥物非用不可，但也有安全的方法可盡量減少使用這些強大的化學物質，這有助於減輕抗藥性和狗狗身上的化學負擔（我們會在第10章評估你狗狗的風險）。環境科學家大力呼籲飼主「合理運用」驅寄生蟲藥，不要濫用可能對動物身體及環境造成傷害的廣效產品。畢竟，如果你的狗狗身上灑滿殺那些蟲子的毒藥，任何跟你的狗狗一起玩的動物也會沾染毒藥。除了幫你的狗狗採用較保守的局部或口服化學殺蟲療法，我們會在Part III討論解毒策略。

關於PFAS請注意：全氟／多氟烷基物質（PFAS）被廣泛用在各類消費者產品，從地毯、食品包裝紙和不沾鍋鍋具。這種物質防水、防油、耐熱，而自二十世紀中研發以來，用途迅速擴展。怪不得這些物質在環境中無所不在，而且在狗狗糞便測出的濃度相當高。這些毒素不僅影響成長、學習和行為，也可能干擾體內的荷爾蒙和免疫系統、提高癌症的風險——特別是肝癌。我們在Part III概述的解毒策略將幫助你減少對PFAS的暴露。

關於空氣芳香劑請注意：有超過八成的北美洲人使用某種類型的空氣芳香劑——噴霧、插電型、凝膠、蠟燭。但你知道那些產品的成分嗎？多數人以為空氣芳香劑是先通過安全測試才上市銷售的，但令人震驚的是，那不需要測試，化學公司也不需核可就能銷售這些產品給消費者居家使用（標籤上揭露的成分不到10%）。合成香精大多是揮發性有機化合物構成的，那會在空氣中散布開來，而一旦那些看不見的微粒接觸到皮膚或被吸入，便可進入你和你的狗狗的血液。研究顯示，甚至只要一週用一次（例如在浴室噴灑），就可以增加人體罹患氣喘和其他肺病的機率達71%。

許多用來調製這些芳香劑的化學物質，例如苯、甲醛、苯乙烯和鄰苯二甲酸酯類，都是名聲響亮的致癌物、荷爾蒙干擾因子和可能引發神經、呼吸道及過敏反應的一般刺激物。多數插電型芳香器也含有萘（naphthalene），會導致動物得肺癌。另外，研究顯示**這些化學物質在動物體內的平均濃度常**

是人類的兩倍，這一點再次凸顯我們的同居夥伴有多脆弱。

如果你以為回頭使用老派、不含香精的蠟燭就行，但請了解絕大多數的蠟燭是用石蠟製成的，而石蠟乃石油的副產品，是在從原油煉成汽油的過程中製造出來的。一經加熱，石蠟就會釋放出乙醛、甲醛、甲苯、苯和丙烯醛等毒素到空氣中，而這些全都會提高癌症風險。一次燃燒數支石蠟蠟燭就可能超過環保署所訂定的室內汙染標準；而有高達30%的燈芯含重金屬（鉛），因此燃燒數小時便會在空氣中傳播遠超過可接受量的重金屬。石蠟混合物所含會經由燃燒釋放的有毒化學物質多到令人眼花撩亂（且拗口）：丙酮、一氟三氯甲烷、二硫化碳、丁酮、三氯乙烷、三氯乙烯、四氯化碳、四氯乙烯、乙苯、苯乙烯、二甲苯、苯酚、甲酚、環戊烯。我們不會介意解釋這些值得給化學學分的物質。

解決辦法：別買標籤上有「香精」或以「使用香精」做為行銷術語的產品。把石蠟蠟燭換成百分之百用蜂蠟、大豆蠟或植物蠟做成的無香味蠟燭。檢查新的蠟燭燭芯是否含鉛：拿燭芯在紙上摩擦，如果留下灰色的鉛筆痕跡，那根燭芯就含鉛蕊。你可以向聲譽卓著的公司購買適合狗狗的純精油，在家中一個房間加水稀釋塗抹，並留一條逃生路線讓寵物可以退回完全沒有添加那種香氛的地方。或者，自己用慢火煨煮橘子皮和肉桂棒。還有（大家一起說）：打開窗子！

除了芳香產品和釋氣產生的揮發性有機化合物，空氣品質也可能受其他因素衝擊。例如森林火災、城市汙染、煙霧、二手菸、家裡淹過水產生的黴菌毒素，都可能衝擊你的動物和你自己的呼吸道乃至全身健康，找出並清除空氣品質不佳的源頭是當務之急；那可能簡單如加裝室內空氣清淨機（如果你住在空氣品質可能不佳的城市），或者如果你家裡鬧過水災，不妨做一下黴菌毒素檢測。

你家的水有多糟？

遺憾的是，這個問題不容易回答，因為水的外觀和味道不足以做為品質的適切指標。你可以花錢找水公司或在廚房或冰箱加裝過濾設備為自己謀得潔淨的水，但狗狗喝的水呢？你家的自來水裡面可能有諸多毒素。如果你的水是從公共供水取得，可以研究社區的年度品質報告來了解品質。請上www.nrdc.org查閱NRDC（自然資源保護委員會）的報告〈水龍頭裡有什麼？〉（What's On Tap），並向自來水公司（每個月跟你收錢的那家公司）要求年度水品質報告。報告裡會列出被檢測出的汙染物、汙染物的可能來源，以及在供水中的濃度。

我們都聽過二〇一四年密西根州弗林特那場可怕的水危機：供水遭到鉛汙染。但水汙染往往沒那麼明顯。二〇二〇年，伊利諾大學厄巴納—香檳分校公布一份報告，強調供水裡的「人為汙染源」問題，這些汙染物是源於人類自己的行為，最後來到我們的供水中——農業和畜牧活動的排水、消毒技術、排入下水道的治療藥物。那份報告尤其不滿EDC（內分泌干擾物或「環境雌激素」，在體內的作用如荷爾蒙一般的環境化學物質）如此輕易滲入飲水，傷害人類與其他動物（嗯哼！我們的狗狗）。飲水中的微塑料、重金屬和化學汙染物都該在你所有家人（包括動物）飲用自然水之前清除乾淨。

我們強烈推薦在家中使用過濾設備。有些濾水器必須用手注水，例如濾水壺，其他諸如龍頭式過濾器和水槽底下的系統，則是直接安裝在配管上。有些濾水器旨在造就更乾淨、味道更好的飲水，有些則預先除去可能危害健康的汙染物。許多過濾器運用兩種以上的過濾技術，這取決於設備的設計和濾料，濾水器可減少許多類型的汙染物，包括氯、氯化的副產物、鉛、病毒、細菌、寄生蟲等等。

請脫鞋進門

我們將在Part III建議，把鞋子留在家門外是你可以幫助寵物（和你自己）避免暴露有害物質最簡單且免費的辦法之一：從沾染的草坪化學物、柏油和石油副產品的致癌物、人行道上的糞便到致病（壞）菌、病毒和有毒的灰塵和化學物質。我們不必花太多想像力就知道你會在真實世界踩到哪些東西而透過鞋底帶進家門。就連一雙很炫的馬諾洛（Manolo）、湯姆福特（Tom Ford）或耐吉（Nike Air）也會挾帶看不見的毒素進入房間。事實上，你的鞋子可能比你家的馬桶還毒！因此，當你看到你的狗狗舔馬桶裡的水，請順便想一想，在你一邊做晚飯一邊把剩餘食物丟到地上時，狗狗從地板舔了什麼東西。

環境化學物質可能使體重增加嗎？

二〇〇六年，加州大學爾灣分校的布魯斯．布倫柏格博士（Bruce Blumberg）創造「致肥因子」（obesogen）一詞來形容可能讓我們肥胖的化學物質。這吹響號角，引發好一陣忙亂的科學研究，欲揭開化學致胖的真相。他的團隊發現，他們為其他原因研究的一種化學物質，也會使老鼠脹大。那令他不禁好奇，我們老是減不了重，是不是有其他理由？研究證實了他的懷疑。從那時起，多項以人和動物為對象的研究，都鑑定出暴露於某些環境化學物質與身體質量指數（BMI）增大之間關係密切。

致肥因子會擾亂脂肪代謝（你的身體如何製造及貯存脂肪）的正常過程與平衡而導致肥胖。致肥因子也可能改寫幹細胞的程式，形成脂肪細胞。暴露於致肥因子也可能改變你的身體回應飲食選擇和處理熱量的方式。許多致肥因子可能對我們的荷爾蒙系統造成傷害，其中危害最劇的後果是，它們的影響可能會傳給未來的世代。

沒錯，暴露於致肥因子的效應可能會遺傳——主要是透過表觀基因的作用。致肥因子對我們身體造成的浩劫可能會傳給親生子女、孫子女、子子孫孫。致肥因子的科學相當複雜，但這麼說就夠了：致肥因子在我們日常生活中俯拾皆是，而前文探討過的許多化學物質，都是致肥因子〔例如化學殺蟲劑、雙酚A、全氟辛酸（PFOA）、鄰苯二甲酸酯、多氯聯苯、多溴二苯醚和空氣汙染物〕。

噪音、光害和靜電汙染

煙霧迷濛的天際是空氣汙染的明顯指標，但我們常沒想到，還有其他種類的汙染偷偷侵入我們的生活，好比過多的噪音和光線，這些是現代化的必要之惡。它們反映了我們步入文明的成就，但也帶來弊端——擾亂了我們原本喜歡依循二十四小時一天的自然節律。簡單地說，太多噪音和光線，尤其是在身體需要安靜、黑暗的時候，對健康有害。光害是個老問題，早在十九世紀末就有候鳥飛進燈塔的紀錄了。但光害在上一個世紀變本加厲，而現今我們日常暴露的噪音量，更遠遠超過前幾代。噪音不需要特別大聲就能使人衰弱，電視（和其他螢幕）的嗡嗡響，以及典型都市生活的呼嘯聲（警報器、割草機、吹葉機、垃圾處理機、打雷、飛機）都會擾亂我們身體的自然節律。

噪音汙染在不久前才開始受到科學界密切關注，研究顯示住在機場附近的人，患心血管疾病的風險較高（噪音和空氣汙染都會提高心血管風險）。一項於《英國醫學期刊》（BMJ）發表的研究發現，住在最嘈雜地區（例如機場附近）的民眾，罹患中風、冠狀動脈心臟病和心血管疾病的風險都會增加，在針對種族、社會剝奪、抽菸、道路交通噪音暴露和空氣汙染等干擾因子進行調整後也是如此。另外，身體對噪音的生物反應取決於劑量，身處最高噪音量的2%人口，風險最高。

聲音是一種電磁波輻射，它的頻率，即音頻，測量單位為赫茲。一赫茲就是指每一秒完整進行幾個週期。人類聽得到二十到兩萬赫茲的音頻，狗聽得到四十到四萬五千赫茲的音頻，貓則可以聽見高達六萬四千赫茲的音頻。貓狗可以聽到從遠處傳來的聲音，比人類可聽到的遠得多。測量聲音強度，即音量的單位為分貝，達到一百分貝的聲響馬上就會造成聽力受損，長時間暴露於超過八十五分貝的聲音，也會造成傷害。

你可能認為持續暴露於高音量噪音所造成的健康損傷，是睡眠被噪音擾亂所致，其實因果關係比那更直接。長期噪音會使身體持續承受壓力，進而導致血壓飆高、心跳加速，內分泌因壓力荷爾蒙皮質醇而紊亂，全身發炎狀況也隨之加劇。這些研究是否適用於狗狗的健康，目前仍在研究中，但我們懷疑我們的毛朋友也背負了同樣的高風險，尤其狗狗天生會藉由聽覺線索來評估環境，而那些線索都被不自然而耗費心力的聲響，如砰砰砰的重低音喇叭、環場音效的新聞廣播和持續不斷的電台閒聊給弄亂了。例如我們知道狗狗常對大聲的音量、不同的音頻或突如其來的噪音敏感，而諸如此類的敏感可能會使異常畏懼或焦慮等行為問題更加顯著。很早就有研究顯示，狗狗的噪音敏感與恐懼有關，且不分品種都是如此，雖然品種、年齡和性別確實存在差異（較老的母狗變敏感的風險最高）。

在二〇一八年一項研究中，來自英國和巴西的動物行為科學家團隊，揭露噪音與身體潛在的疼痛有關。研究人員提出，那種可能沒有診斷出來的疼痛會在噪音令狗狗緊張、對其肌肉或關節施加額外壓力時加劇（肌肉和關節原已發炎，這會兒引起更大的疼痛）。接下來疼痛會和巨大或驚人的聲響產生連結，使狗狗對噪音敏感而不願進入先前曾有不好經驗的情境，例如在地方公園或吵鬧房間的不愉快遭遇。這項研究也意味著，對噪音敏感很可能是一種對解痛的呼喊。

由於外耳結構（耳廓）使然，狗狗（貓和馬也是）在接收聲音方面比人類敏銳許多。許多物種都有聽力損失和噪音引發壓力的紀錄，包括實驗室動物。強烈的聲響會引發壓力荷爾蒙、使血壓增高，長期噪音暴露則可能讓血壓在環境恢復正常後，仍居高不下數週之久。狗也表現出噪音的不良影響。在一項研究中，聲音使心跳和唾液皮質醇濃度猛然加劇，並誘發典型的焦慮徵兆。報告指出，持續處於八十五分貝的環境，會引發狗狗焦慮。一項名為「腦聽覺誘發反應」（brain auditory evoked response，BAER）的巧妙試驗測量了平常待在狗舍而背景噪音常達一百分貝的狗狗的聽力損失狀況。參與研究的十四隻狗全都在六個月內發生聽力損失，至於那樣的噪音暴露對狗狗的恐懼和焦慮底線造成何種衝擊，我們就只能想像了。

狗狗的「恐噪症」可能有基因、荷爾蒙和早期社會化的成分。在充滿壓力的情境結束後，對噪音敏感的狗狗可能得花四倍時間才能平靜下來，或許時不時就會有大量壓力荷爾蒙冒出來。動物研究也證實，暴露於極低的電磁場會造成行為改變。我們建議打造一個消滅噪音、無電滋波、也沒有「垃圾光線」的區域，我們會在Part III教你怎麼做。（提示：每天晚上都關掉所有持續不斷噪音和電磁場來源，包括電視、電腦和你的路由器。）

在光線方面，針對輪班工作者的研究顯示，在一天中不對的時間接觸到光，會對身體造成傷害。輪夜班的人或許以為可以「訓練」自己的身體在夜晚保持清醒、白天睡覺，但研究呈現出另一回事。輪班工作與肥胖、心臟病、數類癌症（乳癌、前列腺癌）、較高的早死率，甚至較低的腦力有關，而這樣的關係又與光線和我們的晝夜節律息息相關。你在前文已經碰過的潘達博士曾針對人類和動物的生理時鐘進行廣泛研究，特別是生理時鐘與基因、微生物體、睡眠和飲食習慣、增胖風險及免疫系統的關係。

他最重要的一項發現證實，位於眼球的光感測器會努力讓身體其他部分照作息運作。下視丘裡的視交叉上核，即大腦與情感和壓力連結的區域，是所有哺乳動物生物時鐘的所在地，它會直接從視網膜接受訊息以「重新啟動」生理時鐘。這就是接觸晨曦有助於重啟生理時鐘、去戶外沐浴朝陽有助於校正時鐘的原因。

潘達博士相信，整天悶在家裡窗簾緊閉的寵物會得憂鬱症，因為牠們的大腦無法製造和分泌適當的神經化學物質來產生健康的突觸。他的研究顯示，動物的生理機能部分是由直接進入眼睛的光線信號來調節，這些信號會觸發腦內乃至全身的一連串化學信號。如果狗狗在早晨去戶外，光線會通知大腦分泌黑視素（melanopsin，一種感光蛋白質）和甦醒。同一天，當狗狗於黃昏時去戶外，光線會通知大腦分泌褪黑素——「睡眠」荷爾蒙——準備就寢。據潘達的說法：「眼部有專責的細胞，『感藍光黑視素神經』連結腦部與憂鬱、幸福感和褪黑素生成有關的部位。實驗顯示，若動物沒有在白天啟動這些藍光感測器，就會覺得憂鬱。」

同樣地，過度暴露於耀眼人造光的狗也會受到傷害。潘達博士指出：「就連健康的實驗室老鼠放到持續不斷的光線底下三、四天，也會生病。牠們的血液、皮脂醇、發炎程度、荷爾蒙，每一種都不正常。」潘達博士進一步指出，這些動物都變得葡萄糖耐受不良，且很快就出現糖尿病初期症狀。因此這不只是關於心情和行為，更是關於管理代謝和免疫功能的事。

潘達相信，我們身為照顧者，有責任讓我們的狗狗能夠調節自己的生理時鐘，而方法就是讓牠們一天至少去戶外兩次。我們建議將這些重要的感光調節晝夜節律之旅結合霍洛威茲博士推薦的「嗅覺狩獵」（sniffari）：允許狗狗天天去外面嗅來嗅去，嗅到心滿意足，一天至少一次。我們建議，**現在就為你的狗狗安排調節晝夜節律的嗅覺狩獵，早上出門幾分鐘，晚上就寢前再出門幾分鐘**。這些散步不是為了心臟，而是為了大腦健康：調節生理時鐘和神經化學物質，並刺激嗅覺來提升認知健康。

哺乳動物身體的每一個細胞都會表現出生理時鐘，使5到20%的基因透過二十四小時、繫於睡眠習慣的晝夜節律來表現，因此這種節律會驅動行為與生理諸多面向的日常時間安排。日常生理節律的例子包括血壓平衡、荷爾蒙分泌和免疫反應等過程；行為節律則包括睡－醒的規律和飲食、排便及運動的時間。歷經演化，這種行為和生理的日常作息已能夠為各種環境變遷預作準備，例如食物的有無和明暗循環。打亂這種生理節律會提高出現健康問題的風險，包括糖尿病、肥胖和癌症。

狗和人類有不同的晝夜節律和睡眠規律，但規則一致：我們都需要充足的夜間睡眠、依循特定規律來維持我們的節律，因為我們的節律會衝擊我們其他種種，從荷爾蒙的流動到代謝到免疫功能。不當暴露光線、不良睡眠習慣與功能失調之間，在生物學上可能有莫大的牽連，而我們才剛開始透過科學和醫學加以了解。

泥巴狗——一種喜歡在泥土裡打滾、在大自然遼闊翠綠牧草地上奔馳的狗狗——跟渾身充滿現代生活殘留物的髒狗截然不同。現在就讓我們進入「怎麼做」的階段。既已了解科學，就不難理解解決之道了。

長壽鐵粉攻略

- 我們住在一片無時無刻不暴露的汪洋，我們的寵物更是首當其衝，承受更多「身體負擔」，因為牠們離地面更近，且無法採取我們能採取的那些預防措施來減少或緩和暴露的情況。
- 研究顯示，在貓狗尿液裡驗出的各種化學殘留物，量已普遍超過健康的門檻。請「綠化」你家的裡裡外外來減少化學暴露。
- 這些物質存在於顯眼的地方，例如清潔劑和保養草坪的殺蟲劑，但也存在於看似不可能之處，例如香氛蠟燭和空氣芳香劑、會釋放氣體的家具（包括寵物床！）、供水、滅蚤除蝨藥和各式各樣的塑膠製品，包括受歡迎的寵物玩具。
- 狗對過量的噪音、在不對的時間出現的光線和靜電汙染特別敏感。過度暴露於人造光會危害狗狗的代謝、免疫功能、心情和行為。早上請拉開窗簾，晚上請關掉所有燈光、電腦、路由器和電視。
- 每天進行兩次嗅覺狩獵——早晚各一次——是重啟狗狗生理時鐘、校正晝夜節律的好方法。
- 幫Part I和Part II做個總結，並為Part III做好準備，每天想想這五個R頗有幫助：
  1. **Reduce**， 減少垃圾食物。
  2. **Revise**， 修正用餐時間和頻率。
  3. **Ramp up**， 增強體能活動。
  4. **Refill** ，用營養品補充缺乏與不足。
  5. **Rethink**， 重新思考環境的衝擊（壓力、接觸毒物等）。

休息一下，再上路囉！

PART III

悉心照顧，
永保安康

7
長壽、健康的飲食習慣
製作更好的狗糧

醫食同源。

——中國俗話

對貝克一家人來說，二〇二〇年耶誕夜降臨了一個美好而意外的祝福：荷馬（Homer）。我們聽說有隻十二歲的峽谷㹴犬（Glen of Imaal Terrier），在飼主於地方安養院過世後無家可歸。不過荷馬沒有無家可歸太久，雖然他拒絕了我在耶誕夜給他的所有生菜塊，但耶誕節當天，他就肯咬一口蒸胡蘿蔔和一片蘋果了。從那天起，他每天都在試新的食物，擴展他的味覺、微生物體和營養攝取。我們慢慢讓他戒除給「敏感胃」吃的超加工狗食，現在他餐餐享受各式各樣的生食，而那已經對他的健康產生正面影響：他乾燥黯淡的毛愈來愈有光澤、掉毛情況少得多、屁不再放個不停、圓滾滾的肚子消了、口氣不臭了、活動力也改善了（比較不僵硬、耐力也增強了）。

諸如此類復原與重振活力的深刻故事，對「長壽鐵粉」來說是老生常談了，而這是有原因的：新鮮的食物會神奇地改變狗狗。二十五年後，每次親眼見證這種徹頭徹尾的「變形」，仍令我頭暈目眩。能和荷馬依偎在一起、知道他寶貴的生命已經好轉——沒意外應該也會延長——帶給心靈莫大的滿足。那是真正的食物簡單但不可思議的力量。簡單地說，那是我們能送給狗狗最好的禮物。

下面兩種旅程，你想帶你的狗狗走哪一種呢？

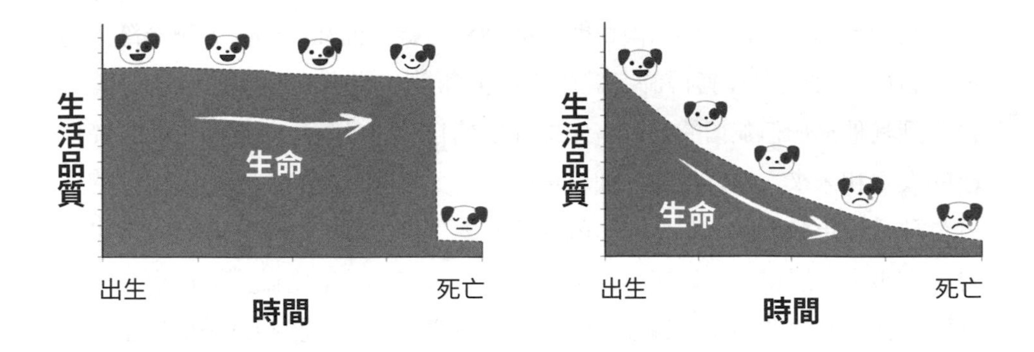

你百分之百會選左邊那種，也就是一輩子幸福快樂，直到某天在睡夢中安詳過世，就像時鐘走得穩健長久，直到停下的那一刻。當然，人生有起有落，有失望、有勝利，但沒有那種會侵蝕生命、折磨靈魂的身體退化，沒有認知或行動力喪失，儘管歲月流逝，生活品質完好無損。你會強健有力地活到最後一口氣，那何其美好？你不希望你的狗狗也這樣嗎？那就是我們寫這本書的原因。

歡迎來到行動的部分。你或許會想：*現在才教我該怎麼做！*無妨，先給自己一點掌聲吧。現在你已具備大量科學與知識，接下來就是將資訊付諸實行了。重點不在於牢記所有細節，而是對於為什麼做些改變就能促進狗狗的整體健康（與幸福快樂！），以及該怎麼做，有基本的認識。同樣重要的是，我們會引導你做出適合個別環境、時間、預算和愛好的改變。你或許已經比今天多數醫師和獸醫更了解哺乳動物高效率的身體有哪些習慣了，如果你還沒開始根據你所讀到的，在自己的人生改變一些事情，現在你的機會來了。

只要親自實踐這些建議，你和你摯愛的狗狗就更可能長久享受高品質的生活。我們將提供「怎麼做」為主菜，配上一點科學提示來解釋為什麼。這很重要，因為如果不明白*為什麼*，我們就難以持之以恆地針對生活習慣做出行為上的改變。當你了解*為什麼*，照著*怎麼做*去做就變得理所當然、愉快而有報酬了。**這個目標確實令人嚮往，但絕對可以實現**：養出一隻「長壽健康的狗狗」，盡可能活潑快樂地活到終點線。而在此同時，身為深情的寵物爸媽，你也可以獲得許多健康方面的報酬，從可由醫師測量的身體改善，到其他無形但無價的效益，如提升自信自尊、感覺更年輕而更能掌控自己的人生和未來。簡單地說，你會更健康、更快樂、更有生產力，而你的成就會孕育出更多成就，當你明白就連這麼簡單的改變也能帶來收穫，你可能會決定更上一層樓。我們知道你可以為你自己和你的寵物做到這件事，大家都可以獲得豐厚的報酬。最重要的是，你不必一次實行我們每一項建議，甚至永遠不必。就從最簡單、對你最具意義的事情做起吧。

在社群媒體，我們有關超級食物和補充品的對話向來最受歡迎。例如在一篇討論蘇格蘭㹴犬的貼文裡，我們分享了每週至少攝取三次任何種類的蔬菜，被認為可降低70%罹患過渡性上皮細胞癌（transitional cell carcinoma，TCC）機率的資料。這種癌症最常見於高齡小型犬（如蘇格蘭㹴犬）的膀胱和尿道。每週至少攝取三次橘黃色和綠色葉菜類的蔬菜，被認為可分別降低70%和90%罹患TCC的風險。寵物爸媽迫切需要這樣的資訊，而可以向我們的健康社群分享改變生命的寶貴科學新知，我們深感榮幸。

最重要的是，加入這些簡單的長壽食物，會對你的狗狗的健康產生深刻的影響。這種「加菜」最好的地方是，不管你目前在餵什麼，都可以加進這些食物；你不必馬上徹底翻修狗狗全部的生活，就能達成可觀的進展。**少量長壽食物就能替狗狗現有的餐點大舉注入強有力的抗老化營養素和輔因子**。每一次小小的改變都是朝理想健康與長壽邁進的一大步。

這本書或許是你第一次認識這個概念：讓狗狗加入你個人的身心健康之旅。我們認識的許多健康熱愛者，在看到我們Facebook Lives發文之前從沒想過自己餵給狗狗多少「速食」，因此覺得羞愧、難為情。接下來他們便發狂般地試圖納入他們覺得自己該做的一切，最後落得萬分焦慮，擔心自己又忘了什麼。

許多熟悉我們在Part I及Part II所概述長壽原則的2.0版的寵物主人（以及科學家和研究人員），此刻都在尋找方向來全面調整狗狗的生活方式。我們的目標是提供每一位狗主人完整的選項，讓你可以「單點」生活方式的變革——依照適合你（和你的狗狗）的速度。我們會透過我們簡化過的計畫來做到這點：「長壽健康的狗狗」公式：

- 飲食和營養
- 適宜的運動
- 基因易感性
- 壓力和環境

我們會提供許多清單和構想（例如你可以和狗狗共享的長壽食物、你絕對不該餵的食物、有抗憂慮效果的安全草本療法、怎麼逛賣場營養補充品的走道），協助你按照自己的生活和狗狗量身制訂計畫。把那視為給你狗狗的客製化生活藍圖！我們將從我們覺得不論你為寵物設定的健康目標為何，都至關重要的地方著手：飲食，和來自真正食物的營養。

飲食和營養

我們已清楚說明，**所有延年益壽的良機都是從食物開始的**。不論你是人是狗，能否改善健康來提升你在這個星球的體驗，以及你離開的時間，都取決於飲食和營養。透過好的營養，我們能維持理想體重、滋養微生物體，也能支持代謝、解毒和全身生物機能。飲食和營養與每一件裨益健康之事息息相關，也能提高我們多做些什麼來維持理想健康的動力，例如晚上好好睡覺、運動健身、管理壓力和焦慮、承受生命無可避免的挑戰，例如暴露於可能造成危害的物質。

什麼樣的飲食法對你的狗狗最好呢？這取決於一些變因，例如牠的年紀、健康狀況、原本是否有病痛等等。我們大力贊同狗狗吃更多新鮮食物，但這是什麼意思呢？

循序漸進改善狗狗碗裡的營養

在餵食毛朋友這件事情上，人深受時間和金錢影響。你希望給狗狗最好的，但也必須考量現實。研究顯示，已經有87%的飼主在狗狗碗裡添加其他食物了。我們為此高興，但也覺得該善加利用這些好意，確保關鍵的長壽食物也進了狗狗的碗。

我們將在下一章提出評估狗食的標準，包括你目前餵的食物，以及你考慮購買的鮮食品牌。如果你覺得想升級，採用更新鮮的品牌和食物選擇，你不必非百分之百做到不可。有很多方法可以幫狗狗「加菜」，但為了讓事情簡單一些，我們把改善狗狗營養這件事分成兩個步驟：1.加入長壽食物；2.在完成我們提供的「寵物食物作業」後（別擔心，那不是代數學），如有必要，評估及改變狗狗的日常飲食。

加入長壽食物

不論你是現在或將來要餵狗，我們給大家的第一個建議是，設法讓狗狗有10%熱量來自長壽食物。我們不是隨便訂出10%這個數字的，我們選擇10%是因為沒有獸醫師或獸醫營養學家會反對這種漸進的改變。獸醫師有所謂**10%定律：狗狗有10%熱量可以來自營養不完整的食物而不致「撼動平衡」**。很多人（有時可恥地）揮霍掉這10%（多加或額外）的自由熱量，餵給低品質的高澱粉、高碳水化合物、名副其實的垃圾點心。現在我們想勸勸你，讓狗狗每天10%的熱量分配發揮最大的健康效益，把那些低品質、會對生物機能造成壓力（即無營養價值又不利於健康）的垃圾點心，換成長壽食物吧。

我們不是說點心不重要，而是真心希望你重新思考到底要提供哪些種類的點心，什麼時候提供，又為什麼要提供。我們稍後會在討論狗狗的晝夜節律時講到提供點心的時機，但現在我們希望你重新思考點心的概念。首先，別再把點心當成零嘴，而要視為對身體有療效、能滋養狗狗細胞的食物。何妨為身體提供明星級的長壽食物，讓健康的點心真的能培養健康的器官功能、微生物體、大腦和表觀基因組，只要把那些工業製造、超加工零嘴換成長壽食物就可以了。那跟我們人類自己做零嘴吃的情況類似——我們下午不再津津有味地嚼糖果，而是咯吱咯吱地咬一把堅果或沾自製酪梨醬的蔬菜棒。小小的改變就可能帶來大大的效應。

我們知道，你的狗狗可能會睜大眼睛望著你，彷彿你的健康新招做得太絕了。你可能怕死了那種穿透靈魂的「我的Pup-Peroni在哪裡？!」的眼神，但值得注意的是，狗狗的日常熱量若有10%被「不當」運用，確實可能破壞你的長壽目標。我們發現許多有健康意識的飼主，認為點心不是狗狗健康的要素，但正如以一片巧克力蛋糕做結尾可能會毀了我們最健康的一餐，高碳水化合物的爛寵物點心也可能壞了最好的養生之道。*我們想要鼓勵你盡可能運用每天10%的自由熱量來增強和滋養狗狗的細胞。*

所幸，大部分的長壽食物（特別是新鮮蔬果）的熱量低到甚至可以不計，但只要吃幾小口就能為健康大大加分。長壽食物是營養的發電廠，因此你不必大量攝取就能實現巨大的健康效益。最棒的是，長壽食物可以當點心也可以直接加到狗狗碗裡，所以我們稱之為「加料」。如果你沒有給狗狗點心的習慣，那你可以用長壽食物作為「核心長壽加料」，不論你現在餵狗狗吃什麼，都可以混在一起吃。

有些長壽食物比較適合做為加料而非健康的點心，因為實在太難當訓練用的點心使用了（例如青花菜芽黏糊糊的，放進點心袋裡可能會亂七八糟）。我們製作了最容易當點心餵的長壽食物表（請參見228頁），你可以把所有建議做成豌豆大小的份量，當成誘餌／獎勵，整天都可以發給狗狗吃。沒錯，你沒聽錯：不論你養的是迷你澳洲牧羊犬或義大利獒犬卡斯羅，我們都建議豌豆大小的「點心」（長壽食物化身的訓練獎勵）；體型較大的狗狗只要多吃一點即可。如果你挑嘴的狗狗習慣吃垃圾食物當點心，你會比較難說服牠馬上吃掉四分之一顆孢子甘藍，所以可從稍微燜過或汆燙過的「器官肉」開始（同樣做成豌豆大小。請參考216頁的表單，那裡列出各式各樣營養密集且深受狗狗喜愛的器官肉）。多數狗狗不會拒絕煮過的肝或雞心，下一次你煮器官肉的點心時，還可以丟點胡蘿蔔進去，因為很多超級挑嘴的狗都愛雞肉調味過的胡蘿蔔。接下來，慢慢縮短烹煮蔬菜的時間，直到狗狗習慣吃生胡蘿蔔為止。

如果你白天不在家，不會現場感受「點心的壓力」，那麼可以把長壽食物加在狗狗現有的食物上頭當配料。（如果你的狗狗很挑嘴，請將加料和原有食物充分混合，把新的「健康食品」藏到平常的膳食裡。）10%規則的一大好處就是，你添加的東西不必營養均衡，是會施展長壽魔法的「額外之物」。如果你的狗對你那天選擇供應的東西嗤之以鼻，別氣餒！下一餐使用數量更少、較溫和的長壽食物，並盡可能把東西切細，有時添加「長壽鐵粉自製骨湯」（請參見224頁）也有助於說服狗狗嘗試新口味。有時，較老的味蕾要花好幾個月才會甦醒，但請堅持下去。我們建議你寫一本「長壽健康的狗狗生活日誌」，記錄狗狗一天的經歷、喜／惡和健康事項。那可以是一本老派的記事本，也可以是電腦數位檔案。記下狗狗日常生活的變化也有幫助，例如什麼時候給牠治療犬心絲蟲的藥、腹瀉從哪一天開始，以及什麼時候開始吃新的食物或營養補充品等等。

長壽食物能揮出強有力的重拳來降低氧化壓力和正面影響表觀基因組，而這些最終會影響狗狗潛在的DNA行為。核心長壽加料（碗裡的加菜）扭轉了日常的形勢，給狗狗的身體源源不絕的壓制自由基的抗氧化劑、延年益壽的多酚、有益的植化素和關鍵的輔因子，這些都準備好沿著食物鏈上傳，對你狗狗的表觀基因組細訴鼓勵的話語。

> **貼心提醒：**如果你的狗矮矮胖胖、需要減一點重，你可以將牠的10%食物換成核心長壽加料（取走牠10%的狗食熱量，換成長壽食物）。如果你的狗狗很精瘦，你可以在牠既有的食物份量以外添加核心長壽加料。

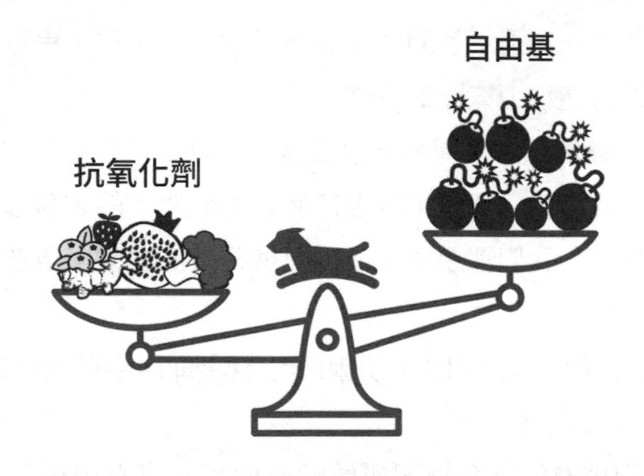

10%的核心長壽加料：將長壽食物以核心加料的形式加到你目前（或將來打算）餵給狗狗的狗糧品牌上。如前文所解釋，全球獸醫師都同意狗狗的日常熱量有10%可以來自營養完整均衡「狗糧」以外的食物（意即透過點心或其他食物）。為增進狗狗健康，我們重新修訂了這廣為接納的「10%點心規則」：把超加工的點心換成核心長壽加料。我們稱此為10%核心加料規則：用效用強大的長壽食物取代毫無實質健康效益的超加工點心。

有無數種方式可以量身打造餐點的計畫和內容，別太拘泥於確切的食物比例，也不必急於現在做決定。營養並非精確的科學，你永遠可以改變主意、改變比例或更換品牌，端看你的食物哲學和最適合你和你的狗狗的方式而定。這裡我們只要你先想想，什麼樣的「長壽健康的狗狗餐點計畫」會適合你狗狗的碗？也就是說，你不必今天晚上就把狗狗的晚餐整個換掉，你可以從添加長壽食物、讓狗狗的餐點更多樣化開始。下一章，你將學會如何評估狗狗的基礎飲食，以及如有必要，該怎麼經由選擇不同的食物類別或品牌來提升品質、符合生物學性、新鮮及營養價值。現在，既然你已經在前兩Part學了不少，我們希望你想想，要為你的狗狗設定哪些營養目標。我們相信科學已賦予你力量，能夠以知識強化你原本憑直覺就意識到的事。

這可能令你安心，特別是當人們說：「你照顧你的狗，比多數人照顧自己還周到」的時候。打造卓越的健康當然是艱辛的工作，畢竟我們不是給狗狗一顆藥丸就能打造活力充沛的身體、延長一倍壽命。我們為狗狗所做的每一項決定都會影響健康，不是好，就是壞，而2.0版的飼主承認，他們能刻意打造健康的空間不多。我們也發現每個人為健康下的定義都不一樣，但不論你的定義是什麼，我們都想遇上你，提供務實的訣竅來增進狗狗的健康。

核心長壽加料：你可以天天和你的狗狗共享的超級食物

可以和狗狗現有的糧食搭配或做點心使用、又有出色長壽效益的食物琳琅滿目，而這些食物會以各種促進健康的方式強化狗狗的營養狀態。

新鮮的蔬菜和低糖的水果固然只應占狗狗飲食的一小部分，卻對狗狗非常重要。在野外，狼和郊狼會吃草、莓子和野生蔬果做為關鍵的營養來源，這些食物不僅供應纖維，也含有多種在肉類、骨頭和內臟裡找不到的營養物質。研究顯示，蔬菜攝取不足的狗狗膳食，會形成較不健康的微生物體。植物所提供最重要的化合物包括多酚、類黃酮和其他植物營養素。多項研究顯示，在飲食中加入多酚能大幅降低氧化壓力的標記。含有多酚的飲食來源相當豐富。

人類可以從咖啡和酒攝取到劑量不錯的多酚，但我們當然不建議你和狗狗共享你的晨間和夜間飲品。對我們來說，適量的咖啡和酒是這些抗老分子的常見微來源（對許多人來說，咖啡是一天中唯一從飲食攝取到的抗氧化劑來源）。但下表的其他食物來源就是適合狗狗食用的，你可以撒在牠的餐點上，或在你享用時分一點給牠吃的食物。

多酚的種類

分類		代表成員	食物來源
類黃酮	花青素	飛燕草素、天竺葵素、矢車菊素、錦葵色素	莓子、櫻桃、李子、石榴
	黃烷醇	兒茶素、表沒食子兒茶酚、表沒食子兒茶素沒食子酸酯、原花青素	蘋果、梨子、茶
	黃烷酮	橙皮苷、柚皮素	柑橘類水果
	黃酮	芹菜素、金黃素、木犀草素	歐芹、芹菜、柳橙、茶、蜂蜜、香料
	黃酮醇	槲皮素、山柰酚、楊梅黃酮、異鼠李素、高良薑素	莓子、蘋果、青花菜、豆類、茶
酚酸	羥基苯甲酸	鞣花酸、沒食子酸	石榴、莓子、核桃、綠茶
木酚素		芝麻素、亞麻木酚素	亞麻子、芝麻
二苯乙烯		白藜蘆醇、紫檀芪、白皮杉醇	莓子

雖然在符合生物學性的飲食中，狗狗需要的蔬菜纖維量相對小，但那在修補和維持消化道及微生物體健康方面扮演關鍵的角色。蔬菜提供益生元（益菌生）的纖維讓短鏈脂肪酸得以在大腸裡生成，也提供必要的可溶和不

可溶纖維來維持健康的排泄，還提供可提振免疫力、提升抗氧化劑的植物營養素。

你目前冰箱裡的蔬果說不定就是不錯的核心長壽加料，可作為寵物的基礎飲食或訓練點心來增添寶貴的營養，下表僅凸顯一些例子。**核心長壽加料是你可以餵給狗狗的少許新鮮食物，餵生的或稍微烹煮過的都可以（如果你自己開伙，蒸是頗適合你們的聰明選擇）**。你大可拿一些你昨晚煮給自己吃的蔬菜放進狗狗今天早上的碗裡（只要確定沒有會引起腸胃不適的醬料）。你可以把任何適合狗吃的人類食物剁細，混進狗狗的餐點，或使用稍大的份量做為訓練點心，不論哪一種，你的狗狗都會吃到更多原型生鮮食物。請仔細看看蔬菜那些被你扔掉的部分：胡蘿蔔、芹菜、四季豆和其他對狗狗安全無虞的蔬菜的頭尾，都可以切碎加到狗狗的碗裡。你讓狗狗吃的新鮮食物（不論有沒有煮過）都應切成一口大小的份量。一次給牠一點，在你的狗狗日誌中記錄哪些食物立刻受到歡迎，哪些需要「再試一遍」。

在瀏覽這份清單的同時，我們會讓你知道我們通常給三十磅重的舒比（Shubie，羅德尼九歲大的混種挪威倫德獵犬）多少份量。我們鼓勵你多試幾種真正的食物，不要把那10%自由熱量統統交給一大份新鮮食物。請記得，這些是超級食物，因此不必大量餵食就能獲得豐碩的成果。在大部分的例子，要餵狗狗過量的芹菜並不容易（除非你的拉布拉多或黃金獵犬沒有「開關」）。這些超低熱量的食物大多不必計算熱量，如有例外會註明。我們的目標是提供豐富多樣的新鮮食物來打造微生物體和支援細胞營養素、抗氧化劑及多酚。如有可能，試著買有機或沒有噴灑農藥的蔬果。

長壽的蔬菜

某些繖形科蔬菜（如胡蘿蔔、芫荽、歐防風、茴香、芹菜、歐芹）：這些寶石富含聚乙炔（polyacetylenes），一種不常見的有機化合物，具有抗細菌、抗真菌、抗分枝桿菌之效，亦有助於解除數種致癌物質的毒性，特別是黴菌毒素（包括黃麴毒素B1）。飼料級寵物食品的黴菌毒素汙染形成嚴重的健康風險，而一旦你的狗狗吃下肚，要消滅黴菌毒素就相當困難。供應這些蔬菜，能大幅提升這種有毒化合物的代謝。生的或煮過的有機胡蘿蔔和歐防風切片是非常好的訓練點心，芫荽、歐芹和茴香則可剁碎混在狗狗的食物裡。研究證實，芫荽能和綠藻起協同作用解重金屬的毒（這也是市售寵物食品業的問題），平均可在四十五天內自然結合87%的鉛、91%的汞和74%的鋁！

孢子甘藍：癌症研究證實十字花科的蔬菜，包括孢子甘藍，部分因為含有芥蘭素（Indole-3-carbinol）這種生物活性化合物的緣故，對膀胱癌、乳癌、大腸直腸癌、胃癌、肺癌、胰臟癌、前列腺癌和腎細胞癌具有正面的影響力。除了提供促進腸胃蠕動的纖維，孢子甘藍也含有類黃酮、木酚素和葉綠素，也是維生素K、維生素C、葉酸和硒的良好來源。狗狗大多喜歡稍微煮過／蒸過的孢子甘藍。

小黃瓜：這種爽脆的點心含水量高且無熱量，非常適合幫狗狗補充水分兼提供維生素C和K。小黃瓜也含有名為「葫蘆素」（cucurbitacin）的抗氧化劑，這已證實能抑制環氧化酶2（COX-2，一種經研究會助長發炎的酵素）的活動，在實驗室研究中也能促進細胞凋亡（apoptosis）。小黃瓜還含有果膠，一種自然形成、對微生物體有益的可溶性纖維。

菠菜：這種綠色葉菜類擁有消炎的特性，也能維護心臟健康（維生素K，謝謝你），菠菜裡的植化素亦能降低對單糖和脂肪的渴望。菠菜是蔬菜中葉黃素和玉米黃素含量最高的來源，這在動物實驗裡能避免與年齡有關的眼睛退化，另外菠菜也含有一種重要的抗老抗氧化劑硫辛酸，以及葉酸，一種有助於DNA生成的基本維生素B。沒有葉酸，人體就無法創造新的健康DNA。細胞生物學家及長壽研究人員倫達．派崔克博士（Rhonda Patrick）主張：「缺乏葉酸就等於直接站在游離輻射底下，蒙受那造成的DNA損害。」最近，葉酸也被證實在保護端粒方面扮演要角。端粒是位於染色體尾端的結構，會被超加工食品和其他東西縮短。如前文所述，端粒的長度隨年齡縮減；研究顯示端粒愈短，壽命就愈短，發病率也愈高。由於非常不耐熱，葉酸是加工寵物食品裡第一批失去活性的營養素。菠菜的草酸含量很高，對於某些帶有特定基因而易患草酸膀胱結石的狗狗可能會是個問題。我們可以一週兩次在舒比的碗裡藏一大匙碎菠菜。身為美食家，她偏愛蒸過、還溫溫的菠菜，撒一點辣椒粉、滴幾滴檸檬汁（也是羅德尼的剩菜）。

青花菜芽：派崔克博士讚揚青花菜芽「抗老效用非常強大」，這是有充分理由的！在我們的社會裡，我們不斷暴露於會給身體造成壓力的毒素，從我們吸入的氣體（比如城市狗狗常從廢氣吸到的苯）到從食物攝取到的東西（例如殺蟲劑）。這些壓力源會在細胞層次危害我們的身體，最終損害我們的粒線體，並導致遍及全身的發炎，久而久之，這些就會使老化加速。Nrf2是身體的壓力反應路徑之一〔全名核因子類胡蘿蔔素2相關因子（nuclear factor erythroid 2-related factor 2）〕，掌控了兩百多種負責消炎和抗氧化過程的基因。當這條路徑啟動，身體就會抑制發炎、展開解毒、促使抗氧化劑發揮效用。

那麼青花菜芽有什麼功用呢？十字花科蔬菜家族——青花菜、青花菜芽、孢子甘藍等等——含有一種名為蘿蔔硫素（sulforaphane）的關鍵化合物，能強有力地（勝過其他化合物）啟動Nrf2路徑。在動物及人體研究進行測試時，蘿蔔硫素能減緩癌症和心血管生化標記的速度、降低發炎指標，並大力促使毒素排出身體，包括有害的重金屬、黴菌毒素和AGE！**青花菜芽是把AGE逐出狗狗身體的最佳方法！**要排出狗狗從超加工食品中攝取的有毒副產物，這是不貴又強效的方法。就生物學而言，芽比「成年」蔬菜優秀，因為芽含有的蘿蔔硫素是成熟青花菜和其他十字花科蔬菜的五十到一百倍。如果你在地方超市找不到青花菜芽，自己種並不難。把這種神奇的小寶石藏在狗狗的餐點裡——份量視狗狗的體重而定，每十磅藏一撮。

怎麼為你和你的狗狗種青花菜芽？

步驟1

使用容量一公升的寬口玻璃罐，這能提供你許多加水和種菜芽的空間。加入一到七大匙的種子（每一大匙會產生約一杯量的芽）。

至於蓋子，請用細紗布（過濾起司用的那種）蓋住瓶口，用橡皮筋或瓶環固定。我們喜歡內附篩網的專用蓋，因為這很容易沖洗。

幫種子消毒：罐子注入濾過的水，淹過種子約2.5公分。加入殺菌溶液：我們使用一大匙的蘋果醋加一滴洗碗精。靜置十分鐘，再用清水徹底沖洗（我們洗了七遍）。

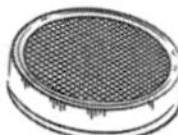

步驟2

種子洗乾淨後，注入濾過的清水完全蓋過種子，至少高過種子2.5公分。浸泡八小時或隔夜。

步驟3

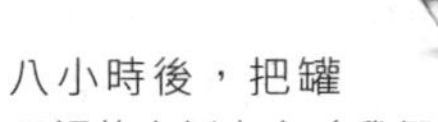

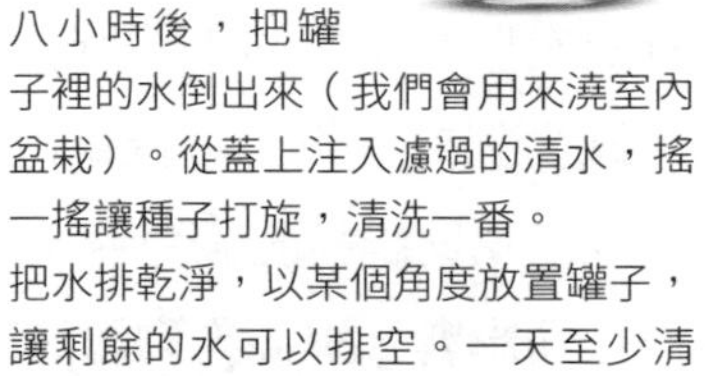

八小時後，把罐子裡的水倒出來（我們會用來澆室內盆栽）。從蓋上注入濾過的清水，搖一搖讓種子打旋，清洗一番。

把水排乾淨，以某個角度放置罐子，讓剩餘的水可以排空。一天至少清洗、排水兩次（例如早晚各一次），連做三到五天。

步驟4

大約一天後，種子會開始裂開，芽冒出來了！

到了第三或第四天，你的芽會長到可以吃了。把罐子放到照得到陽光的窗台兩小時，芽會長成漂亮的葉綠素色。把蓋子拿掉，徹底清洗，把種子的殼清掉。把水排乾淨，不要有多餘的水分。放進冰箱存放，在五天內吃完。

步驟5

現在，切碎加到狗狗的食物裡！（先從體重每二十磅加一茶匙做起）。也可以冷凍起來，加進你的沙拉或果昔裡！

蕈菇：除了是滋養腸道的益菌生纖維的天然來源，蕈菇還含有多種延年益壽的物質，包括多酚、麩胱甘肽（蕈菇是含量最高的飲食來源），以及能促進麩胱甘肽生成的物質——硒和硫辛酸。蕈菇也能提供不錯劑量的多胺，包括亞精胺——能促進自噬，是在人瑞體內含量豐富的化合物。動物實驗中，亞精胺能改善認知、發揮神經保護功效，很可能是因為這種化合物有益於粒線體健康。藥用蕈菇，包括香菇、舞菇、秀珍菇、靈芝、猴頭菇、雲芝、冬蟲夏草、洋菇、杏鮑菇等等，都是亞精胺這種強大長壽分子的最佳來源。攝取亞精胺的動物也較不可能罹患肝纖維化和惡性肝腫瘤，就算有遺傳傾向也一樣。令人印象最深刻的是，亞精胺能延長壽命，而且相當多。「大幅增加……高達25%，」德州農工大學生科學院助理教授劉樂元（音譯）表示，「就人類而論，那代表美國人平均不是活到八十一歲左右，而是可以超過一百歲。」

在免疫健康方面，蕈菇是靠其β-葡聚醣（beta-glucan）轉危為安。那是種特別的免疫調整化合物，能控制發炎、讓胰島素維持低量而穩定。近來針對有胰島素阻抗的肥胖狗狗所進行的研究，揭露了補充β-葡聚醣的效用：減少乞討行為、降低胃口。所有可食用的蕈菇都見得到β-葡聚醣的蹤影，除了幫助維持狗狗免疫系統平衡、減輕發炎，它還能對免疫抑制的狗狗發揮正面影響、提高狗狗體液對疫苗的免疫反應。癌症方面呢？天天吃十八克蕈菇（約八分之一到四分之一杯）的個體，罹癌風險比完全不吃蕈菇的個體低45%。罹患脾臟血管肉瘤的狗狗，存活時間的中位數是八十六天，但若施以雲芝作為單一療法，則可再活一年以上。藥用蕈菇對我們的健康實有奇效：白樺茸是一種我們經常在生活各領域使用的不起眼菇類，一般沖泡服用的白樺茸之所以特別，是因為它的結構類似樹皮（因此沒有人煎炒這種特別的寶石），它質地堅硬，因此適合沖泡能量豐沛的茶和湯。我們把少量白樺茸加進任何需要大量純水的東西，從浴缸裡的水（貝克醫師）、蜂鳥餵食器（羅德尼發現能減少細菌滋生）到自製康普茶（Kombucha）和浸泡發芽種子的水。自發現這種絕妙的飲料，我們的冰箱裡就隨時有新鮮的白樺茸茶了，而它淡淡的香草味（對人來說）不管冰的熱的都可口，也可代替純水來沖泡冷凍乾燥或脫水狗糧，補充其能量。白樺茸的藥用特性也可做為鎮靜的泡腳水，冬天洗去路上防結冰的鹽，夏天撫慰發燙的部位（可拿棉球吸取白樺茸茶直接塗抹痛處）。

蕈菇不同凡響之處在於每一種蕈菇各有其獨特藥效，因此可以視你的狗狗需要哪一種幫助來選擇餵食的種類。若是日常保健，可試試牛肝菌、洋菇、香菇、雲芝、舞菇、靈芝、鴻喜菇和秀珍菇。雲芝和白樺茸是強大的抗癌戰士，猴頭菇則是「益智菇」，也就是能滋養中樞神經系統。除了麩胱甘肽，蕈菇也含有另一種在其他地方不易覓得的抗氧化劑，麥角硫因（ergothioneine）。麥角硫因被一些人稱為長壽維生素，因為研究顯示這種分子能促進消炎的荷爾蒙、減輕體內氧化壓力因子。麥角硫因僅存在於一種食物類別：蕈菇類。**切碎的藥用蕈菇是絕佳的餐點加料**。你可以自己做藥用蕈菇湯，然後加到餐點裡（用來沖泡脫水或冷凍乾燥的狗糧，也是乾糧的美味「肉汁」）。夏季時，蕈菇湯做的冰塊也是一種提振精神的點心。脫水的蕈菇也很好用。

長壽鐵粉藥用蕈菇湯

將一杯新鮮（或半杯乾燥）蕈菇切碎放入鍋中，加入兩杯純水（或長壽鐵粉自製骨湯）。如果想要，可再加入半茶匙磨碎的生薑和薑黃根。文火煨煮二十分鐘，放涼。攪拌到均勻，倒進冰塊盒，放入冷凍庫。狗狗體重每十磅取用一塊（一盎司），解凍、混入食物中，馬上就能補充麥角硫因了。

所有人類食用安全無虞的蕈菇，狗狗吃也很安全。所有對人類具有毒性的蕈菇，對狗狗也具有毒性。你可以跟你的狗狗分享你煮過的或生蕈菇做零嘴或餐點加料。我們發現多數狗狗並不介意食物裡摻雜蕈菇，但如果你的狗狗不吃，可以用補充品代替（詳見第8章）。設法讓這些小奇蹟締造者進入狗狗體內吧。

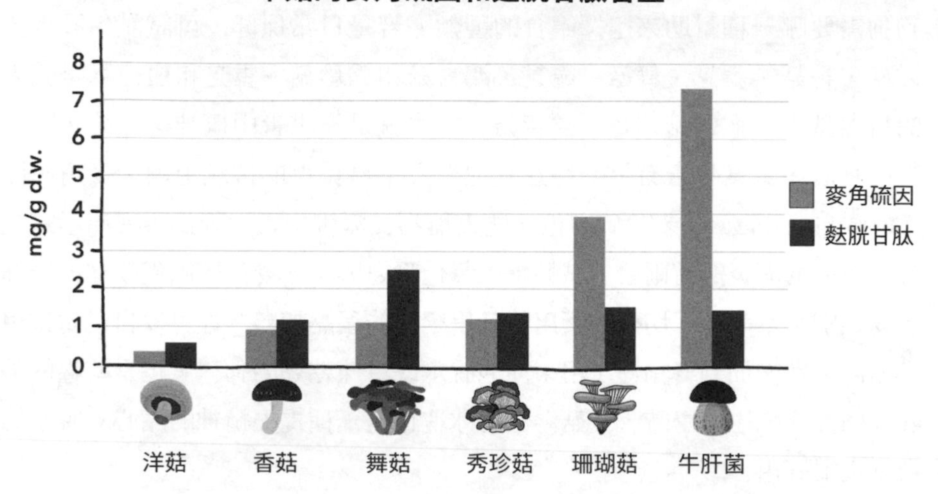

資料引用自 Michael D. Kalaras等人合著之〈蕈菇：抗氧化劑麥角硫因和麩胱甘肽的豐富來源〉（Mushrooms: A Rich Source of Antioxidants Ergothioneine and Glutathione），《食品化學》（Food Chemistry），2017年10月號：頁429-33。

修補微生物體

如我們在Part I所述，住在我們體內和表面的微生物聚落，特別是在我們及狗狗腸道裡欣欣向榮的細菌，是健康的關鍵——關鍵到有人說腸道就像「第二個腦」。透過腸道和大腦間迷人的雙向連結，大腦會接收腸子裡發生什麼事的資訊，而中樞神經系統會將資訊送回腸道，確保腸道理想運作。這種來回傳輸讓腸道有可能調控飲食行為和消化，甚至促成有充分休息的睡眠。腸道也會送出荷爾蒙信號，傳達給大腦產生滿足、飢餓和因腸道發炎而疼痛的感覺。

腸道確實會對全身健康造成重大影響，包括我們的感覺、我們的睡眠品質、我們的活力、免疫系統的強弱、痛苦的程度，以及消化和代謝的功效，甚至於我們的想法。研究人員正在檢視某些腸道菌種在肥胖、發炎、功能性腸胃疾病、長期疼痛，和包括憂鬱在內的情緒疾患方面，可能扮演何種角色。這項研究也擴展到獸醫學來。科學家正發現，透過攝取「乾淨」、容易消化的食物（且低殺蟲劑濃度、低汙染、低AGE、低化學殘留而不致對腸道屏障產生負面衝擊），並多吃含益菌生及益生菌的食物來滋養健康的微生物體，可以緩解壓力導致的腹瀉、對抗肥胖和發炎，並支援強大的免疫系統——這些都會影響狗狗的老化過程。

你可能聽過益生菌食物，這些好菌可透過像是克菲爾（kefir，發源於高加索地區的發酵乳）、德式酸菜和泡菜等發酵食物攝取，也可以透過補充品攝取。益菌生則是刺激腸道菌成長和活動所需的食物，它們是腸道菌偏愛的餐點，主要是由不易消化的纖維組成。一如益生菌，益菌生也可透過富含益菌生的食物來攝取。腸道菌在代謝這些富含纖維、無法消化的食物時會製造短鏈脂肪酸，一種有益於甚至有助於達成身體能量需求的生物分子。

顯然，我們想要藉由攝取腸道最重要的合作者——健康的腸道菌——來支持這種微生物群落和群落與身體生物機能的內部網路。其中一個屢上狗狗版頭條的明星益生菌是嗜黏蛋白阿克曼氏菌（Akkermansia muciniphila，簡稱Akk菌），此菌種已證實能促進健康地老化，它會保護腸道黏膜、支持胃腸健康來讓機能正常運作，並預防腹瀉和腸躁症等腸胃道疾病。它也被視為一種能抗衡寵物肥胖的媒介進行研究。Akk菌最愛的食物是富含菊糖（inulin）的蔬菜（例如蘆筍和蒲公英）和香蕉。科學顯示，狗狗擁有愈多Akk菌，就愈年輕。多吃富含菊糖的食物意味會有愈多Akk菌，這是好事。我們建議你以原型食物而非營養補充品的形式餵益菌生纖維（例如菊糖）：

完整食物成分帶來的好處優於單一補充品。很多狗狗都有腸道問題，而餵食能滋養微生物體的食物可治療、修補發炎、微生態失調的腸道。這些能打造微生物體的食物除了培育健康的腸道外，還有更多表觀遺傳上的好處。

你可以跟狗狗分享哪些能打造微生物體的核心加料

- **菊苣、苦苣、紅菊苣：**這些都是菊苣家族的成員，可作為任何基礎食物的加料。這些綠色蔬菜富含益菌生纖維，可滋養狗狗腸道的益菌。
- **蒲公英：**你和你的狗狗可以吃蒲公英的所有部分——花、莖、葉、根都可以吃。蒲公英富含益菌生纖維，對肝和血液有清洗的效果。蒲公英比羽衣甘藍更營養，有滿滿的維生素（C、β胡蘿蔔素、K）和鉀。你的後院根本有個免費的藥品櫃嘛！（只要確定沒有噴灑農藥。）你也可以在許多超市買到新鮮的蒲公英葉。
- **秋葵和蘆筍：**它們不只是益菌生和維生素的出色來源。蘆筍是少數天然含有麩胱甘肽的食物，這種化學物質是大腦喜愛的基礎化學物質，為重要的抗氧化劑和解毒劑。這些蔬菜都可以切片生吃、作為理想的訓練點心，也可以蒸過放進碗裡分享。
- **青花菜和芝麻葉等十字花科蔬菜：**除了滿載有益腸道的纖維，十字花科蔬菜也含維生素、抗氧化劑和有消炎成效的物質。青花菜特別含有兩種超級分子：3,3'-二吲哚甲烷（Diindolylmethane，DIM，一種芥蘭素活性代謝產物）和蘿蔔硫素。這兩種分子都能自然提升麩胱甘肽的濃度，DIM還能協助身體管理健康的荷爾蒙平衡與清除可能使系統紊亂的環境雌激素（模仿雌激素的環境化學物質）。以狗為對象的研究也顯示DIM可能有抗腫瘤／抗癌活動。蘿蔔硫素也在狗狗身上進行骨癌和膀胱癌的研究，成效卓著。一大重點：蘿蔔硫素的神奇療效唯有吃青花菜才能實現，人和狗皆無法獲益於營養補充品，因為那會迅速降解。這種神奇分子會刺激狗狗體內的細胞凋亡（健康、經過設計的細胞死亡），這在必須殺死癌細胞時非常重要。小朵青花菜和切碎的莖是很好的訓練點心，全家晚餐吃剩的熟青花菜（沒有醬汁的）也可以回收到狗狗的碗裡。如果你的狗狗從沒吃過青花菜或孢子甘藍，稍微蒸一下可以緩和排氣的情況，直到狗狗的身體適應這種新蔬菜為止。

十字花科蔬菜會導致甲狀腺機能低下嗎？你或許聽過大量攝取十字花科（比狗願意吃的多很多）與甲狀腺機能低下症有關。在實驗室老鼠身上，這種情況被發現是這類蔬菜的一種代謝物（硫氰酸鹽）和碘（甲狀腺素生成的必需礦物質）競爭讓甲狀腺攝取所致。所幸，進一步的動物研究決定性地證實，多吃十字花科蔬菜看來不會增加甲狀腺機能低下的風險，除非個體本身就患有碘缺乏症。只要你餵營養完整的飲食，這個蔬菜家族就沒什麼好怕的！

- **涼薯：**這種酥脆的蔬菜口感介於蘋果和馬鈴薯之間，是相當理想的訓練點心。涼薯含有豐富的益菌生纖維菊糖，以及豐富的維生素C。
- **耶路撒冷朝鮮薊（菊芋）：**這種和朝鮮薊沒血緣關係的多節塊根蔬菜來自向日葵家族，有滿滿的菊糖。有些營養學家認為菊芋是被埋沒在根蔬菜家族裡的英雄，因為它其實多才多藝，且提供豐沛的益菌生。
- **發酵蔬菜：**無論是店裡買的或自製的，對狗狗來說都是豐富的益生菌來源。問題在於怎麼讓狗吃那些酸不溜丟的東西。如果狗狗願意享用，請確定裡面不含洋蔥，混在食物裡，每十磅體重一天吃四分之一茶匙就好。

長壽健康的狗狗吃什麼水果？

酪梨：這種外表凹凸不平、裡面像奶油的綠色水果擁有大量維生素C、E和鉀，以及豐富的葉酸和纖維。酪梨也飽含和橄欖油相同的單元不飽和脂肪酸——健康的油酸，這能支持腦部功能，對任何年齡的理想健康都很重要。最近出爐的研究顯示，酪梨也有益皮膚、眼睛，甚至關節健康。酪梨還含有能強健心臟的植物固醇，如β-穀固醇（beta-sitosterol）。

綠香蕉：香蕉能補充鉀，但熟透的香蕉含糖量也高（中等大小的香蕉含有14克的糖，相當於3.5茶匙！）。反觀還沒成熟的熱帶水果，果糖含量就比較低了，而且是由抗解澱粉（resistant starch）組成，適合狗狗微生物體的物質。另外，這種水果也含有抗氧化、抗癌、消炎的單寧（鞣酸），和有助於預防氧化壓力的類胡蘿蔔素。因此，試著找出最綠的香蕉，切成豌豆大小的香蕉丁做小小的訓練點心吧。

覆盆子、黑莓、桑葚、藍莓：莓子是出色的益菌生纖維來源，也含有滿滿的多酚，包括鞣花酸。克莉亞．鄧洛普博士（Kriya Dunlap）和她在阿拉斯加大學費爾班克斯分校的同事發現，飲食若能搭配含高抗氧化劑化合物的水果，有機會維持身體的抗氧化劑濃度、預防運動導致的氧化損傷。她的研究聚焦在肌肉易因劇烈運動而受傷的雪橇犬。她發現吃藍莓的狗狗，運動後血漿裡抗氧化劑的濃度較高，這較能保護牠們對抗氧化壓力的有害效應。非藍莓產季時，我們就用冷凍藍莓作為訓練點心，不過有一點須注意：每兩磅體重一天若食用超過一顆藍莓（例如十磅重的狗狗吃多於五顆的藍莓），可能會造成無礙健康的深藍色糞便，所以餵一些就好，還有其他長壽食物可作為健康的打賞。

草莓：這種紅寶石值得我們特別大聲嚷嚷，因為它擁有一種罕為人知的抗老化秘密：漆黃素，研究人員正長期探究其抗氧化和消炎特性的植物性化合物。最近，科學家發現漆黃素也會殺死衰老細胞——象徵身體過早老化的殭屍細胞。在《老化》（Aging）期刊發表的一項細胞研究，證實那已殺死約70%的衰老細胞，而健康的正常細胞完好如初。容我們提醒，細胞衰老是指細胞失去分裂能力卻未死亡，導致它們不斷累積而使周圍細胞發炎的狀況。在一項驚人的研究中，暴露於漆黃素的老鼠壽命比對照組長10%，且較少出現與年齡有關的議題（就算年齡較長）。這樣的發現促使梅奧診所贊助一項持續性的臨床試驗，檢視補充漆黃素對人體與年齡有關的功能障礙有何直接影響。除了保護心臟和神經系統，漆黃素也會模仿斷食的所有正面效應（包括降低mTOR、提振AMPK和自噬）。偶爾你會讀到建議避免餵狗狗吃草莓的資訊，其依據是這種不常見的狀況：狗狗吃了太多綠色的草莓葉柄而拉肚子。摘掉綠色的柄，就能去除腸胃不適的風險了。請選擇無噴灑農藥或有機的草莓。

石榴：研究證實石榴有助於保護細胞，特別是心臟。心臟病被認為是狗狗第二普遍的死因，瓣膜性心內膜病（valvular endocardiosis）和擴張性心肌病（dilated cardiomyopathy）是其中最常見的兩種，也較好發於年長的狗狗。氧化損傷造成的細胞死亡可能會引發一連串事件中最近源的一件，導致心臟衰竭。在一項於《獸醫學應用研究期刊》（Journal of Applied Research in Veterinary Medicine）發表的研究中，科學家發現餵狗狗吃石榴萃取物具有不可思議的保護心臟及健康效益。石榴也含有名叫「elligantans」的分子，會被我們的腸道菌叢轉化為尿石素A。尿石素A已證實能使蟲子的粒線體再生——增加壽命45%。這些振奮人心的成果讓科學家開始對老鼠進行測試，效果相仿。較老的老鼠出現自噬（受損粒線體自我毀滅）增加的跡象，也展現優於對照組的跑步耐力。你會訝異很多狗狗都願意吃這種既酸又脆的小寶石——可以混在食物裡，每十磅重加一茶匙。如果你的狗狗不愛，請繼續讀，你一定找得到牠們喜歡的東西。

強大的蛋白質

沙丁魚：你知道沙丁魚是以義大利薩丁尼亞島命名的嗎？那裡發現了這種魚的大批魚群，而島上居民以長壽健康著稱？薩丁尼亞島屬藍色地帶（Blue Zone），即百歲以上人口比例遠高於世界其他地方的區域。沙丁魚或許個子小，卻有極高的營養價值，含有豐富的omega-3脂肪酸、維生素D和B12，這些都是長壽競賽的要角。請購買在水中保存的沙丁魚（或新鮮的，如果你買得到的話），體重每二十磅每次吃一條，一週吃兩、三次，就能發揮效用。

蛋：不論雞蛋、鴨蛋、鵪鶉蛋，蛋都是天然的營養炸彈，富含維生素、礦物質、蛋白質和健康的脂肪。蛋也富含膽鹼，對腦內神經傳導物質乙醯膽鹼之生成至關重要，有助於大腦運作和記憶的營養。蛋對狗狗的身體有諸多效用，因為蛋白的胺基酸切合狗狗的各種生物需求。不管是生蛋、低溫水煮蛋、滾水煮蛋、炒蛋都無關緊要，大部分的料理方式狗狗都喜歡。

器官肉：肝、腎、肚、舌、脾、胰、心⋯⋯我們很多人不明白那些到底好吃在哪裡，但狗狗愛得要命。各種器官肉都是富含硫辛酸的美食，不論生吃、冷凍乾燥、脫水或煮過切丁，都是絕佳的訓練點心。狗狗永遠會試著從你那裡贏得更多器官肉當點心，但那太過營養，因此可以用「爪子原則」來計算每日攝取量：你的狗狗一隻爪子的大小（長度、寬度、以及肉趾沒長毛髮的深度）是多數健康活潑的狗狗每日器官肉點心的合理量。你把肉切得愈小，牠就可以吃到愈多塊！其他可以和狗狗分享的健康蛋白質包括沙丁魚、鱈魚、阿拉斯加比目魚、鯡魚、淡水魚、雞肉、火雞、食火雞、雉雞、鵪鶉、羔羊、牛肉、野牛、駝鹿、鹿肉、兔子、山羊、袋鼠、鱷（如果你的狗狗對其他選項過敏的話）、煮過的野生鮭。所有精瘦、乾淨、未燻製的肉類，對狗狗來說都是很好的訓練點心。不要跟狗狗分享下列肉品：燻製過的肉品、火腿、培根、醃鯡魚、煙燻肉、香腸和生鮭魚。

銜了就走的點心：狗狗的新鮮藥品辭典

富含抗氧化劑	
維生素C多	甜椒
辣椒紅素多	紅椒
花色素苷多	藍莓、黑莓、覆盆子
β胡蘿蔔素	哈密瓜
柚皮素多	小番茄
安石榴甙多	石榴種子
聚乙炔多	胡蘿蔔
芹菜素多	豌豆
蘿蔔硫素多	青花菜

消炎	
鳳梨酵素多	鳳梨
Omega-3多	沙丁魚 （除非狗狗需要低普林的飲食）
槲皮素多	小紅莓（不適合挑嘴的狗狗）
葫蘆素多	小黃瓜

超級食物	
膽鹼多	滾水煮過的蛋
麩胱甘肽	洋菇
錳多	椰子果肉（或乾燥、未加糖的椰片）
維生素E多	生葵花籽（讓生葵花籽和其他微型蔬菜發芽，造就富含葉綠素的升級版青草！）
鎂多	生南瓜籽（各種種子都可以，體重每重十磅，一次最多可餵四分之一茶匙當訓練點心，整天都可以吃）
硒多	巴西堅果（你和大型犬一天剁一顆吃，或和小型犬分享）
葉酸多	四季豆
漆黃素多	草莓
芥蘭素多	羽衣甘藍（或自製羽衣甘藍片）
異硫氰酸酯多	花椰菜

排毒高手	
芹菜素多	芹菜
茴香腦多	茴香
褐藻糖膠多	紫菜（和其他海藻）
甜菜鹼	甜菜根（除非狗狗有草酸問題）

腸道救星	
益菌生多	涼薯、綠香蕉、菊芋、蘆筍、南瓜（非常適合做營養強化玩具和食物拼圖的填充料）
奇異果蛋白酶多	奇異果
果膠多	蘋果
木瓜酵素多	木瓜

健康的香草

香草和香料在許多文化都有悠久、豐富的歷史，不僅可為食物增添風味，還能療癒身心、預防疾病。有些植物發展出更豐富多樣的生物活性植化素光譜，只要少量攝取就能對各種器官系統和生化途徑發揮深刻的效用。要直接為狗狗的餐點加入強有力的植物化合物，使用藥草（很多在你廚房裡的香料櫃或花園裡都找得到）是種簡單又不貴的方式。

如果你已經好一陣子沒有注意烹飪用香料的保存期限，我們建議你買一罐新鮮的——有機的更讚。要給狗狗的碗增添風味，**體重每十磅撒一次乾香料**是不錯的規則。如果你用健康的香草幫狗狗的餐點過度調味，最糟的事情莫過於發現你的狗狗沒像你那麼愛芫荽，因此請先從點綴少許烹飪用香草著手，直到你清楚狗狗的喜好為止。先把香草混進食物裡再餵食。狗狗每重二十磅，一天可添加四分之一茶匙磨細的新鮮香草。乾燥香草比新鮮的香草效果更好，不過我們發現狗狗一般兩種形式都能接受。

歐芹：不再只是擺好看、用完就丟的裝飾——這種香草（一種繖形科蔬菜）有很多值得誇讚的理由。一種能中和致癌物，並藉由活化穀胱甘肽-S-

轉移酶、刺激穀胱甘肽生成（清除體內AGE所必需）來預防氧化損傷的生物活性化合物。在動物實驗裡，歐芹精油可提高血液抑制自由基的能力、協助中和致癌物，包括高溫加工食品生成的苯并芘（benzopyrene）。

薑黃：印度香料薑黃含有薑黃素這種活性最高的多酚，探究薑黃素功效的醫學文獻層出不窮，迄今已發表數千項研究。薑黃素已證實能提高腦源性神經營養因子的濃度、改善認知。二〇一五年，一項研究證實薑黃素在狗狗體內具有保護神經的功效，會鎖定與各種神經退化性疾病（包括認知障礙、活力／疲勞、情緒、焦慮）有關的生化途徑。

薑黃是名副其實的萬靈丹，它的用途可寫滿一本參考手冊。例如二〇二〇年，德州農工大學的研究人員證實薑黃可望減輕狗狗感染葡萄膜炎導致的眼部發炎（這種炎症會引發疼痛、使視力減弱）。我們兩個都用過這種神奇的根來控制狗狗從頭到尾各種原因所致的發炎，那是我們最喜愛的添加物之一。民族植物學家詹姆斯·杜克（James Duke）綜合分析了七百項薑黃研究，做出以下結論：「薑黃顯然在數種慢性衰弱疾病的功效上勝過許多藥物，而且幾乎毫無副作用。」若結合迷迭香，薑黃還能對狗狗的乳腺管癌（乳癌）、肥大細胞瘤和骨肉瘤細胞株起協同作用，而這個組合搭配化療劑也有累加效果。

迷迭香：這種香草被視為「生命的香料」進行研究，是因為它含有桉葉油醇（1,8-桉樹腦），一種能促進腦內乙醯膽鹼生成、減緩認知衰退的化合物，那也能提高狗狗的BDNF濃度。迷迭香的抗氧化和消炎特性主要歸功於它的多酚化合物，包括迷迭香酸和肉荳蔻酸，兩者都具有抗癌的效果。此外，肉豆蔻酸或許可藉由預防人、狗皆常見的白內障來強化眼睛健康。

芫荽：芫荽（香菜）是充滿力量的香草寶石，含有以植物營養素形式出現的豐沛抗氧化劑，那也含有酚類化合物、錳和鎂。怪不得芫荽會被當成幫助消化、消炎和抗菌的用劑，也是在控制血糖、膽固醇和自由基生成這場抗戰中的利器。科學也證實芫荽可幫助體內透過尿液排出鉛和汞，這也是我們推薦偶爾攝取芫荽來解毒的原因之一。

孜然：孜然擁有許多健康效益，既能幫助消化，還抗真菌、抗細菌，也可能有抗癌之效。

肉桂：肉桂是從一種南亞產樹木的捲曲樹皮採集而來，為最受世人喜愛的超級香料之一，以其能打造膠原蛋白的資產著稱。膠原蛋白是體內最豐富（且重要）的蛋白質之一，對年長狗狗的關節尤其重要。肉桂也因有助於平衡血糖和其抗氧化成分愈來愈受矚目。肉桂的抗氧化成分能透過管理氧化壓力、減輕發炎反應和減少循環脂肪來協助保護心血管系統。肉桂醛（cinnamaldehyde）是肉桂裡的一種活性成分，正進行動物實驗，探究其預防神經退化性疾病，包括阿茲海默症的能力。在一項臨床研究中，肉桂在短短兩週內改善了狗狗檢測的所有心臟參數。如果你要在狗狗的食物裡加點肉桂，記得要充分混合，以免狗狗把細粉吸進鼻子裡。

丁香：除了是錳的豐富來源（一種得之不易的重要礦物質，是維持狗狗肌腱和韌帶運作健全所必需），丁香還含有抗氧化的丁香油酚，那能預防自由基造成的氧化損傷，且成效是維生素E的六倍。事實上，丁香油酚可能對肝臟尤有助益。一項動物研究讓患有脂肪肝的老鼠食用含丁香油或丁香油酚的混合物，兩種混合物都改善了肝功能、減輕發炎、降低氧化壓力。丁香具有清除自由基的特性，也含有能減緩老化跡象和減輕發炎的抗氧化劑。也有研究檢視丁香的抗癌和抗菌特性，成果相當樂觀。吃一整塊丁香可能有噎到的風險，所以請先磨碎再餵，每二十磅體重捏一小撮就可以了。

你可以和狗狗分享的健康香草

羅勒：除了維護心臟健康，羅勒亦可降低皮質醇濃度來管理身體的壓力負荷。

牛至：這在抗菌、抗真菌和抗氧化作用上具有奇效，還有滿滿的維生素K！

百里香：百里香含百里酚及香芹酚，擁有強大的抗菌特性。

薑：以防止反胃著稱，生薑也可以減輕動物承受的氧化壓力來延緩老化，達到保護神經的目的。

危險提示：有哪些烹飪香草是狗狗的禁忌？千萬別餵狗狗吃韭菜（洋蔥家族的成員）或肉豆蔻（含有豐富的肉豆蔻醚，就算僅少量攝取也可能引發神經和腸胃症狀）。

永遠的流質

數千年來，人類一直藉由攝取植物萃取物、果汁，或沖泡植物和藥草來強化營養。雖然很多人會打果汁或果昔，但多數人不會想到在食物裡使用濃縮的浸泡藥劑。但在狗狗的世界裡，藥草茶是不貴又富含多酚的加料，能為每一餐注入長壽效益。放涼的茶尤其是種經濟實惠的方式，直接為狗狗提供一種植物最好的藥用特性。花草茶天生不含咖啡因，綠茶和紅茶則應去咖啡因。如果可能，請買有機茶。

所有的茶都可以像平常那樣浸泡（我們建議一個茶包泡三杯燙純水），放涼後再加進狗狗的食物裡。或者也可以在狗狗的乾糧裡加入溫茶，讓有療效的飲料和乾糧一起浸泡，既是美味的醬汁，也幫狗狗補充水分（狗天生不能一輩子吃含水量低的乾燥食物，茶會有幫助！）。如果你餵的是脫水或冷凍乾燥狗糧，記得在餵食前用茶或我們的長壽鐵粉自製骨湯沖泡復原（請參見224頁）。可以把不一樣的茶調在一起，也可以專為某種目的而使用某種茶，以下是一些科學的重點。

去咖啡因的綠茶：如果你注重健康，你應該已經知道綠茶對你很好。醫學文獻和世俗文學皆對綠茶著墨甚深，因為它的生物活性化合物有強大的消炎、抗氧化和支持免疫系統的功效。長久以來皆有文獻記錄其提升腦部功能、防癌、降低心臟病風險和促進減脂的特性。諸多研究都達成同樣的結論：喝綠茶的人可能比不喝綠茶的人更長壽。怪不得綠茶萃取物已在寵物食品使用一段時間，也是治療狗狗肥胖、肝炎乃至輻射暴露，以及支援抗氧化的用劑。

去咖啡因的紅茶：一如綠茶，紅茶也富含多酚，能扮演強力抗氧化劑、協助把自由基清出細胞組織的天然化學物質。紅茶、綠茶能有抗癌和消炎之效，多酚功不可沒。綠茶和紅茶的差異在於紅茶經過氧化，但綠茶沒有。要製作紅茶，必須先揉捻葉子、使之接觸空氣以開啟氧化過程。這種反應會使葉子轉為深褐色，讓風味更濃郁。紅茶和綠茶所含的多酚類型和數量不同：例如，綠茶的兒茶素EGCG含量遠高於紅茶，而這種兒茶素能限制自由基肆虐、預防細胞受創；紅茶則是茶黃素的豐富來源，從兒茶素生成的抗氧化分子。這兩種茶對於保護心臟、提升腦部功能有類似的效用，兩者也都含有具鎮靜效果的左旋茶氨酸（一種胺基酸），能減輕壓力、讓身體平靜下來。

蕈菇茶：全都健康又安全，可放心給狗狗飲用。狗狗一般最喜歡的兩種蕈菇茶是：

- **白樺茸茶：**如前文所述，白樺茸是種可以沖茶的藥用蕈菇。由於富含抗氧化劑，白樺茸萃取物或可抗癌和增強免疫力、減輕慢性發炎、降低血糖及膽固醇濃度。此刻還有更多關於白樺茸茶的研究正在進行，特別是對學習及記憶的助益。

- **靈芝茶：**用靈芝沖泡的茶在東方醫學已沿用數世紀之久，其健康效益歸功於數種分子，包括三萜皂苷、多醣、肽聚醣，這些都能強化免疫系統、抗癌、使心情好轉。

鎮靜茶：恐懼、焦慮、焦躁不安是狗狗最常出現的幾種壓力行為，而可能有助益的草本茶還不少：洋甘菊、纈草、薰衣草、聖羅勒，這些全都可以沖泡、放涼再加進狗狗的食物裡。

排毒茶：在排毒茶領域，我們有蒲公英、牛蒡和牛至葉。這些茶促進健康的細節在此就不多言，說這句話就夠：跟你的毛朋友開一場茶會，是不會出什麼差錯的。你也不必跑太遠，事實上，你的花園裡可能就有其他多種常見的植物可拿來沖一杯超棒的茶，包括玫瑰果、薄荷、檸檬馬鞭草、檸檬香蜂草、檸檬草、菩提花、金盞花、羅勒、茴香。

秘訣：你可以把草本茶包加到骨湯裡，創造含有強大微量營養素的增效液。倒入冰塊盒冷凍，每十磅體重一天享用一顆即可。

長壽鐵粉自製骨湯

這種骨湯的食譜與傳統做法截然不同，傳統做法可能含有大量組織胺而對某些狗造成危害。

用濾過的純水蓋過一整隻雞（或你喜歡的屠體），加入：

半杯切碎的新鮮芫荽（有效結合重金屬排出）
半杯切碎的新鮮歐芹（天然的血液解毒劑）
半杯切碎的新鮮藥用蕈菇（提供麩胱甘肽、亞精胺、麥角硫因、β-葡聚醣）
半杯十字花科蔬菜，例如青花菜、甘藍菜或孢子甘藍（這些食物富含肝臟解毒所需的硫化物）
四塊生薑切碎（高硫化物能刺激麩胱甘肽生成，供肝臟解毒）
一大匙未過濾的生蘋果醋
一茶匙喜馬拉雅山玫瑰鹽

蓋上鍋蓋，燜煮四小時。把爐火關掉，如果你喜歡，加入四包茶包。讓茶包在湯裡浸泡十分鐘，取出丟棄。將剩下的骨肉分離，骨頭丟棄。將剩下的肉、蔬菜和湯汁攪拌均勻。分成單份冷凍（可用冰塊盒）。餵食前取出單份（標準冰塊盒大多一格一盎司，或兩大匙；每十磅體重用一塊），置於室溫下融化或加熱，再加到狗狗的食物裡。

草本健康迷思：我們為什麼會對那麼多食物心生恐懼？

關於你可以餵和不能餵狗狗哪些東西，網路上流傳著各種令人震驚的錯誤資訊。哪些食物真的對狗有毒呢？關於食品對寵物的毒性，歐洲寵物食品產業聯盟（fediaf.org）發布了最正確且有科學根據的資訊。值得注意的是，它只列了三種對貓狗有毒的食物：葡萄（和葡萄乾）、可可亞（巧克力），以及洋蔥家族的成員〔包括洋蔥、韭菜、高劑量的大蒜萃取物（也就是大蒜的營養補充品；新鮮大蒜無虞）〕。

相較於歐洲簡短的禁忌表（三種食物加一種補充品），ASPCA、AKC和其餘數十種網路資源鑑定的「對寵物」就洋洋灑灑、令你頭昏腦脹了。絕大多數網路禁忌表所列包括真的對狗有毒的食物（FEDIAF的三種食物加一種補充品）、有特定醫療問題的寵物該避免的食物，以及可能有窒噎危險的食物。例如患有胰臟炎的狗狗在復原期間應避免所有煮過的脂肪和高脂肪食物。很多網站把蛋、種子和堅果列為「有毒」，因為這些食物的健康脂肪含量高，可能使胰臟炎惡化。但蛋、種子、堅果（夏威夷豆例外，那不具任何可辨識的毒素，但因脂肪含量奇高，確實會引起噁心），不但本身對狗狗無毒，還是健康又營養的食物，可以也應當餵健康的狗狗吃。同樣地，一系列營養豐富的食物，包括生杏仁、桃子、番茄、櫻桃和其他多種非常健康的蔬果也被列為「有毒」是因為如果沒有去籽，或動物不只吃水果還吞了整株植物，可能有窒噎的危險。

可惜，**真正對狗的身體有毒的食物（上述四種）和「不適合各種醫療狀況」及有窒噎風險的食物被混為一談了。它們一起創造出一長串令狗飼主恐慌至極的禁忌食物**，而這並沒有充分理由。常識（例如在餵狗狗一顆杏之前先去籽）和被援引的研究（例如毒性研究）對狗狗的營養而言是兩碼子事。你不妨自己做些研究，相信你（在研讀大量文獻資料後）會獲得和我們同樣的結論：**別餵任何狗狗吃葡萄（或葡萄乾）、洋蔥、巧克力、夏威夷豆。就這樣。在此之外，請用常識**。請用歐洲人的常識。

下面是一些我們可以永遠撇開的**都會狗食迷思**：

- 「酪梨和大蒜有毒。」**錯**。別餵或吃酪梨皮或籽就好，因為那些含有名為「persin」的物質，可能引起腸胃不適，但酪梨的果肉對你和狗狗安全又健康。我們每天都在舒比的Kong玩具裡抹大約一瓣橘子的份量（約四十卡）。關於大蒜的注意事項請見後文。

- 「絕對別餵狗狗吃菇類。」**錯**。對人安全無虞的蕈菇，對狗也安全無虞。對人類極具藥效的蕈菇，對狗狗也極具藥效（就毒性而言也是如此）。每二十五磅體重餵一大匙是不錯的開始！

- 「迷迭香會導致癲癇發作。」**有人搞糊塗了**。迷迭香和尤加利樹的精油（你可以在健康食品店買到的那種易揮發的濃郁芳療精油）含有高濃度的樟腦，若癲癇患者攝取到，可能會提高發作機率。（我們同意：不要餵給你患有癲癇的狗大量迷迭香精油。）在你健康狗狗的碗裡加一小撮新鮮迷迭香或少許乾燥迷迭香和其他香草，份量微乎其微，足以刺激正向的健康成效，但不至於對狗造成危害，就連最敏感的狗也不例外。

- 「核桃有毒。」**偽科學**。生的、無加鹽的胡桃（以及杏仁和巴西堅果）當然可能會害狗狗噎到，因此請切成小塊再餵。如果狗狗重五十磅，半顆核桃可切成四份理想的訓練點心，一天吃完。再說一遍，唯一對狗狗有危險的堅果是夏威夷豆，那可能會引起反胃。花生也許含有少許黴菌毒素，但天生對狗無毒。如果你的院子裡有黑胡桃木，別讓狗狗吃樹皮（可能引起神經症狀）或包覆堅果的厚殼，因為有時長在表面的黴菌毒素可能會引起嘔吐。

大蒜注意事項：大蒜在獸醫界名聲不好，因為它是洋蔥家族的一員。洋蔥的硫代硫酸鹽濃度是大蒜的十五倍，狗狗食用可能會出現海因氏小體溶血性貧血（Heinz body anemia）。二〇〇四年一項研究證實，大蒜裡的藥用化合物大蒜素也對動物心血管健康有益，而雖然研究期間餵食的濃度相當高，卻完全沒有貧血反應（這就是你會在許多市售寵物食品和覺得大蒜沒問題的獸醫那裡見到它的原因）。如果你決定要餵這種有藥效的香料，底下是依據體重建議的每日新鮮大蒜餵食量（我們不推薦大蒜錠）：

- 十到十五磅重——0.5瓣
- 二十到四十磅重——1瓣
- 四十五到七十磅重——1.5瓣
- 七十五到九十磅重——2瓣
- 超過一百磅重——2.5瓣

長壽鐵粉攻略

- 10%規則：狗狗攝取的熱量有10%可以來自健康人類食物的「點心」，而不至於「撼動平衡」。
- 你不必一夕之間徹底翻修狗狗的飲食。從聰明、簡單的事情著手，把碳水化合物、高度加工的零嘴換成已獲證實的長壽食物，例如適合狗狗的新鮮蔬果。或者酌量加在狗狗的碗裡，和你目前餵牠的東西一起吃。把你挖掉、剝掉、切掉，原本打算丟掉的部分回收給狗狗吃吧。
- 簡便長壽點心的例子：切碎的生胡蘿蔔、蘋果切片、青花菜、小黃瓜、莓子、杏、梨、豌豆、蘋果、梅子、桃子、歐防風、小番茄、芹菜、椰子、石榴籽、生南瓜籽、蘑菇、水煮蛋、櫛瓜、孢子甘藍、肉或器官切丁。
- 支持狗狗微生物體的絕佳自然之道是提供富含益菌生的蔬菜，如蘆筍、綠香蕉、秋葵、青花菜、菊芋和蒲公英。
- 茶、香料、香草是優質的長壽藥物來源。
- 兩道值得一試的自製食譜：長壽鐵粉藥用蕈菇湯（209頁）和長壽鐵粉自製骨湯（224頁）。

- 與許多都會迷思恰恰相反，真正對狗有毒的食物不多。葡萄（及葡萄乾）、洋蔥（及韭菜）、巧克力和夏威夷豆絕對不可。也請避開肉豆蔻。

8
長壽、健康的補充習慣
選購安全、有效營養補充品的基本原則

健康就像金錢，直到失去，
我們才會真正明白它的價值。
——喬許・畢林斯（Josh Billings），十九世紀美國幽默作家

二〇一一年，前一年甫獲金氏世界紀錄認證為地球最長壽狗狗的柴犬Pusuke死於日本家中，享年二十六歲。除了滿滿的愛和規律運動，他的飼主還將Pusuke的長壽歸功於每天服用兩次維生素。我們永遠無從得知維生素對於Pusuke長壽美好的一生究竟貢獻了多少（或究竟是什麼樣的「綜合維他命」發揮功效），但有許許多多其他的軼事也呼應了同樣的經驗。好消息是科學終於趕上這些軼事證據，證明營養補充品若用得恰當，會是強有力的工具。過去十年有愈來愈多犬科研究出爐，證實某些補充品的確有預防和治療疾病或損傷，和延年益壽之效。這一章將幫你去蕪存菁。今天坊間有許多絕佳的補充品配方，是跟你一樣愛狗的人士製作的，他們也竭盡所能與大家分享這些長壽的寶石。我們也該補充這句話，許多原本以狗為對象的研究，會進一步應用到人的健康上。

如果你不清楚自己要找什麼，進營養品店逛任何一條走道都可能令你頭昏眼花，那些琳琅滿目、不斷對你尖叫的配方、品牌和健康聲明，都會令你不知所措。你會遇到各種聽都沒聽過的名稱、你不知道怎麼發音的名稱，如ashwagandha（睡茄）？ phosphatidylserine（磷脂絲胺酸）？還會讀到天花亂墜的宣稱，像是「加入甲物，看狗狗成長茁壯」或「臨床（或科學）證明，服用甲物、乙物、丙物有莫大助益！」或終極誘餌：「服用甲物可延長

狗狗壽命30%以上！」

營養補充產業巨大無比，也令人無比困惑，但只要有正確的知識和值得信任的推薦，那可以發揮神奇的效用。寵物營養補充品業已有爆炸性發展，即將突破十億美元大關——這兒只說營養補充品，整個寵物食品業的價值已逼近1,350億美元。全球寵物營養品市場的規模在二〇一九年據估達到637,600,000美元，並可望在二〇二〇至二〇二七年以6.4%的年均複合成長率成長。

是什麼樣的力量在推動這個市場？就是過去十年發起全民保健運動和自我照顧文化的那群顧客：嬰兒潮世代和千禧世代。事實上，可能只養寵物不生小孩的千禧世代，正迅速趕上他們的長輩成為高品質營養品的主力驅動者。現今美國有多少家庭飼養寵物呢？估計數字在接近57%到65%以上不等。最高的數字來自美國寵物產品協會（American Pet Products Association）商業團體，已創下歷史新高。千禧世代占寵物飼主比例最大，且或許會以照顧孩子的方式照顧寵物——他們可能沒打算生孩子，二〇一八年的出生率創下三十二年來新低。

在二〇一八年由德美利證券（TD Ameritrade）調查的1,139位寵物飼主中，有70%表示如果可以，他們會請假照顧新寵物。受訪飼主中，有近八成女性和近六成男性把寵物視為自己的「毛寶寶」，保健康險的寵物數量躍增18%，從二〇一七年的一八〇萬增至二〇一八年的兩百萬。以上種種點燃了獸醫師的需求。美國勞工統計局預測，到二〇二八年，獸醫師和獸醫技術員的工作將成長近20%。

對千禧世代來說，某些被前幾世代視為奢侈品的東西，現在是必需品了。就連創業投資家和企業買家都免不了加入這股淘金熱，紛紛主持高峰會議追求致力研發長壽商品和營養補充品的新創公司。（年齡在二十五到三十四歲的狗飼主尤其傾向為動物購買營養補充品。整體而言，狗飼主花在毛朋友身上的時間是貓飼主的四倍，據估計更占所有寵物營養品銷售的

78%。）

雖然營養補充品的一般用途是協助填補平常飲食沒有或無法充分提供的缺口，但有時人會做得太絕，反而對身體不利。過猶不及，抗氧化劑就是很好的一例。儘管抗氧化劑是調節自由基的關鍵，但透過補充品攝取太多合成抗氧化劑，可能會妨礙身體自有的抗氧化和解毒機制。在接收到特定訊號時，我們的DNA會催生出內生性（內源性）保護型抗氧化劑，而這種受刺激自發形成的抗氧化系統，效用遠比任何營養補充品來得強大。

大自然已發展出自己的生化作用，讓動物，不論人或狗，在面對高氧化壓力時創造出更多具保護力的抗氧化劑。細胞不必完全依賴外部食物來源，自己就有與生俱來、視需要產生抗氧化酵素的能力。

科學家已鑑定出數種能開啟抗氧化和解毒途徑的天然化合物，這些途徑常與「Nrf2」這種蛋白質有關，我們已在第7章解釋過。有些科學家稱這種蛋白質為老化的「調節大師」，因為它能活化許多與長壽有關的基因、消除氧化壓力。會誘發Nrf2的天然化合物包括薑黃裡的薑黃素、綠茶萃取物、水飛薊素（乳薊）、假馬齒莧萃取物、二十二碳六烯酸（即DHA）、蘿蔔硫烷（只存在於青花菜，沒有補充品）和睡茄。這些物質都能有效開啟體內固有的抗氧化劑製造過程，包括穀胱甘肽，身體最重要的解毒媒介之一。在獸醫學領域，研究證實老化不佳或自然罹患肝病的狗，穀胱甘肽的濃度亦偏低。穀胱甘肽也是解毒化學作用的強力因子，會結合多種毒素、降低其毒性。這是我們建議你考慮的補充品，而前文所列的其他補充品中，也有一些能刺激體內自行生成穀胱甘肽。

食物的協同效應

完整不只是部分的總和

營養補充品不是魔彈或能抵消爛飲食的保單；與那些精明的行銷策略相反，營養品也不是長生不老的秘密。事實上，我們不建議你在修正狗狗的飲食之前增加營養補充品。營養補充品絕非理想健康的捷徑，不過有時候，要達到改變健康所需活性成分的量，補充品是唯一的途徑。例如，叫一隻狗狗吃一卡車蘋果或羽衣甘藍來獲取槲皮素的好處，是不切實際的，但補充品卻可提供濃縮、有療效的類黃酮。不過，還是請先試著從食物獲得多數所需的養分。拉布拉多幾乎什麼都吃，吉娃娃則不然。如果狗狗需要營養補充品，就給狗狗吃吧，但不是所有狗狗都需要一直服用營養補充品。

關於每一種補充品可能有助於支援哪些品種、醫療狀況和生命階段，我們可以寫出一部百科全書，不過已經有其他很多人做過這件事，網路上也有相當多可靠的資訊值得開採。目前坊間欠缺的是直截了當、一目了然的抗老化／延年益壽補充品清單，所以我們為你做了這件事。每一個類別，我們都列出了一些我們真心喜歡的品項，但當然，可能還有數十種品項十分優質，欲知有關補充品更深入的討論，請上www.foreverdog.com。

清單可分成兩部分，一是每一位守護者都該考慮的核心必需品，二是基於狗狗特殊狀況（如年齡、品種、健康、暴露情況）及特別需求的選擇性添加品。我們建議你依照狗狗的生活方式來評估所有基本補充品，再視狗狗的特殊生理需求增加其他品項（亦請參閱第9章）。當然也要考量預算，有些人就是不可能買很多額外的營養補充品（或記得餵食），那也沒關係，我們會給你你需要的資訊來通過這個複雜的領域；你可以選擇狗狗的療程。

我們也會在www.foreverdog.com上持續更新清單，因為營養補充品業沒有管理規範（不像FDA核准藥物那般），各品牌之間存在不小品質差異，也不是所有寵物補充品都是以人類食用等級的原料製成。公司會換手經營、產品可能停止供應，這個領域瞬息萬變，隨時可能有某項大型研究改變世人對特定補充品的印象，也隨時可能有值得考慮的新產品上市。下列基本原則是比較不可能馬上改變的。如果你的狗狗有任何經診斷的病症、在服用藥物，或準備進行手術，請先洽詢獸醫師再展開新的營養品療程。

脈衝的力量

為什麼就多數補充品而言，我們推薦「脈衝療法」？

每天提供同樣的補充品，意味身體有充分時間適應一再進入身體的分子。選擇好的品牌，並增加餵食的頻率，能使身體對補充品的反應趨於理想。因此，我們建議某些補充品一週提供數次，但一天忘記或跳過也沒關係，別驚慌。你的狗狗唯一需要每天同一時間服用的藥丸是治療疾病所需的處方，營養品不必嚴格遵守時間表。你提供營養品是為了輕聲向狗狗的表觀基因組傳達長壽的指示——那是環繞狗狗DNA的第二層化學物質，會對DNA發揮類似小抄的作用，透過關閉或打開基因來修改基因表現。

核心要務

我們已經在第3章聊了許多關於酵素AMPK、mTOR和自噬的事情，因為這些與細胞清理門戶的活動和長壽息息相關。理想上，我們想要支持能調低mTOR音量、讓自噬可以在體內發揮神效的路徑。很快提醒一下，mTOR基本上就像生物版的體內「調光開關」，能決定細胞要開啟或關閉自噬。我們也想啟動能抗老的「sirtuin」基因和AMPK的活動——那是體內的抗老分子，負責管理至關重要的細胞自清，而常被稱為「代謝管理員」。其實，只要結合以下策略，你就是在做這件事了。

讓身體徹底發揮抗老化、延年益壽的作用

- 限時段餵食
- 運動
- 白藜蘆醇
- omega-3
- 薑黃素
- 二吲哚甲烷（DIM）
- 石榴（鞣花酸）
- 乳薊
- 肌肽
- 漆黃素（草莓裡有）
- 靈芝

白藜蘆醇

白藜蘆醇堪稱上述軍火裡的秘密武器。德州退休水電師傅傑克．派瑞（Jake Perry）因兩度打破飼養最長壽貓咪的金氏世界紀錄而在貓史上留名。第一次是在一九九八年，無毛斯芬克斯（Sphynx）混德文捲毛（Devon Rex）的「Granpa Rex Allen」活到三十四歲；第二次則是在二〇〇五年，名叫「Crème Puff」的虎斑貓活到三十八歲（超過貓咪平均壽命的兩倍！）他的秘訣？除了以市售貓糧搭配自己煮的剩菜如蛋、火雞培根和青花菜，他還做了一件絕對不尋常的事：他每兩天會用滴管滴一大滴紅酒來「促進動脈循環」。紅酒裡的微量白藜蘆醇真能對貓咪的壽命發揮如此強大的效用嗎？傑克這麼認為，而雖然我們不贊同餵寵物任何形式的酒精，但這種有大量文獻記載的成分，確實值得一書。（你或許已經聽過白藜蘆醇，這就是那種自然存在於葡萄、莓子、花生和一些蔬菜的多酚，也是它賦予紅酒健康光環。）顯然我們不會餵狗狗葡萄，但還有一種安全的白藜蘆醇來源，等待著我們的狗狗同伴。

製造寵物補充品的白藜蘆醇是從日本虎杖（Japanese knotweed，Polygonum cuspidatum）提煉的，那是這種抗氧化劑的豐富來源，傳統日本及中國醫學都廣泛使用。

白藜蘆醇才剛開始在狗狗的世界激起浪花，已證實具有消炎和抗氧化物之效，也對抗癌和心血管有好處，還能提振神經功能、改善狗狗靈敏度，並降低各種心智相關疾病的風險，從憂鬱、認知衰退到失智。

劑量：日本虎杖的建議劑量從每日5到300 mg/kg 不等，專家正在研究各種劑量對血管肉瘤的效用。非處方的犬用商品一般濃度極低。為多數專家接受的健康劑量為每天100 mg/kg，分散於各餐。

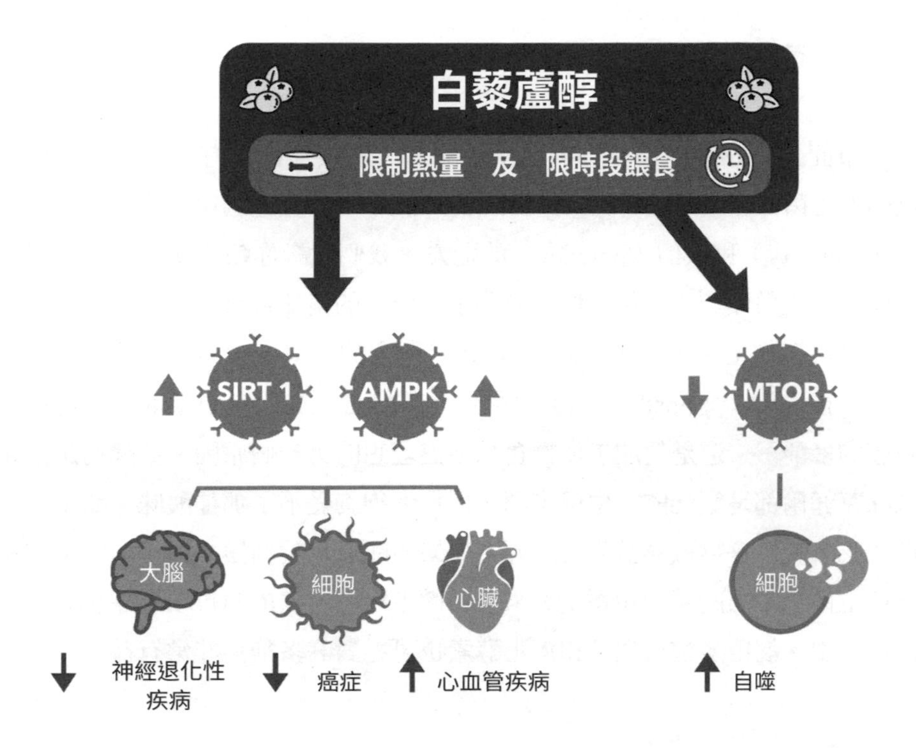

薑黃素

在找補充品界的瑞士刀嗎？如前一章所述，薑黃素既是可用於多種健康狀況的療劑，也是天然的消炎藥。這種化合物會鎖定和神經退化有關的生物化學途徑，包括認知損傷、活力／疲倦、情緒和焦慮。那也是強大的抗氧化劑、荷爾蒙及神經化學物質調節者、脂肪代謝的幫手、抗癌戰士，和基因組的普通朋友。那還富含纖維、維生素和礦物質。每天在狗狗食物裡磨點新鮮薑黃是不錯的主意，但多數人會覺得添入高濃度的補充品更有效。

劑量：50到250 mg，一天兩次（大約每一磅體重2 mg，一天兩次）。

益生菌

市面上有好幾種給狗狗的益生菌配方，請找那種含有不同益生菌種和高CFU〔菌落形成單位（colony-forming unit）〕，且經過第三方認證其存活率（viability）和效價（potency）的配方。我們建議你輪流使用多種不同的品牌和益生菌類型：各種土壤（或孢子生成）的菌株各有特色，有助於狗狗腸道群菌多樣化。你會想增添一些219頁所列的益菌生食物來抵達黃金終點線：「後生元」（postbiotics）。後生元來自必須從飲食中攝取，且對高溫敏感的多酚——這是超加工寵物食品不盡理想的另一個原因。發酵的蔬菜和原味克菲爾都是絕佳的益生菌來源，但很多狗狗受不了那種酸味。如果狗狗願意吃，就用食物做為益生菌來源；如果不願意，就輪換多種不同的狗狗配方益生菌（不同的廠牌和類型）來滋養微生物體。請依照每項產品包裝上的指示使用。混用多種益生菌和消化酵素也可能對許多狗狗非常有益。

益菌生食物 + 益生菌（發酵食物或營養補充品）= 後生元。後生元已被公認為對狗狗身心健康有益。

必需脂肪酸（EFAs）

所有脂肪酸都是細胞膜的結構和運作所不可或缺的，特別是腦部。〔研究顯示血液裡omega-3脂肪（一種多元不飽和脂肪酸）濃度最高的人，記憶與頭腦優於濃度最低的人。〕對狗狗來說，科學非常清楚：魚油能改善皮膚、行為、腦部及心臟健康，讓幼犬更聰明，並減輕發炎和癲癇。沒有脂肪酸，細胞將四分五裂。細胞膜是脂質的封套，包覆且保護內部細胞運作。膜也是粒線體能量生成所必需，因為沒有這種雙層膜結構，就沒有貯存空間供電荷分離，也就無法進行化學反應來創造能量。

細胞膜在體內的數量多得令人咋舌，因此你的狗狗對必需脂肪酸的需求十分深切。難就難在必需脂肪酸必須透過飲食獲得，因為如果攝取不足，狗狗無法自己生成。如果你餵給狗狗的食物經過熱加工，食物裡必需脂肪酸的數量就會受影響，而這就是我們推薦使用補充品的原因。

請添加能提供較多omega-3界的超級巨星——二十碳五烯酸（EPA）和二十二碳六烯酸（DHA）——的補充品。這些脂肪酸通常取自魚類或海洋生物（鮭、磷蝦、魷魚、淡菜）的油，是最適合狗狗的omega-3類型，已證實能減輕發炎和促進腦部修復〔包括增加狗狗的腦源性神經營養因子（BDNF）〕。真正的超級英雄是海洋油脂所含的消退素「resolvin」，這種化合物會阻止炎症發生，也會消除既有的炎症。其他種類的健康油脂（如漢麻、奇亞籽和亞麻仁油）則不含消退素或DHA和EPA，問題在於這些脆弱的化合物遇熱就會失去活性。

因高溫熬油和加工所致，多數加工寵物食品的必需脂肪酸已被破壞殆盡。當你以為你那袋狗糧含有完美的omega-3與omega-6比率時，請明白這點：袋子一打開，任何剩餘的omega都可能迅速失效。這就是運用穩定、高品質的補充品會有幫助的原因，也是我們向來建議在寵物日常飲食上多加一點omega-3的原因。（注意：請把狗糧放進冷凍庫來減緩變質速度。）不過，EPA和DHA請從海洋而非植物來源汲取，因為植物來源的含量不足。來自海洋的omega生物活性最高，也是永續來源，且可由第三方檢驗汙染物。

圍繞魚油補充品的亂象（及負面報導）是因魚油的形式而起。多項詳盡檢驗魚油補充品的研究證實，「乙酯」這種較為精煉的形式（製造成本比自然產生的三酸甘油脂型或磷脂型來得低）可能迅速氧化而使身體耗盡抗氧化劑（不是我們的目標）。買魚油的時候，記得確認那是三酸甘油脂型或磷脂型。我們會交替使用取自鮭魚、磷蝦、鯷魚、淡菜（貽貝）和魷魚的多種魚油。如果你的狗狗對海洋魚油過敏（這相當罕見），可用高DHA的素食微藻油（microalgae oil）代替（但微藻粉就不行了，那離滿足DHA和EPA的需求還很遠）。

如果你的狗狗吃的是未經高溫加工的較新鮮食物，也不是一整年坐著不動，你可以少補充一點omega-3。如果你是用含油脂的魚，例如沙丁魚或煮過的鮭魚做為核心長壽加料，一週加三次，就完全不必靠補充品了！

劑量：根據專科認證獸醫營養學家拉迪茨博士的說法，專家已經評估過EPA和DHA對患有各種疾病狗狗（包括腎臟病、心血管疾患、退化性關節炎、異位性皮膚炎和腸胃炎）的消炎效用，而劑量從50到220毫克／每公斤體重不等。患退化性關節炎而未以其他方式補充營養（未從市售狗糧獲得額外omega）的狗，建議採用最高劑量；如果你健康的狗狗沒有食用其他omega-3來源（例如沙丁魚），可考慮保養用的75毫克／每公斤體重。請按每一補充膠囊的毫克數或液態產品的毫升數來計算劑量。我們建議開封後就將omega-3置於冰箱存放，盡可能在三十天內用完，或者購買膠囊，藏在肉丸子裡。（或是戳破膠囊擠進食物裡。）

請注意：魚肝油是肝油（非體油），可能富含維生素A和D，但omega-3含量不高。有些處方會要求以魚肝油做為脂溶性維生素的來源。除非它是食療處方的項目，或狗狗的血液檢驗顯示牠缺乏維生素A、D，否則我們不建議在狗狗的飲食中添加魚肝油。

就算吃了營養強化的飲食，許多美國人和北半球居民的維生素D濃度都偏低，有些狗狗品種也是如此。額外替狗狗補充脂溶性維生素（特別是維生素A和D）可能馬上產生毒性，因此務必先請獸醫師判斷狗狗的情況再提供維生素D。研究顯示北方品種（「雪地犬」）需要較多維生素E和D、Omega -3和鋅來避免營養源皮膚病。我們很容易聽到這句話就開始補充，但這卻會引發災難。如果你覺得你的狗狗欠缺某種營養素，請先洽詢獸醫師再幫牠補充。

槲皮素

這種寶物在我們第一次於Planet Paws寫到時癱瘓了網路，而那一次，我們只不過是呼籲狗狗為過敏所苦（耳朵感染酵母菌、淚流不止／眼屎多／紅眼、皮膚癢／鱗片狀、打噴嚏，或有其他潛伏環境過敏原引發的症狀）的寵物爸媽注意一下而已。獸醫師將槲皮素視為天然的苯海拉明（Benadryl，一種抗組織胺），因為那向來以有助於緩解狗狗過敏症狀著稱。槲皮素是重要的飲食多酚，存在於數種食物之中，而且幾乎天天都會吃到。這是種自然產生的多酚類黃酮，常見於各種蔬果，如蘋果、莓子和綠葉蔬菜。槲皮素是種強大的抗氧化、消炎、抗病原和免疫調控劑，針對其生物活性的研究已鑑定出這種強力植化素除了天生具備抗組織胺的特性，還能以多條途徑防止或減緩退化性疾病發展。

在抗氧化及消炎的特性外，槲皮素也證實有助於調控可能會影響整個細胞組織的粒線體過程。新科學也證實槲皮素補充品可能對神經退化性疾病特別有效：在仿阿茲海默症的老鼠實驗中，那減少了與疾病有關的蛋白斑塊的惡性沉積，那也能抑制AGE在體內生成。紅利：這種分子或許也能減少殭屍細胞。

劑量：將寵物體重的磅數乘以8（例如50磅重的狗狗每天應攝取400毫克，125磅重的狗狗每天應攝取1,000毫克——相當於124顆紅蘋果或217杯藍莓）。秘訣：不論你給寵物多少劑量，都把它分成兩份，早晚各吃一份；把膠囊或粉末藏在餐點或點心裡，成效最為顯著。如果你的狗狗健康狀況真的很差，這種營養補充品的劑量可加倍無妨。

杏仁醬是比較新鮮的「餵藥零食」

要把藥丸藏起來，用一點有機生杏仁醬（每茶匙熱量33卡）便能代替那些超加工的半溼糧。我們用食物調理機打新鮮、有機的杏仁，除了降低氧化壓力，杏仁還可降低人體裡的C反應蛋白，還含有木酚素和類黃酮。有機生葵花籽也可DIY磨碎製成富含維生素E的醬，包住藥丸和藥粉給挑嘴的狗狗吃。你也可以試試小肉丸、新鮮乳酪（證實能打造狗狗的微生物體）或一小塊百分之百純南瓜（把剩的倒進冰塊盒冷凍供未來使用）。花生醬可能被黴菌毒素汙染，有些品牌也含有木糖醇，那對狗狗有毒。

菸醯胺核糖（NR）

隨便找個抗老生技界人士，問他哪些分子最有希望延年益壽，這個好物一定會被提及。菸醯胺核糖是維生素B3的變形，也是菸鹼醯胺腺嘌呤二核苷酸（NAD+）的前體。NAD+堪稱分子界的巨星，在哺乳動物體內許多關鍵過程都能起輔酶的作用，包括細胞能量生成、DNA修復和sirtuin活動（與老化有關的酵素）。沒有NAD+當輔酶，這些過程就無法發生，生命就無以為繼。NAD+重要到體內每一個細胞都有它的蹤影，但愈來愈多證據顯示，NAD+的濃度會隨年齡降低，科學家現在將這個轉變視為老化的一種標記。NAD+濃度較低也是多種年齡相關病症的成因，例如心血管疾病、神經退化性疾病和癌症。

例如有一項以老年鼠為對象的研究證實，另一種較大的NAD+前體分子口服菸醯胺單核苷酸（NMN），能預防與年齡相關的基因變化，改善能量代謝、體能活動、胰島素敏感性。要提升NAD+濃度並不容易，因為補充品形式的NAD+生物活性不佳，不過補充NR就是提升自然濃度的好辦法了。動物研究顯示，補充NAD+的前體NMN或NR能恢復NAD+濃度、減緩與年齡有關的生理衰退。我們請教的多數抗老專家都承認自己天天服用NR或NMN，有趣的是，在實驗讓小獵犬服用NMN的同時，我們也跟著服用，而那確實降低了脂肪和胰島素的濃度。

劑量：劑量範圍甚廣，許多給人類服用的產品建議每天300毫克（你的狗狗每一磅體重約給2毫克）。動物研究顯示更高的劑量（每一公斤體重一天吃32毫克）會有更大的效益，但因為這種補充品非常昂貴，請量力而為，可從每磅重2毫克開始。

益智藥：有時稱為「聰明補充品」，是能藉由協助預防或減緩認知衰退來提升腦部運作的化合物。研究揭露，經歷認知損傷的人普遍有預防認知衰退之必需維生素和營養素不足的問題，狗狗的情況也是如此。科學家發現特定營養素在細胞活動扮演要角，而這是維持理想認知功能所不可或缺的。研究也證實，長期壓力可能加快認知衰退和損害記憶功能。有些益智藥含有被視為適應原（adaptogen）的成分，意思是它們能協助身體應付壓力和促進認知功能。

猴頭菇

這種益智菇有廣泛的提升認知功效，也是種強有力的適應原（協助身體因應壓力做健康調整的物質），研究也顯示那可望改善動物實驗中的憂鬱和焦慮行為。蕈菇裡一種有益的多醣體被證實能有效治療和預防腸胃道問題，包括潰瘍，也能緩和動物的神經系統損傷和退化。某些狗狗品種罹患退化性骨髓病的風險較高，因此我們尤其喜歡它保護髓磷脂的功效。蕈菇能大力保護胃腸道，也能提升腸道裡的免疫系統，讓腸道得以抵禦攝入的病原體。如果你買得到猴頭菇，拿猴頭菇當「核心長壽加料」餵食非常棒，如果買不到，或者你的狗狗不吃，可以考慮營養補充品，尤其是超過七歲的狗狗。

劑量：在一項日本認知研究中，每天共攝取三千毫克的人，獲得良好的成效；這相當於狗狗體重每重五十磅，一日攝取一千毫克。

穀胱甘肽

我們已經介紹過這種由身體製造、對分解致癌物至關重要的胺基酸。穀胱甘肽協助將有害的AGE移出超加工食品、中和自由基和消除工業及獸醫的毒素，那也能保護狗狗免受重金屬傷害。在狗狗的肝臟中，需要穀胱甘肽的排毒活動負責處理60%在膽汁裡形成的毒素（膽汁是狗狗肝臟擺脫多餘物質的主要管道），這就是穀胱甘肽被稱為抗氧化大師的原因。穀胱甘肽也會幫其他抗氧化劑充電、強化它們對抗發炎的能力，也會以輔因子之姿和數十種酵素一起中和會製造傷害的自由基。在研究中，臨床診斷患有疾病的狗狗，體內穀胱甘肽較少。混用多種藥用蕈菇做為核心長壽加料是理想的做法，但如果你的狗狗不吃蕈菇，服用穀胱甘肽補充品也是個好主意，特別是狗狗年老的時候。

劑量：穀胱甘肽的劑量範圍相當大，不過多數醫師建議健康人體一天攝取250到500毫克，狗狗則每一磅體重攝取2-4毫克，可摻入肉丸或當餐間點心食用。

失智藥物對狗狗有用嗎？有的。低劑量的希利治林（deprenyl/selegiline）是FDA唯一核准治療狗狗認知功能障礙的藥物，而希利治林最為人熟知的功用是刺激多巴胺分泌。多巴胺是與情緒、愉悅感和大腦犒賞機制有關的重要神經傳導物質，也有助於控制身體的動作。在獸醫學界，希利治林被用來封阻一種會減緩多巴胺分解的物質的酵素活動。希利治林會增加神經營養因子（強化現有神經元的化合物），並支持新神經元的生長。那也會增加一種強有力的抗氧化劑來分解有害的物質，這有助於預防可能導致動脈硬化、心臟病、中風、昏迷和其他炎症的組織損害。如果你想要嘗試這種藥物，請跟你的獸醫師談談；一旦狗狗被診斷出認知障礙，我們建議除了服藥，也要盡早徹底改變生活方式。醫師們從一九八〇年代就知道希利治林的長壽效益，那時已有一些動物研究顯示，希利治林可能顯著增加壽命。

量身打造的支援

如果你家中或院子裡有一大堆化學物質，請在狗狗的飲食裡加S-腺苷甲硫氨酸（SAMe）。如果你使用防治犬心絲蟲、跳蚤或蜱蟲的藥物，請加水飛薊素。

SAMe：S-腺苷甲硫氨酸是一種在狗狗肝臟裡自然生成的分子，會為各種需要解讀的化合物扮演甲基供體（methyl donor）的角色。要透過甲基化作用修補狗狗的DNA，SAMe不可或缺，而它也是許多關鍵生物分子的前體，包括肌酸、卵磷脂、輔酶Q19和肉鹼。這些化學物質都在疼痛、憂鬱、肝病及其他病症上扮演要角。SAMe也參與許多蛋白質和神經傳導物質的生成，而自一九九〇年代起獲准為類藥劑營養品（nutraceutical）（因為它不存在於食物中，有時補充含SAMe的營養品是明智的）。多項雙盲研究證實它具有抒解憂鬱和焦慮之功效，人類臨床試驗也證明SAMe是有效的非類固醇消炎藥，使之成為鎮痛消腫的好選擇。在狗狗的世界，獸醫師用SAMe來幫助治療癌症、肝的毛病和犬隻認知障礙症候群。

一個受歡迎的狗狗專用SAMe品牌報告說，在服用四週及八週後可降低44%的問題行為，包括在家裡隨處便溺（安慰劑的群組則有24%）。其他有文獻記載的好處包括活動力和活潑程度明顯改善、覺察力顯著增加、睡眠問題減輕、迷惘困惑情況改善等等。另一項與前述無關、在實驗室進行的犬隻研究也顯示認知過程大幅提升，包括專注力和解決問題的能力。市面上有許多需經獸醫師處方的SAMe品牌，但你也可以買到不需處方的產品。每公斤體重吃15-20毫克，一天一次。若跟大份量的餐點一起供應，這種補充品會比較不容易吸收，因此請把它摻進肉丸子，或在餐間給狗狗吃。

乳薊（水飛薊素）是必找的肝臟解毒藥草。想排出草坪化學物質、空氣汙染和殘留的獸醫藥物，包括滅蚤除蝨藥、犬心絲蟲藥和類固醇嗎？這種取自一種開花草本植物的藥草堪稱解毒界的搖滾巨星，尤以像打掃家裡一般處理肝臟問題著稱。解毒是無比重要的過程，不僅對人類，對我們的寵物也是如此，無法恰當排毒的狗狗有衍生嚴重免疫併發症的風險。乳薊是解毒劑之中的老大，據馬里蘭大學醫學中心表示：「先前的實驗室研究證實水飛薊素和其他乳薊所含的活性物質，或許有抗癌功效。這些物質似乎能阻止癌細胞分裂及繁殖、縮短其壽命，並減少供應給腫瘤的血液。」

劑量：每十磅體重給八分之一茶匙的鬆散藥草。為發揮最大功效，這種藥草應以脈衝方式（間歇性）提供。在服用犬心絲蟲藥後（或欲清除體內其他藥物殘留），或住家施用草坪化學物質後的一週天天吃。乳薊有多種寵物專用產品可以選購，如果你買的是人類食用的商品，常見的「解毒」劑量是每天每公斤50-100毫克。請看標籤尋找至少含有70%水飛薊素的產品。

所有年齡適用的關節保健——從關節受傷的年輕狗狗到有退化性關節疾病的年長狗狗——翡翠貽貝（perna mussel）是可用營養品形式補充、強化骨骼肌肉的長壽食物。

翡翠貽貝是狗狗非類固醇消炎藥的天然代替品，會以類似作用對身體施展魔法。如名所示，這些補充品來自紐西蘭海岸原生的翡翠貽貝（學名：Perna canaliculus），它的殼周圍有鮮綠色的條紋，內側則有獨特的綠色唇形。毛利人運用翡翠貽貝的歷史悠久，而據科學家記載，住在岸邊的毛利人，罹患關節炎的機率遠低於住內陸的。臨床實驗證實，翡翠貽貝萃取物能緩和狗狗的骨關節炎症狀。例如二〇〇六年，一項有安慰劑對照的雙盲研究，以八十一隻患有輕度到中度退化性關節疾病的狗狗為對象，發現長期（八週以上）服用含125毫克翡翠貽貝萃取物補充錠，對狗狗大有幫助。二〇一三年一項在《加拿大獸醫研究期刊》（Canadian Journal of Veterinary Research）發表的研究指出，相較於對照組的一般飲食，富含翡翠貽貝萃取物的飲食能大幅改善經臨床診斷患有骨關節炎狗狗的步態。餵給這種飲食的狗狗也能吸收高濃度的EPA和DHA omega-3脂肪酸進入血液，研究人員推斷：翡翠貽貝萃取物對於患有骨關節炎的狗狗有強大助益。市面上已買得到做為點心的冷凍乾燥貽貝，粉狀的補充劑也將上市。

劑量：每公斤體重33毫克，分餐食用。

給特別需要協助解決壓力和焦慮問題的狗狗（一定要與行為矯正與日常運動療法並行）：

茶氨酸是具鎮靜效果的胺基酸，主要存在於茶中。它能促進α腦波生成，減輕焦慮和聲音恐懼症，並強化放鬆而專注的心理狀態。坊間有獸醫師處方的產品，不過茶氨酸在人類健康食品店也普遍買得到。降低狗狗焦慮最有效的劑量是每公斤體重2.2毫克，一天兩次。

睡茄是生長在印度、中東和非洲部分地區的一種小型常青灌木，它被稱作一種「適應原」，因為它能透過支持大腦功能來協助身體處理壓力、降低血糖和皮質醇濃度，並協助抗衡焦慮和憂慮的症狀。睡茄也證實能協助改善較年長狗狗的肝功能。劑量：每公斤50-100毫克，分成兩劑，以食物供應。

假馬齒莧是種用於阿育吠陀（Ayurveda）醫學的纖維植物，多項臨床研究發現它能提升記憶儲存——狗狗會學得更快、記住更久——並減輕壓力和焦慮，包括憂鬱。有些動物研究甚至證實它的抗焦慮效用足以媲美苯并二氮呯類藥物〔例如贊安諾（Xanax）〕，卻不會讓狗狗昏昏欲睡。世界各地的醫生都會在給認知衰退病患的支援療程裡加入假馬齒莧，因為事實證明它能強化記憶。

劑量：每公斤每天25-100毫克，以食物供應，分散於各餐。促進認知健康用低劑量即可，高劑量則用來治療焦慮。

紅景天是另一種能強化身體、使之更妥善因應壓力的適應原藥草。已有數項研究發現紅景天補充品能改善心情、降低焦慮感。

劑量：每公斤每天2-4毫克分散在各餐，應該就能奏效。

對於較早（青春期前）結紮絕育的狗狗來說，木酚素可能有助於平衡狗狗在一歲閹割後剩餘的荷爾蒙。木酚素是植物雌激素，也就是與體內雌激素極為相似的植物化合物，會傳送回饋給腎上腺來停止分泌數量不恰當的雌激素。（這從來不是腎上腺的首要工作！）木酚素有無數種來源，包括亞麻殼（別跟亞麻仁搞混了，亞麻仁沒有足夠的木酚素）、十字花科蔬菜，以及山地松的節瘤（HRM木酚素）。獸醫學常開立木酚素處方輔助治療狗狗的庫欣氏症（Cushing's disease，腎上腺激素過度分泌）。在例行血液檢驗時鹼性磷酸酶（ALP）濃度顯著升高，是皮質醇高漲而該抑制的常見線索。在多種「犬荷爾蒙平衡」產品中，木酚素常與褪黑激素和二吲哚甲烷並用來降低皮質醇，並協助緩和腎上腺在絕育手術後加班工作的壓力。每一磅體重每天可餵食1-2毫克的木酚素。

給超過50%的飲食來自超加工食物的狗狗：根據研究，你大可假設狗狗的AGE濃度偏高。如果牠不是吃有機食物，牠可能也囤積了可檢測濃度的殺蟲劑殘留物，或許還有重金屬和其他汙染物（例如PBDE、鄰苯二甲酸酯類），所以你需要提供協助牠的身體清出毒素的方法。我們喜愛的寶石如下：

肌肽是種可少量在體內自然生成的蛋白質砌塊，已證實能協助防止身體吸收和代謝AGE及ALE（脂肪的高度脂氧化終產物——另一種你不想累積的超加工食品副產品）。肌肽是抗氧化劑的天然屏障，能螯合重金屬、解除ALE和AGE所製造反應分子的毒性，也能抑制那些分子生成。

劑量：我們建議不到二十五磅重的狗狗一天攝取125毫克、二十五到五十磅重的狗狗一天攝取250毫克，超過五十磅則吃500毫克。這種人類食用的營養補充品在你家附近的健康食品店或網路都買得到。

綠藻（chlorella，或稱小球藻）是一種單細胞藥用淡水水藻，會綁住重金屬及食物和環境汙染。你可以這樣大肆利用綠藻的超能力，和芫荽一起餵，因為芫荽會去除超加工狗糧和傳統種植農產品裡面的嘉磷塞殘留物。綠藻是人類補充品，但也適用於狗狗，因為它有小錠也有粉末，可藏在肉丸子裡，也可以混在食物裡一起吃。

劑量：不到二十五磅重的狗狗一天攝取250毫克，二十五到五十磅重的狗狗一天攝取500毫克，更大的狗狗則一天吃750-1000毫克。

化學解毒補充品

- 清除獸醫及環境殺蟲劑：

乳薊、SAMe、穀胱甘肽

• 清除黴菌毒素、嘉磷塞及重金屬：

槲皮素、綠藻

給慢性感染的狗狗

橄欖葉萃取物：比起橄欖油，橄欖葉萃取物——不是果實本身——的效用可能有過之而無不及，因為那含有一種名為「橄欖苦素」（oleuropein）的活性成分，據信可促進消炎和抗氧化的功效。橄欖苦素對維持狗狗健康血糖濃度有益，含有延長動物腦細胞壽命的多酚，除了防範多種常見的病原體和寄生蟲，還能透過AMPK/mTOR的信號傳送來引發自噬。橄欖苦素也具有強大的抗菌和抗寄生蟲特性，在多項動物實驗中能預防及治療肝病和毒性，而專家正在研究它抗衡神經退化性疾病的功效，它也能殺死衰老細胞和刺激Nrf2。這種高效多酚能引發強大的細胞凋亡，因為能抑制異常細胞生長，正被拿來進行對抗多種侵略性癌症的試驗。

劑量：請尋找至少含12%橄欖苦素的人類草本商品。不到二十五磅重的狗狗每天攝取兩次各125毫克、二十五到五十磅重的狗狗攝取兩次各250毫克，更大的狗狗則吃兩次各500-750毫克。可攝取六到十二週來協助控制感染症（特別是反覆發作的皮膚、膀胱、耳朵感染）和刺激自噬，然後停用三、四週，再重啟循環。

我們喜歡的年長狗狗補充品

泛醇（ubiquinol）是輔酶Q10的活躍形式。輔酶Q10是種脂溶性類維生素抗氧化劑，身體需要它來支援及維持細胞粒線體內的自然能量生成，協助它們以理想水準運作。毫無意外，心臟和肝臟每細胞內含的粒線體多於身體其他部分，因此也有最多的輔酶Q10。同樣毫無意外，輔酶Q10是美國最受歡迎的人類營養補充品，推薦給心臟病患治療及預防與年齡有關的心臟疾病。在獸醫的世界，有心臟問題的犬患者也會被開立這種處方來減緩鬱血性心衰竭的進程。在一項最早評估患二尖瓣脫垂狗狗（小型犬最常見的心臟病）的研究中，輔酶Q10大幅改善了小型犬的心臟功能。我們也推薦輔酶Q10做為預防之道，滋養老化的粒線體、降低心血管疾病的可能性。光靠飲食不可能獲得足夠的輔酶Q10。泛醇（輔酶Q10較具生物活性的形式）是所費不貲的補充品，但也比較容易消化吸收。

劑量：從每磅體重1-10毫克、一天攝取一至二次不等，視狗狗的健康目標而定。一天一次的劑量足夠維持粒線體和心臟健康，但若動物罹患心血管疾病，就一天餵兩次。請注意：一般認為以油為基礎的調劑比輔酶Q10粉末來得有效且容易吸收。油基泛醇是以凝膠膠囊或輸液幫浦的形式販售，結晶的泛醇則以膠囊、錠或粉末販售。秘訣：如果你買的是純輔酶Q10，請使用較高的建議劑量來達到保健之效，並搭配一匙椰子油服用以利吸收。

我（貝克醫師）在二〇〇四年遇到還是幼犬的艾達（Ada）。我的首要健康目標是創造鋼鐵般的腸道，因為健康的腸道會轉化作健康的免疫系統。就基因而言，她的比特犬DNA有表現異位性皮膚炎（類似溼疹的類過敏症狀）的傾向，而我想加以避免。我在動物醫院遇過許多束手無策、亟欲避免安樂死的飼主——一如許多功能醫學的醫師，我是許多患有不治之症的動物的最後一站：過敏、癌症、肌肉骨骼問題和器官衰竭。我最不希望發生的事，就是晚上回到家還要面對渾身癢得受不了的狗狗，但我明白要避免這件事，得刻意進行我所謂的「表觀遺傳改造計畫」才行（這是值得另外寫一本書的主題）。

我們在Part I、Part II解釋過，我們的狗狗帶有可能會也可能不會表現的

DNA，這取決於表觀遺傳因素，而這也深受狗狗所處環境之影響。做為她的守護者，我很清楚我握有極大的力量可以阻止她的發癢基因發作，或是允許她可能遺傳的皮膚過敏傾向「順其自然」。我下定決心要降低她表現皮膚炎DNA的可能性。我從打造和保護健康的微生物體著手。我不是為了驅蟲而幫她驅蟲，我每一到三個月都會查驗糞便檢體，確定她體內無蟲寄生。她到我家裡以前是吃100%超加工寵物食品，我馬上開始餵她不同品牌、不同益菌株的狗狗益生菌，每一餐都加一兩撮。我太忙了，沒辦法餐餐自己做給她吃，但我立刻讓她斷絕超加工食品，改吃多種營養完善的生食品牌，餐餐輪換不同的蛋白質來源（和品牌）。我有兩個大冰箱，所以貯存各式各樣小包裝的狗食不是難事。輪流餵食牛肉、雞肉、火雞、鵪鶉、鴨肉、鹿肉、野牛肉、兔肉、山羊肉、食火雞肉、鴕鳥肉、麋鹿肉、鮭魚和羔羊肉（全都搭配不同蔬菜），能及早培育出營養及微生物多樣化。

艾達每天都會接觸健康的土壤（我住在森林裡），在戶外的時間很多。我的生活型態相當「綠」，所以她暴露的居家和環境化學物質微乎其微。我執意不給她抗生素，除非有危及生命之虞（那時我就知道只要走抗生素療程，就算時間很短，狗狗的腸道就得花好幾個月重建）。她有無可避免的「狗狗膿皮症」（puppy pyoderma）——很多狗狗在母源抗體消退、自己的免疫系統開始運作後，肚子和身體會長痤瘡。幼犬常在這個時候接受第一輪非必要的抗生素藥物。我用優碘一天輕擦兩次粉刺和膿包來管理她的膿皮症發作。那時，我也用橄欖葉作為補充品，用了一個月。跟多數幼犬一樣，她也因為吃到不該吃的東西而出現了幾次腹瀉。我沒有用胃腸抗生素處理她的腹瀉。（甲硝唑是腸胃問題最常開的抗生素，能有效治療腹瀉症狀，但也同樣有效地創造菌群失調——異位性皮膚炎方程式的第一步。）透過一天三次在她空腹時餵她活性碳，並餵幾餐煮過的脫脂火雞搭配罐裝南瓜（加上滑榆樹），她的「飲食失檢」總是能及時解決。

艾達走進我的生命時已經注射過兩劑幼犬疫苗了，我沒有毫不猶豫地幫她注射更多疫苗，而是想判定她是否具有足夠的免疫力來長久抵抗威脅生命的病毒。一種名為「抗體效價檢測」的簡單血液檢驗透露她已經得到保護了，給她打更多幼犬「追加劑」毫無益處，也不會「加強」什麼。多年來，她的效價檢測一直證明她的前兩劑幼犬疫苗仍具免疫保護力，而且十六年後依然如此。

我按照她的身體在不同生命階段的特定需求，為她量身定做營養補給品。當她還年輕時，我想要保護她的肌腱和韌帶（也是品種的弱點）；中年時，我希望她的免疫系統具有迅速恢復力；年長時，我希望保護和維持她的器官功能；而現在她年事已高，我的焦點擺在減緩認知衰退的速度、管理她所有身體不適。現年十七歲的她，視力方面也需要支持。對我來說，醫學既是科學，也是一門藝術。藝術之處在於如何因應病人會不斷隨時間改變的身體狀況來打造健康療程，將遺傳學納入考量、視病人特定健康需求調整，而非訂出「一體適用」的標準計畫。你的狗狗的身體在變，你的補充品療法也要跟著變。

何謂功能醫學醫師？

功能醫學認為食物和生活方式是療癒的主要方法，藥物干預並非管理慢性病的首要或唯一選項。功能醫學獸醫師會在疾病發生前，努力鑑定並排除生活方式和環境的障礙。我們為動物量身打造因時制宜的健康計畫，以促進身心安康、高品質的生活和超過平均的壽命為目標，這與傳統醫學是在症狀提醒我們身體患病和衰退後才做出反應截然不同。欲尋找採納功能醫學的專業動物組織，請看376頁。

關於狗狗的營養補充品，我們可以寫一本專門的百科全書，那實在有太多品牌、太多臨床證實有益健康的類藥劑營養品和草本植物了。有其他獸醫做此嘗試，不過最重要的是（當然前提是不要亂給過量的藥錠、確定你知道自己給了什麼、為什麼要給，以及不要花大錢），明智地評估哪些營養品最適合你的狗狗。跟人一樣，不同的動物會在不同的時間、基於不同的理由需要不一樣的支援。與功能醫學或保健醫學獸醫師合作，或請教專注於疾病預防的獸醫師，可能大有幫助。**我們也鼓勵寵物守護者增廣見聞，成為你的動物的最佳倡導者。**

這個產業也瞬息萬變。例如最近幾年，給狗狗吃的大麻二酚（CBD，cannabidiol）商品席捲市場。CBD是存在於大麻及漢麻的化合物，多數CBD產品，特別是專為狗狗設計、以油和酊劑供應的產品，是從漢麻而非大麻萃取——大麻亦含有四氫大麻酚（tetrahydrocannabinol），賦予其影響精神特性的化合物。作為保健補充品，CBD常被標榜為對身體有多種功效的萬靈丹，那有消炎作用、能安撫神經系統、治療疼痛與焦慮，甚至可能有預防及輔助治療癌症之效。儘管我們確實享受過用這種藥草解決狗狗特定難題的好處，但我們在市售犬用CBD產品看到的最大問題（除了品管和效力），在於這個被誤導的假想：它可以處理各式各樣的生理病痛、改善每一種行為問題。事實上，它沒辦法。CBD與其他許多草本產品是可能對有特定狀況的狗狗有療效，但我們在這裡所列的補充品則屬於「保健」類——如果你想，是可以天天使用來逐漸增進健康、延緩老化的補給品。如果你的狗狗有特定健康問題，許多依照狗狗特殊醫療問題和生理機能客製化的類藥劑營養療程，都有神奇的功效。多家保健公司已開始提供依狗狗特定遺傳易感性、DNA檢測結果和特殊問題量身打造的補充品療程。

如果你的狗狗身體不適或正在用藥，請先和你的獸醫師討論你想開始使用的補充品。在狗狗動手術或開始用新的處方藥物之前，一定要告訴獸醫師狗狗正在服用哪些補充品。補充品可以跟食物混在一起吃，也可以藏在小肉丸或包在杏仁醬或新鮮乳酪裡。（你知道研究顯示，含有益生菌的新鮮乳酪也對狗狗的微生物體有益吧？!）不要強灌粉末，那會破壞信任、有窒噎風險，且感覺不好。

長壽鐵粉攻略

- 正確的補充品組合，配上正確的時機——不要走極端——可以協助狗狗的天然生物學彌補飲食和其他生活方式、年齡或基因上的缺陷。但並非所有狗狗都一直需要補充品。
- 可考慮給狗狗的核心基本補充品（劑量與供應方式請詳見本章說明）：

  白藜蘆醇（日本虎杖）

  薑黃素（尤其如果你的狗狗不吃薑黃的話）

  益生菌（尤其如果你的狗狗不吃發酵蔬菜的話）

  必需脂肪酸（EPA + DHA，如果你的狗狗一週沒有攝取兩、三次含油脂的魚）

  槲皮素

  菸鹼胺核糖（NR）或菸鹼胺單核苷酸（NMN）

  猴頭菇（七歲以上的狗狗）

  穀胱甘肽
- 支援計畫

  暴露於大量化學物質（如草坪維護產品、家用清潔劑）的狗狗：添加SAMe（亦請參閱240頁的BOX）。

  施用驅除犬心絲蟲、跳蚤、蜱蟲等藥物的狗狗：添加乳薊。

需要特別支援關節的狗狗：添加翡翠貽貝。

需要特別支援壓力、焦慮的狗狗：添加茶胺酸、睡茄、假馬齒莧和紅景天。

青春期前就結紮或絕育的狗狗：添加木酚素。

餵食加工食品超過50%的狗狗：添加肌肽和綠球藻。

慢性感染的狗狗：感染變本加厲時添加橄欖葉萃取物。

年長的狗狗：添加泛醇。

9
以個製化的餐點作為藥物
研究寵物食品、調整鮮食比例

你吃的東西可以是最安全、最強大的藥物，
也可以是最慢性的毒藥。
——安・威格摩爾（Ann Wigmore），美國食療師

你可以增進狗狗多少健康，取決於三大要素：你相不相信生活方式很重要（基本上就是你願不願意投入這個過程，願不願意付出心力）、遺傳和預算。儘管我們改變不了造就狗狗基因組成的DNA，但我們通常可以透過改變環境，包括飲食，來影響牠們的酵素途徑，即表觀遺傳。我們對表觀遺傳的觀念是：既然所有狗狗都需要吃東西，不妨讓牠們吃進對本身基因組的健康表現有正面幫助的食物。

在實行任何生活方式和飲食改變之前，請先諮詢獸醫師，確定在轉換成較健康生活方式的過程中，沒有其他潛在問題需要管理。

強力改變的序幕

生活的微妙影響會潛移默化，養成渾然不覺的習慣。請先從改變不健康的舊行為模式、開啟較健康的新習慣著手。請先評估狗狗現有的飲食，決定要不要做任何重大改變。我們建議慢慢調整食物和點心以避免腸胃不適，審慎規劃的概念至為重要。

請記得，改變的目標在於降低代謝壓力和發炎、活化AMPK與長壽路徑、協助狗狗身體清出可能在器官組織累積的毒素、重建微生物體平衡。

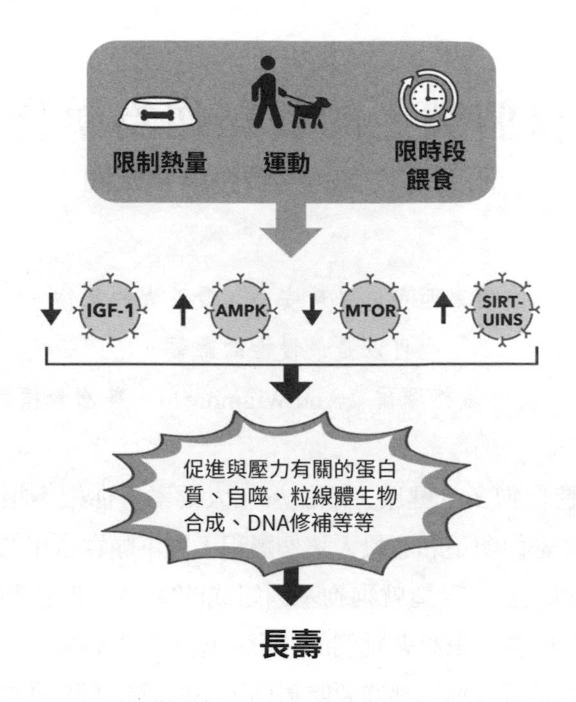

我們將假設你現在會餵一些加工或超加工食品，但就算沒有，也請你讀下去，直到確定你的食譜或品牌符合「健康長壽的狗狗」的標準。這個標準提供一種評估你目前餵食的食物（並決定是要繼續或改善你的基礎飲食）的方式，也是選擇更新鮮品牌的範本，包括現在和未來的選擇。

從改變食物開始

為簡明起見，我們將我們引進較健康食物的方法分成兩個步驟。第一個步驟是引進長壽食物，用來當點心和核心長壽加料；第二個步驟則是改善狗狗的日常飲食——如果有此必要、你願意也有能力做到的話。把改變食物分成兩階段的理由很簡單，因為你和你的狗狗會輕鬆一點。放慢轉換食物的速度，對狗狗的壓力不會那麼大，也給你時間自己做研究、完成「寵物食品作業」，展開探究狗狗味覺喜好的美好過程。

直到此時此刻，你或許仍覺得，你的狗狗願意吃牠的食物，就表示牠喜歡。你會發現你的狗狗跟你一樣，已經微調過對食物的喜惡了。牠從來沒有機會發掘和享用形形色色營養又可口的食物，在透過試誤和多次嘗試一小口新食物的機會，你將展開充滿樂趣（有時妙趣橫生）的發現之旅：了解狗狗奇妙的嗅覺和味蕾有多複雜。這個世界充滿名副其實的救命食物，有待你和你的狗狗一起發現！

步驟一：引進核心長壽加料（CLTs）

10%核心加料定律：你目前餵給狗狗的任何食物品牌，都可以用CLT的方式添加新鮮食物。10%定律最棒的是，這些添加的東西不必營養均衡，可視為「額外添加」。根據寵物營養學家的說法，這代表狗狗每日有10%的熱量攝取，可以是我們施展長壽魔法的自由空間。小提醒：如果你的狗狗圓滾滾、該減個幾磅，你可以用CLT取代牠食物熱量的10%；如果你的狗狗精瘦、體重正常，則可以額外增加。不論你餵給狗狗什麼食物（或基礎飲食），都可以按計畫加入10%的長壽食物。

10%核心加料定律

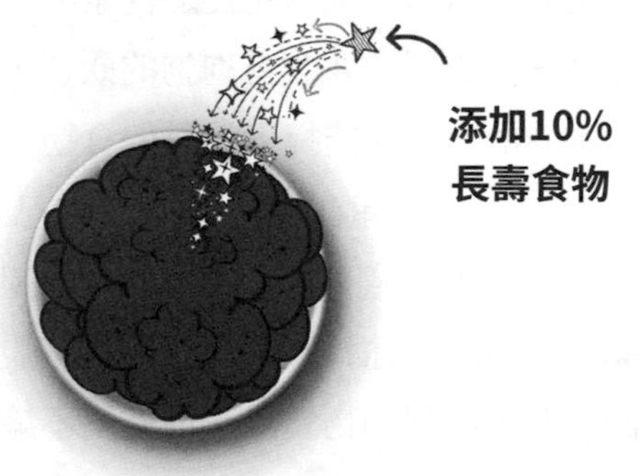

添加10%
長壽食物

步驟二：評估狗狗的基礎飲食，讓碗裡煥然一新

牠現在吃些什麼供應日常營養？我們希望你做三個習題來徹底了解你目前餵的狗糧，或未來可能考慮餵食的品牌或類型：

1. 寵物食品作業。這些簡單作業的成果就是你可以參照的標準——用來選擇展開「健康長壽的狗狗餐點計畫」所需的品牌和飲食，或是增強信心：你目前餵的就是你原本想要餵的東西。

2. 選擇鮮食類別。就連加工較少的狗糧這一類也有許多選擇。你將在這裡審視所有選項，決定哪些最適合你狗狗的需求和你的生活方式。（而且你不必只選一種！）

3. 設定你的鮮食比例。透過選擇狗狗的鮮食比例（你每一餐想餵的非加工或新鮮、瞬加工狗食），來設定鮮食的攝取目標。換句話說，你要從狗狗的生命裡減少或消除多少超加工寵物食品。

要提升狗狗餐碗的整體健康，就要從參照你為狗狗設定的營養和健康目標，決定狗狗日常食糧的基礎做起。你可能很高興來到這本書的這個地方，因為你在Part I及Part II學到的東西，終於派得上用場了。你可以先問問自己：我的狗食究竟有多營養，真的能促進健康嗎？我是依據什麼樣的標準做出這個結論的呢？你或許不需要改善狗狗的飲食，但你仍需要做寵物食品作業來確定你的狗狗吃的是你所能提供的最好食物。我們有數以千計的客戶和追蹤者在做完這個習題後都承認，他們以為自己在餵的東西，與他們真正在餵的東西毫不相干，不僅還有進步空間，有時還是相當大的空間。

「寵物食品數學」能如實揭露你可能想處理哪些領域來充實狗狗的營養攝取，並把多餘、有害的附加物質減至最低。不論如何，我們建議你以循

序漸進而充滿自信的步調盡你所能，並由衷為你做得到的事感到愉快。你所做的每一個正向的改變，不論有多細微，都會促成更好的健康，所以別拿自己跟別人比較，也不要讓罪惡感或挫折感悄悄蔓延。你當然也不需要一次做到所有事情，所以放輕鬆、如魚得水般地運用這個對你大有幫助的技能：學習如何評估狗糧的品牌。

習題1：把你的寵物食品作業做到最好

寵物食品作業讓你得以評估目前在餵的食物，或者任何考慮購買的新狗糧品牌。如果你不打算更換狗狗的食糧，我們仍建議你讀下去，將這些評估工具應用在你目前餵的食物上。對於每天到底有哪些東西進入你狗狗的身體，你知道得永遠不嫌多。在這個習題的尾聲，你將採用客觀標準將寵物食品品牌評定為好、較好與最好。我們社群裡有很多人都完成了這個習題，明白自己鍾愛的品牌並未達到標準，甚至根本不及格。我們作何反應？現在你知道了吧！（謝天謝地！）現在你有更多資訊可以做更好的選擇了。（別為了你以前不知道的事情把自己毒打一頓。）就算你的品牌跌到「好」這個等級的谷底（離「較好」或「最好」很遠），那或許仍是你給狗狗的首選，因為那與你個人的食物哲學一致。

這份作業的目的在於扎實地了解一個品牌的符合生物學性、加工量，以及營養來自哪裡。你個人的信念最終將決定每一個主題有多重要，你或許完全可以接受某個領域分數較低，那也無妨。

令人遺憾的是，要建立一個毫不偏頗、「消費者報告」式的網站來評估狗糧品牌，所需的資料並未公開。狗糧公司很少公布其內部研究或揭露其原料來源，寵物界也沒有類似「國家衛生院」的機構。由「寵物食品事實」組織（Truth About Pet Food）發布的年度公正第三方評論「清單」（The List），是北美洲最好的了。不過，正如你所想像，比起市面上有數百個品牌流通，這份清單非常短，因為它只能仰賴願意提供第三方證明文件、原料來源透明的廠商。這就是你個人的食物哲學發揮作用之處。拿到寵物食品作業的分數，你便擁有自行評估品牌所需的一切資訊。很多人會說：「告訴我該餵哪個品牌就好。」或問：「甲品牌好嗎？」但歸根結柢，那要看你自己對「好」的定義，不是嗎？

說來奇妙，我們兩個人的父親都在我們成長期間說了同一句格言：「授人以魚，不如授人以漁，授人以魚只救一時之急，授人以漁則可解一生之需。」雖然（再）聽到這句話令人備覺親切又厭惡，但它當然適用於選擇寵物食品品牌的時候。我們會教你如何評定各式各樣的寵物食品，所以你不必問：「這個品牌好嗎？」你可以說：「我有自信，為我的狗狗挑選這個品牌是對的。」當然，要說這句話，你需要足夠的知識來做睿智的決定，而我們將在下一階段分享那些知識。

我們不建議你自動採納別人的個人食物哲學。請誠實面對自己，鑑定出你自己的核心食物信念。你購買食物的時候，有哪些重要的考量呢？你購買狗糧時，又有哪些考量要素呢？以下考量要素已幫助世界各地成千上萬有健康意識的寵物守護者，塑造個人食物哲學。請運用這份清單上的問題作為起點，形塑每一個主題的核心信念。整體而言，你對這些主題的意見，就建構了你對狗食的個人哲學。

公司透明度：關於原料來源、原料品質，和是否切合物種需要等問題，我可以得到誠實的答覆嗎？

價格：我負擔得起嗎？

口味／適口性：我的狗狗會吃嗎？

冷凍空間和準備時間：我有辦法貯存我需要的食物、有時間按照適當的方式準備嗎？

基因改造生物：你覺得「我的狗狗沒有攝取經過刻意基因變造的成

分」這點有多重要？

消化／吸收測試：你覺得「知道我的狗狗能否順利消化吸收這種食物」這點有多重要？

有機：「我的狗狗不會在食物裡吃到年年春或其他殺蟲劑或除草劑」有多重要？

草飼／放養：避免工廠化養殖的肉品（和藥物殘留）或集中動物飼養（CAFO）的動物有多重要？

汙染物檢測：食物的原料通過第三方汙染物檢驗（例如安死液、重金屬、嘉磷塞殘留等等）有多重要？

人道飼養／屠宰：成為「食物」的動物沒有被虐待或死狀淒慘有多重要？

永續性：這種食物是否以維繫健康生態、盡可能降低環境衝擊的方式製造，有多重要？

營養檢測：食品有沒有先送一批（或只是原始配方）進行實驗室分析或飼養試驗來證明營養充足，你覺得有關係嗎？

無合成物：我的狗是從食物中而非實驗室製造的維生素和礦物質中獲得大部分的營養，你覺得重要嗎？

原料來源：食品是否含有從品管標準不同的國家進口的原料，你覺得有關係嗎？

原料的品質（飼料或人類食品等級）：「我的狗食是人類食用等級」是否重要？（換句話說，如果我的狗食的原料未通過人類食品檢驗，這有關係嗎？）

營養水準：「我的狗食是否符合狗狗的最低營養需求以避免營養不良，或對狗狗健康有害的營養過剩」，這點是否重要？這家公司會不會讓我知道營養檢測結果，有關係嗎？

配方：我的狗食符合營養標準（NRC、AAFCO、FEDIAF）有多重要？食物的配方是誰制定的有關係嗎？

品管：食品安全和產品品管對你有多重要？

加工技術：避免餵到梅納反應產物（MRPs，包括AGEs、ALEs、異環胺和丙烯醯胺）有多重要？

除了上述清單，還有其他許多「食品問題」可能塑造你個人的食物哲學。在選擇食品類型和品牌之前，請先仔細斟酌每一項議題。

幾乎每一種個人食物哲學都找得到符合的食品公司和類型，也都有自己動手做的食譜。（請上www.foreverdog.com尋找能給你啟發的食譜。）很多人告訴我們，在仔細思考這些問題後，他們才知道原來自己有食物哲學。很多人在得知自己長年忠實惠顧的品牌，其實與本身食物哲學格格不入時，都既驚訝又失望。每一個狗糧類別都有不好、好、較好和最好的選項，但會由於你的預算、生活和食物哲學隨時間改變（通常如此），你將跟著重新評估、重新修訂你的長壽健康的狗狗餐點計畫。廠商會轉賣、會易手、會調整產品配方，我們建議你每年檢視一次你正在餵食的品牌。這句話說再多遍也不為過：**混合餐點計畫，或在一年內輪換多種來自不同品牌的狗糧產品，是預防單一飲食弊病的最好方法之一。**

如果你選擇自己料理食物，你便可完全掌控所用食材的品質和來源，但如果你打算買狗糧，那我們有個適用於所有狗狗——不分年齡、生活方式和地理位置，一概適用的可靠建議：盡可能避開「十二大要犯」清單。

十二大要犯：避免購買標籤上列有下面任一種成分的狗糧（未照特定次序）：

- 任何種類的「粉」（meal）（例如「肉粉」、「禽肉粉」、「玉米筋粉」

- 甲萘醌（menadione，維生素K的合成形式）
- 花生殼（黴菌毒素的重要來源）
- 色素（例如紅色四十號），包括焦糖色素
- 禽肉或動物消化物（digest）
- 動物脂肪
- 丙二醇（propylene glycol）
- 大豆油、大豆粉、碎大豆、大豆殼、粗大豆
- 「氧化」和「硫酸鹽」類礦物質（例如氧化鋅、二氧化鈦、硫酸銅）
- 禽肉或牛肉的副產品
- 羥基茴香二丁酯（BHA）、丁基羥基甲苯（BHT）和乙氧基喹啉（合成的防腐劑）
- 亞硒酸鈉（sodium selenite，合成形式的硒）

評估產品和工序

在評估品牌時，產品和工序都很重要。對於進入你狗狗嘴巴裡的每一項產品，「**先讀再餵**」是我們的建議。品牌會因區域和國家而異，但你評估食物的方法仍然一致，就從你的個人食物哲學開始。你想買某樣食物所需的一切資訊，都該出現在該公司的網站上。如果那樣食物是有機的、是用人類可以吃，或非基因改造的原料製成的，網站應該告訴你這件事；如果你在網站看不到你要找的資訊，產品很可能也不會標示那些資訊。寵物食品公司會利用官網來凸顯最吸引人的產品優勢，所以你不必深入挖掘。如果你有疑問，不妨寫email或打電話給公司。在運用我們的核對清單培養你的個人食

物哲學之後，你就可以繼續往寵物食品作業邁進了。

狗糧包裝上的每一個成分都有歷史，並且都透露了重要的故事。狗糧原料的品質與數量、每一項成分如何經過改造或摻雜，最終都會決定那種食品有多符合生物學性、多有益身心、多健康。沒錯，做網路調查來了解狗狗在吃的食物裡到底有什麼，雖然確實有點麻煩，卻是唯一的途徑，而你的狗狗的健康仰賴你這麼做。

評估狗糧的三道計算題

好消息是，所有狗糧產品都可以用三種簡單而公道的原則、排除天花亂墜的行銷炒作來加以評估。你可以做些簡單的數學——算算碳水化合物、摻雜的數學、合成營養素加法——來一一比較狗糧品牌。每一道計算題都會得出一個分數，你可以把三個分數加起來，和其他品牌相較；每一個分數會落在好、較好或最好的級距，可和競爭對手比較。在你讀這些資訊時，你可能發現自己會依據最重要的事情和你個人的食物哲學來給結果排定優先順序。這正是我們希望做的事：把重心擺在此時此刻對你意義最重大的事。

算算碳水化合物

隨堂測驗：一隻狗需要多少碳水化合物？我們希望你大叫「零！」狗狗需要的碳水化合物是零，但牠們——跟我們一樣——愛死了碳水化合物，也可能吃脂肪加碳水化合物吃到上癮。若讓澱粉占去能量來源的30%到60%（多數乾糧都是如此），結果就會和我們在速食世界孩子身上看到的情況一樣。那麼多的澱粉會創造許多能量（而那些熱量可能導致肥胖）和不好的腦部化學作用、發炎及營養不足（過度餵食而營養不良），因為碳水化合物的熱量會排擠掉真正迫切需要、來自營養密集新鮮肉類的熱量。

計算食物裡碳水化合物（澱粉）的含量是判定那種食物是否符合生物學性的有力工具。狗的演化飲食是高水分、多蛋白質和脂肪，以及非常低的糖／澱粉，與乾糧完全相反。

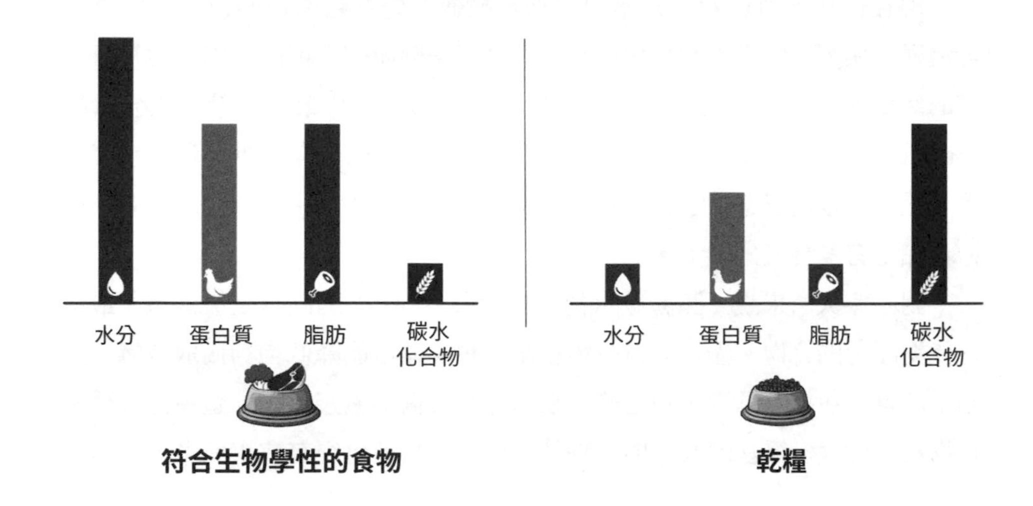

寵物食品的碳水化合物（小米、藜麥、馬鈴薯、扁豆、木薯、玉米、小麥、米、大豆、鷹嘴豆、高粱、大麥、燕麥、「古代穀物」等），遠比任何品質的肉類廉價，甚至比肉類副產品和肉粉便宜，而碳水化合物的黏性有助於在製造過程聚合食物。所以，計算碳水化合物也會告訴你，你付錢買了什麼：是便宜、不必要的澱粉，或是比較貴的肉類。

請記得，當我們說碳水化合物時，我們說的不是健康、無糖的纖維，我們指的是「壞的碳水化合物」——會轉變成糖、製造代謝混亂和有害的AGE。這些就是我們需要在狗狗碗裡減到最少的碳水化合物，也是目前霸占許多（我們敢說大部分）超加工寵物食品成分的碳水化合物。動物營養學家和寵物食品配方師派頓博士告訴我們，以往野生的狗狗很少能找到澱粉含量超過10%的食物。既然狗狗不需要澱粉，少比多好。

請記得，如果能自己選擇，狗狗會選蛋白質和健康的脂肪，而非碳水

化合物。你不必執著於消滅狗狗碗裡的所有澱粉。狗狗跟我們一樣，可以攝取一點會對代謝造成壓力的食物（意即速食）無妨，但我們的目標是先從符合牠天生代謝機制的食物攝取熱量，如瘦肉和健康的脂肪。

現在你知道消費者不光是想在狗食標籤上先看到肉類而已。為什麼肉會沒通過檢查，變成「飼料用原料」呢？那是健康的「苗條」肉，還是有病害的組織？肉是從哪裡來的？精明的消費者知道這行業的詭計：成分分散（ingredient splitting）和鹽分法。比較沒那麼明確的是有多少能量，或說熱量，是來自較便宜的碳水化合物，因為到這本書付印為止，我們還沒看到寵物食品上有營養成分標示。

對「家犬」來說，澱粉碳水化合物含量不到20%的飲食是最營養、最沒有代謝壓力的食物。盡可能減少澱粉攝取也能盡可能降低狗狗攝取有毒「殺劑」的量，包括除草劑、殺蟲劑、嘉磷塞和黴菌毒素殘留物，這些都會透過食物鏈，從大多經基因改造的作物往上傳遞。目前已經有愈來愈多寵物食品

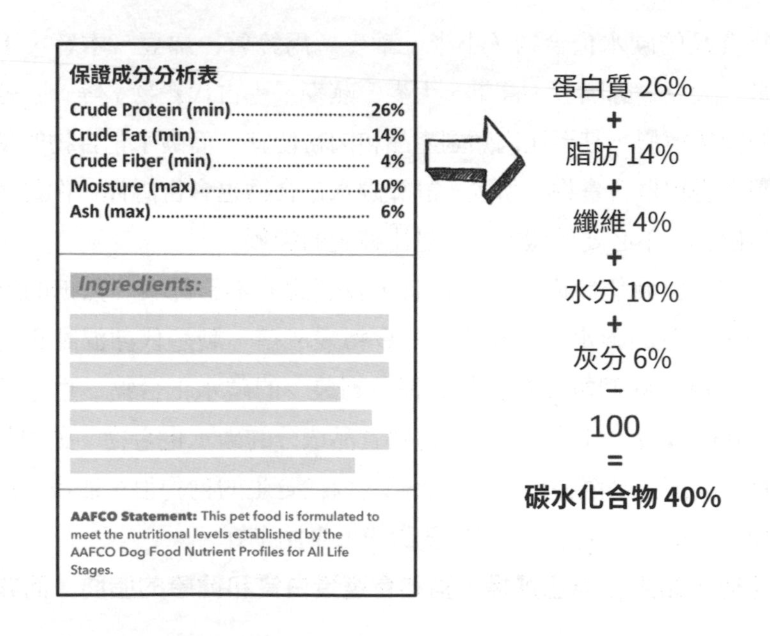

公司提供碳水化合物含量的資訊，可能在產品包裝，也可能在網站上。如果廠商未提供這項資訊，可以打電話去問，不過也許自己加一加比較快。乾糧和溼糧所含水分不同，算式也略有不同（你可以上www.foreverdog.com 查詢罐裝／溼狗糧的算式）。

要計算乾糧的碳水化合物，請在包裝袋或網站上找保證成分分析表。保證成分分析表列出飲食中的粗蛋白質、纖維、水分、脂肪和灰分。灰分是礦物質含量的預估值。有時寵物公司不會在保證成分分析表列出灰分，如果你沒看到灰分，就假設那是6%（灰分在多數狗糧的含量從4%到8%不等）。要計算澱粉含量，只要把蛋白質、脂肪、纖維、水分、灰分（若未列出就算6%）加起來，用一百去減。那個數字就是澱粉（意即糖）在你的狗食中所占的百分比。我們建議你坐下來做這題算式，因為很多人震驚地發現，他們一袋120美元的「超優質」狗糧，足足有35%的澱粉（糖）。

好：澱粉碳水化合物含量不到20%的狗糧
較好：澱粉碳水化合物含量不到15%的狗糧
最好：澱粉碳水化合物含量不到10%的狗糧

偶爾營養學家或獸醫師會有醫學上的理由，去增加狗狗的碳水化合物比重（例如懷孕時），但一般來說，健康的狗狗不像山羊和兔子，並不需要大量來自碳水化合物的熱量，所以除非有醫療需要，我們一概不建議給狗狗滿滿的碳水化合物。

摻雜的數學

寵物食品數學的第二道習題協助你判定加工的程度和強度。食物精煉及變造程度愈高，就會失去愈多養分，招致愈多有毒的加工副產品。判定食物究竟屬於新鮮、瞬加工、加工或超加工狀態可能並不容易，但我們會盡可能為你化繁為簡。簡單複習你在Part II學到的東西：

無加工（生）或「新鮮、瞬加工（flash-processed）食品」：新鮮、未煮過的原料為保存目的輕微改造，營養流失甚少。例子包括碾磨、冷藏、發酵、冷凍、脫水、真空包裝、巴斯德消毒法。這些加工甚微的食品經過一次摻雜。

「加工食品」：前一類的定義（「瞬加工食品」）加上一道加熱工序，也就是有兩次加工。

「超加工食品」：工業食品產物，含有不會在家庭烹飪出現的原料，需要多道加工步驟、使用多種事先已加工過的原料，以及各種添加物來提升味道、質地、顏色和風味等，並經過烘烤、煙燻、裝罐、壓製等方法製作。超加工食品經過多次熱摻雜，一袋普通乾狗糧的原料平均經過四次高溫加工。

新鮮、瞬加工食物被動手腳（摻假）的次數較少，也沒有用高溫加工。這為什麼那麼重要？營養的敵人是時間、高溫和氧（會導致氧化和腐

一般最大營養流失（與生食相較）

維生素	冷凍	乾燥	烹煮	烹煮+脫水	再加熱
維生素A	5%	50%	25%	35%	10%
維生素C	30%	80%	50%	75%	50%
硫胺	5%	30%	55%	70%	40%
維生素B12	0%	0%	45%	50%	45%
葉酸	5%	50%	70%	75%	30%
鋅	0%	0%	25%	25%	0%
銅	10%	0%	40%	45%	0%

敗）。在狗食方面，高溫是最普遍的侵犯者，高溫會對食物的營養造成負面衝擊：原料每次受熱時間愈久，就有愈多營養流失。針對營養會因超加工耗損到什麼程度，目前還沒有以品牌為基準的研究公諸於世。不過，從商品會加回許多合成維生素和礦物質來彌補加工期間的深刻營養流失這點，我們不難看出終端產品的營養有多貧乏，耗損得有多嚴重。我們從人類文獻援引了營養流失的一個例子，闡明在一次加熱工序後，一些養分會發生什麼事。請看「再加熱」一欄的數值，了解一般袋裝狗糧在額外加熱三次後的情況。

壞消息還沒完。原料每加熱一次，我們就會失去更多對抗老花和疾病的最強大武器。會正面影響狗狗表觀基因組的強力多酚和酵素輔因子會被煮掉，脆弱的必需脂肪酸（製造彈性細胞膜的原料）會失去活性，蛋白質和胺基酸的性質也會改變。反覆加熱也會抹煞完整生食的「隨行效應」（entourage effect）——每一個新鮮食物裡的多樣菌群會和自然形成的維生素、礦物質和抗氧化劑和諧運作，提供狗狗身強力壯所需的一切。這下全都消失了。

超加工飲食會造成雙重損害：反覆加熱一方面會消滅預防疾病及退化的營養素和生物活性化合物，一方面又會創造使細胞老化和死亡過程加劇的生物毒素。**高溫加工過程產生的糖化終產物（AGE）會迅速使狗狗老化並引發疾病——而我們的狗狗每天都在超加工寵物食品裡吃到大量有毒物質。**反覆加熱原料會造出寵物食品業亟欲忽視的微型巨怪。周而復始的梅納反應會在終端產品裡產生AGE，以每一種你想得到的方式傷害狗狗的健康。溫度愈高、加熱時間愈久、次數愈多，就會產生愈多AGE。反覆加熱會損害食物裡的營養成分，增加AGE的數量。

原料品質愈好，且光譜愈廣，產品裡就有愈多來自原型食物的原始養分存在（在考慮生食品牌時尤其重要）。顯然，原料經熱處理的次數愈少，就會有愈多養分留在最終成品中。

寵物食品製造

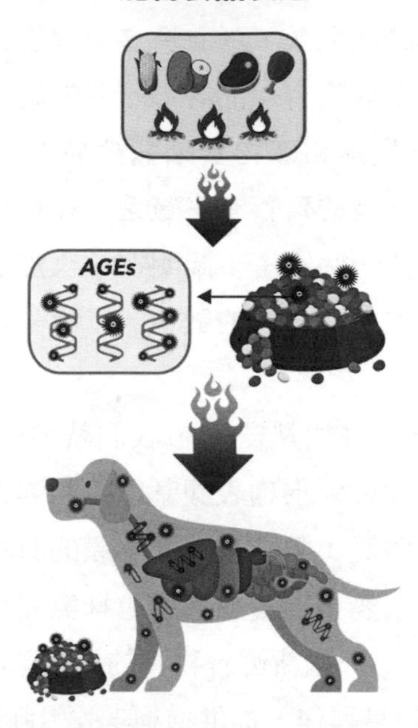

怎麼計算熱加工的程度？把狗糧原料經過熱摻雜的次數加起來不是難事，但要判斷每一類食品的製造方式，可能就稍微困難一點了。讓我們探究一些例子，你就能看出箇中差異。

乾糧：將動物屍體碾碎、滾煮到讓動物脂肪與骨頭和組織分離，這個過程名為「熬油」（rendering），此為第一次熱摻雜。骨頭和組織會加壓來去除水分、熱烘乾（第二次加熱）、磨成肉粉。豌豆、玉米和其他你看到列在標籤上的蔬菜，很可能在抵達寵物食品廠時已經是乾燥（經由熱）或粉末（例如豌豆分離蛋白或玉米筋粉）狀態了。接下來，這些已經過加熱工序的乾原料會和其他（事先已煮過、乾燥的）原料混在一起，製成像麵糰一樣的東西，放進擠壓機裡高壓烹煮、烘烤或在高溫下「氣乾」。擠壓成形的乾糧會在擠壓機時加熱第四次來排出水分，此為最後工序的一個步驟（也是至少第四次熱摻雜）。**普通袋裝乾狗糧的原料至少經過四次高溫加工，這是名副**

其實「死掉」的食物了。

在光譜的另一端，無加工的生食含有從來沒加熱過的新鮮原料，只是會混雜在一起來符合理想的營養標準供餵食。如果生的原料曾混在一起進行一次迅速的摻雜，就會被視為「瞬」加工。這包括：

冷凍生狗食：生的原料混在一起冷凍。生狗食會進行消毒，以冷水壓力驅除細菌（高壓殺菌，HPP），此為第二次非熱摻雜。

冷凍乾燥狗食：新鮮或冷凍肉品與新鮮或冷凍蔬果和補充品混在一起進行冷凍乾燥（一次摻雜，未加熱）。如果原料先冷凍過，那就算發生過兩次加工步驟，但因為沒有加熱，營養流失和AGE生成微不足道。

微烹煮狗食：這是寵物食品界成長最快的市場區塊之一，而這是有充分理由的。坊間冒出好一些非常成功、超級透明的公司，開始製造人類食用級的狗食，能做到半客製化又兼顧便利性。這些公司大多善於處理顧客經驗：他們的網站讓眼光獨到的寵物爸媽輸入狗狗的年齡、體重、品種、運動習慣，以及食物敏感症或飲食偏好，接著就會將量身定做的食品或客製化的飲食計畫（冷凍食品）直接運送到顧客府上，且會一再自動裝運。希望用有機原料嗎？沒問題。狗狗對多種蛋白質過敏嗎？沒問題。難怪這些公司能跟其他類型的寵物食品公司一較長短。這些烹煮過的健康食糧會透過冷凍的方式來延長保存期限，因此你可以在當地寵物店冷凍區生食與HPP殺菌過的生食旁邊找到它們。

不過，就連一些最受歡迎的烹煮、冷凍狗糧品牌，在被問到原料來源與合成營養素添加時也會結結巴巴答不出話。當你打電話給客服時，像是「你們的肉是從哪裡來的？怎麼可能在冰箱裡存放六個月？!是怎麼保存的？」這類的問題，可能會造成好一陣尷尬的停頓。長長一串合成維生素和礦物質也讓人不禁好奇，該公司採用的生原料有多營養，又用了哪些熱加工技術。這對你可能沒什麼大不了，也可能茲事體大，端看你個人的食物哲學而定。但這些正是我們鼓勵寵物爸媽勇於發問的那種常識問題，不論他們正餵給動物哪種品牌。

脫水狗糧：很多品牌表現得非常出色：澱粉含量極低、一概從生的原料做起，而後在低溫狀態以較短的時間脫水。但也有數個脫水狗糧的品牌連「好」都稱不上。故事的寓意：仔細探究產品標籤，了解更多詳情。算一算碳水化合物，看看熱量是來自真的肉、健康的脂肪，還是澱粉。從生鮮原料做起的狗糧公司會如實列在標籤上（例如雞肉、四季豆），如果列出的成分是「脫水雞肉、脫水四季豆」，那這些成分在成為狗食之前曾是耐貯存食品（非新鮮），因此在原料供應商那邊已至少多經過一次額外的加熱步驟。最後，把合成營養素加一加（我們將教你的下一道算式），這將助你判定你正考慮的脫水品牌是否符合你個人的食物哲學。

請仔細看成分標籤，了解各種原料曾用熱加工過幾次。如果食物必須保持冷凍（不耐存放），那是新鮮的最好指標；如果食物耐存放（不需冷凍），一定運用過某些程序來維持穩定。冷凍乾燥對養分的傷害最小，低溫脫水次之。如果你對原料究竟是新鮮的還是先加工過（乾燥）有疑問，請打電話去公司問。摻雜分數愈低，食物愈健康。

我們訪問了AGE專家南卡羅萊納醫學大學的大衛．透納博士（David Turner），他解釋說，最新比較狗食加工技術和AGE生成的研究顯示，罐裝食品（在攝氏123度烹煮）會產生最高濃度的AGE，這可能與食物中的糖／澱粉、所用原料的AGE累積效應，和罐裝食品加熱時間較久有關。不過也有其他研究反過來指出，水分較多的食物（例如罐頭產品），可能會對AGE生成起緩衝作用，因此，取決於澱粉含量、溫度和罐裝食品加熱的時間，AGE的濃度可能高低不一，因此我們給它加註星號*。半溼性食品在所有寵物食品作業都會拿到不及格的分數，因為這個類別沒有好／較好／更好的選擇。我們無論如何都不推薦半溼性食品。

在一些例子，很難明白那種食物究竟用了哪種加工技術製造。今天，製造業者會極力避免給自己的產品取像傳統狗糧的名稱（kibble），而是

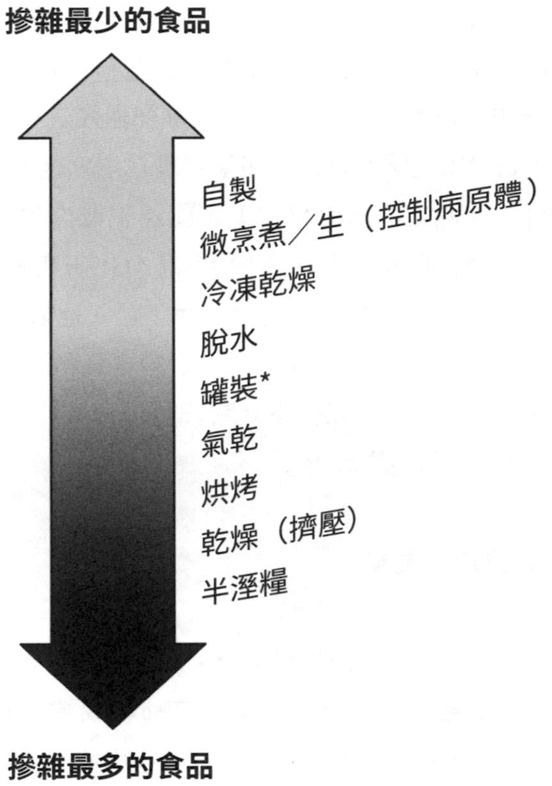

摻雜最少的食品

自製
微烹煮／生（控制病原體）
冷凍乾燥
脫水
罐裝*
氣乾
烘烤
乾燥（擠壓）
半溼糧

摻雜最多的食品

創造自己的描述，如「綜合」（cluster）、「厚片」（chunk）和「佳餚」（morsel）等。特別令人摸不著頭緒的新類別包括「生衣」（raw coated）狗糧：這是充滿AGE的丸子外面包一層冷凍乾燥的生食，讓產品聽起來比較健康。就像給你的大麥克和薯條加一撮青花菜芽，這樣的好並平衡不了這些昂貴速食的壞。

「微加工」（minimally processed）是最新的行話，而橫跨所有寵物食品類別的公司，不論自己用了哪種加工技術，都在行銷素材上使用這個詞彙。雖然有人建議寵物食品業設定準則明確界定「微加工」，但官方尚無動作，因此這個詞詐騙般地涵蓋擠壓成形外的所有加工技術。這就是我們建議若要對食品做出最公正而具啟發意義的評估，應多倚賴寵物食品作業，不要輕信公司行銷話術的原因。如果你從該公司的網站看不出來食品如何加工，請寫email或去電詢問食物裡的原料加熱過幾次、溫度多高、時間多久。

我們覺得這點很有趣：如果雞隻在屠宰前是工廠養殖、吃高溫加工的雞飼料（充滿嘉磷塞和AGE），就連生雞肉也可能含有低濃度的AGE。AGE會沿著食物鏈上傳。在寵物食品AGE研究中，若以有害的AGE濃度而論，擠壓成形的狗食（在攝氏123度烹煮）是第二糟的侵犯者。當然，生食的量最低。與罐裝食品類似，因為澱粉含量和溫度差異甚鉅，「氣乾」食品的AGE濃度不一，所以打電話跟公司聊聊是值得的（除非你可以從公司網站獲得所有你需要的資訊）。

摻雜數學的結果

好：事先加工過的原料混合、進行一次熱加工（許多脫水食物）。

較好：生鮮原料混合、進行冷凍乾燥或高壓殺菌；或是生鮮原料混合，進行一次無熱或低溫加工（許多生肉脫水食物和微烹煮食物）。

最好：生鮮原料混合直接提供，或是冷凍起來（無加熱工序）在三個月內吃完（自製食品、市售冷凍生食）。

把合成營養素加一加

你的寵物食物作業的最後一題讓你得以判斷食物裡的營養來源。一言以蔽之，產品添加的維生素和礦物質數量，若非反映原料維生素和礦物質之不足，就是添加來彌補原本存在，但於高熱加工期間燒盡、流失、失去活性的營養素。必需營養素有兩種來源：營養素密集的食物成分，或合成品（另外添加的實驗室製造的維生素、礦物質、胺基酸和脂肪酸）。狗食的營養密度愈低，以及／或是製造食物所用的熱愈多，就必須加入愈多人造合成品。

這一題的好／較好／最好評分是三項作業裡面最主觀的，端視你個人的食物哲學而定。在我們的經驗中，狗飼主對這道題目的感覺通常十分強烈，強烈認同，或根本無所謂。那些沒什麼意見的人會指出，我們不也在各種營養強化食品裡攝取合成維生素和礦物質嗎？很多寵物爸媽自己不也服用大量合成維他命和礦物質補充品嗎？這些人比較能接受狗狗也以同樣方式汲取大量微量營養素。寵物食品數學美就美在你可以依照自己的食物哲學，決定什麼適合你和你的狗狗。數學只是一種工具，讓你可以依據資訊為你狗狗的飲食和健康做決定。

摻雜的數學說明產品必須加回多少人造合成營養素來讓它營養充足。品質較差的原料（通常是食物和飼料的問題）和營養素密度較低的原料（永遠是成本問題），必然等於較多人造品。除了把合成維生素和礦物質的數字加起來，也要細看標籤揪出討厭鬼，也就是「十二大要犯」：乙氧基喹啉和BHA／BHT、甲萘醌、色素（包括焦糖色素）、禽肉（動物）消化物、動物脂肪、丙二醇、大豆油、禽肉或牛肉的副產品、玉米筋粉和肉粉、亞硒酸鈉、花生殼、「氧化」和「硫酸鹽」類礦物質。

怎麼做：清點食品標籤上的合成營養素（你可以在公司網站或包裝背面找到成分表）。在瀏覽公司網站時，請謹記你最重要的食物哲學要點。添加的維生素和礦物質可在成分表上食物原料後面找到（請見下頁圖表）。每一種營養素會用逗號分開，所以就算你不知道那個詞怎麼唸，還是可以算出一共加了幾種。

好：標籤上完全沒有「十二大要犯」（請見264頁）、合成營養素少於十二種。

較好：標籤上完全沒有「十二大要犯」，合成營養素少於八種，另有些許健康補貼，例如有機原料、非基因改造原料等等。

最好：完全沒有「十二大要犯」，合成營養素少於四種，另有多項健康補貼：人類食用等級的原料、有機、非基因改造、野生／自由放養／牧飼肉類等等。這些是每一種食品類別最昂貴的產品，因為營養素來自昂貴、真實食物的原料，而非維生素—礦物質混搭。

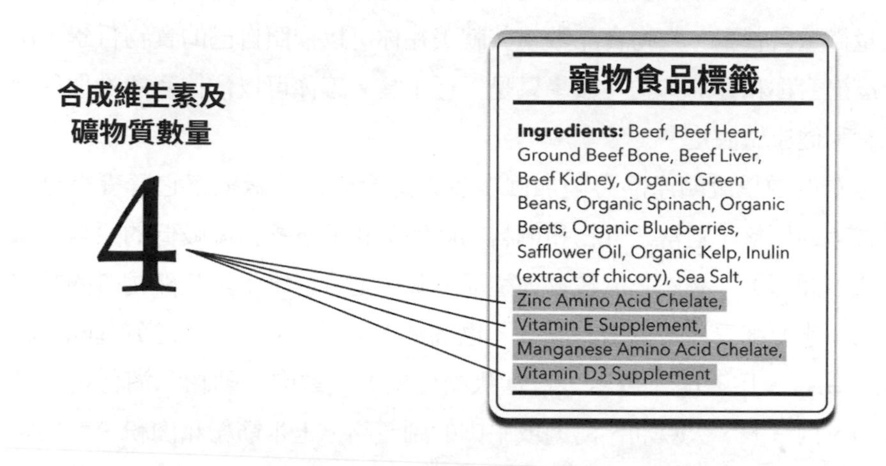

這個習題旨在為你提供審慎的判斷力，基於你的價值觀、信念、優先順序和預算來決定什麼適合你和你的狗狗，而要考慮的變因相當多。例如，生食沒有經過熱加工（因此沒有因熱流失養分，也沒有產生AGE）。如果你在營養完整均衡的生食標籤上看到一堆合成營養素，那就表示該公司運用合成添加物來提供狗狗需要的最低營養（所以你會看到較不多樣化的成分標籤，或許只有肉和器官，加上一系列添加的人造合成物）。這種食物會比較便宜，因為該公司並未購買高價或優質原料來補足欠缺的特定營養。拿這種產品和標籤上只有兩種合成品（通常是維生素E和D）的生食比較一下，後者的標籤會有一長串昂貴的食物原料，因為那正是營養素的來源。

如果你決定繼續餵乾糧（加10%核心長壽加料），要怎麼評估乾糧的品牌呢？

評估乾糧的方法應該跟我們評估較新鮮食品品牌的方法一樣。寵物食品作業（計算碳水化合物、摻雜的數學和清點合成品的數目）和「好／較好／最好」評分級距可用於任一種狗食。尤其要當心「十二大要犯」。乾糧這個類別的品質不一，也有各種加工技術：「冷擠壓」、「微烘」和「氣乾」是較新的熱工序，在不同爐溫下完成，且產品的澱粉含量也相去甚遠。你的個人食物哲學應用在你買給狗狗的每一項商品，因此，你針對那包乾糧要問哪些問題，也跟其他食物一樣。價格方面，請明智地貨比三家，特別是較貴的乾糧品牌。如果價格對你是個問題，請記得有機「超優質」乾糧可能比直送到府的冷凍鮮食還貴。多做點研究絕對值得。

專家建議：乾糧比其他種類的狗糧更容易酸敗，因此務必將乾糧放在陰涼乾燥處（冰起來最理想），並且購買可以在三個月內餵完的小包裝，若能在三十天內吃完更好。

生食愈來愈受歡迎

2.0版的寵物爸媽正一窩蜂購買生食寵物食品。將澱粉、AGE和合成品減至最低，就能在寵物食品作業取得超高分。纖弱、對高溫敏感的食物酵素、必需脂肪酸和植物營養素完好如初，準備透過食物鏈送進你狗狗的身體。美國約有40%市售生狗食進行非加熱的高壓殺菌——經FDA認可、各公司用以遵守寵物食品沙門氏菌零容忍政策的工序之一。請確定你選擇的生食清楚標示著「營養充足」，因為這是這個類別的最大問題。

你的寵物食物作業為你提供評估品牌的參照標準，最重要的是，它們幫助你更清楚地了解你想要（或避免）餵食的品牌。答案沒有對錯，這是在展現知識的力量：讓知識驅策你依據充足的資訊，為你、你的生活方式和信仰，以及狗狗的需要，做出聰明的決定。在擬定你的「長壽健康的狗狗飲食計畫」時，分清理想和現實至關重要。很少人能完全不犯錯，但凡事都要從某個地方著手，充滿信心、循序漸進地做出能為狗狗健康帶來正面影響的改變。有時獲取新知會讓人產生罪惡感，而我們學到的愈多，就覺得自己愈不足。改變心態——從不知所措到覺得自己有此能力——是很好的第一步。

當然，好／較好／最好的系統裡有各種需要當心的事，所以你還需要一點點常識加一點點洞察力。寵物食品數學最適合用於自稱營養完善的品牌。比方說，如果你決定試試標籤上寫著「補充或間歇餵食適用」的狗食（這是營養不足、需要你自行平衡的飲食），你會發現那些品牌可能落在「最好」的類別，因為並未添加合成維生素和礦物質。光憑這點當然不足以讓它們成為「最好」（除非你自己修正不足之處）。最近我們在本地農人市集看到某寵物食品的標籤上寫著「自由放養的鴨肉、鴨心、鴨肝、有機菠菜、有機藍莓、有機薑黃」，那是美好的開始、良好的基礎，但標籤上沒有任何碘的來源讓甲狀腺健康運作，也欠缺其他維生素和礦物質的來源。你可能沒有足夠的營養學知識，沒辦法看一下標籤就知道那種膳食現在或一直缺碘，但你可以學習問明智的問題。

狗食產業蓬勃發展的好處就是你多了很多選項可選，而幾乎每個禮拜都有更多品牌進入市場。我們建議你多挑幾家你喜歡的公司，輪換不同的品牌和蛋白質。若你要餵市售狗食，輪換品牌是提供營養多樣化的好辦法。這乍聽可能令你頭昏腦脹，但你終會認識市面上所有選擇和款式，而不論你有什麼樣的食物哲學、時間和預算，人人（和每一隻狗）都找得到適合自己的東西。你可以混搭不同好／較好／最好得分的食物，可以輪換品牌、蛋白質和食物種類，可以採用取之不盡的配方和餵食風格，幫狗狗完美的長壽餐點客製化。而你購買的下一袋狗食或製作的下一批料理，可能截然不同。但在你購買之前，請先做功課，才知道自己買的到底是什麼東西。

習題2：決定較新鮮、瞬加工食品的種類

狗食沒有一體適用的嚴格規定，因為實在有太多變因要考量。只有你可以評估這些變因對你的生活方式和狗狗的獨特需求影響有多大。如果你是鮮食界的新手而打算讓食物改頭換面，那麼決定餵哪一種較新鮮的食物可能是最令人費解也最令人卻步的面向。

在較新鮮寵物食品的範疇裡，有許多不同類型的膳食，包括自己做的食物和你在附近就買得到的市售生食、熟食、冷凍乾燥和脫水狗食（獨立寵物零售店是相當好的起點）。你也可以上網從遠得要命的地方訂購琳琅滿目的較新鮮食品，而且效果奇佳。正因較新鮮的食品非常多元，你需要做更多決定。有許多層面必須考量，而那全視你的生活環境和個人食物哲學而定。我們會凸顯每一種膳食的一些優缺點，並釐清你在研究時可能會碰到的一些令人困惑的主題。我們的目標是讓你綜觀所有較新鮮食品的選項，以便決定哪一種配方或哪一家公司最符合你的需求。底下，我們將介紹你買得到的所有較新鮮食品選項。在你瀏覽每一種寵物食品類別時，請想想哪些對你的生活方式、預算和狗狗最可行。

較新鮮、瞬加工食物類

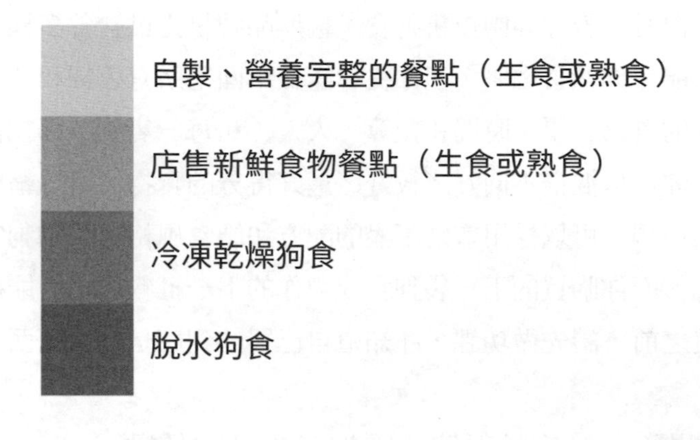

自製、店售、混合餐點計畫

自製

自製餐點當然能讓你充分掌握狗狗食物裡的成分，但幫狗狗自製餐點可能既昂貴又花時間。你也需要冷藏空間，除非你打算天天料理——這當然棒，但很快就會壓得你喘不過氣。多數人是一週、一個月，甚至每三個月做一次，把餐點分裝方便解凍。獸醫師常告誡我們不要自己做狗食，因為飼主做得不正確——飼主會猜想該如何提供最低營養需求給他們的狗狗。以下就是關於「均衡飲食」的超級濃縮版背景故事（「均衡飲食」其實不具任何意義，因為每個人的定義都不一樣）。

如前文解釋，美國國家科學研究委員會（NRC）發展出最低營養需求，也就是小貓小狗、懷孕和哺乳的母貓母狗，以及成年貓狗需要多少基本維生素、礦物質的量才不致營養缺乏。那些實驗都是在很久以前做的，而且不是以合乎道德的方式進行：研究人員不給受測動物每一種營養素，記錄臨床發生（或沒發生）什麼事，然後犧牲動物，記錄動物體內發生或沒發生什麼事。於是我們確知——無庸置疑——要預防種種營養相關疾病至少需要多少微量營養素；在某些例子，我們也得知過量或以錯誤的比例供應養分，會有什麼後果。在NRC公布其最低營養需求後，AAFCO（美國）和FEDIAF（歐洲）援用NRC的資訊為基礎，創造了他們自己的標準。許多批評家主張所有營養標準都有瑕疵，這我們同意，不過我們也同意沒有人想在不經意間於自己的廚房，拿自己的寵物進行營養缺乏實驗。一隻狗每攝取一千卡熱量，究竟需要幾毫克的各種維生素、礦物質和脂肪酸來維繫生命，研究提供了清楚的指示。問題出在兩方面：僅維持生命不是我們的目標，我們是長壽鐵粉！此外，該如何提供基本、必需的營養素（以及提供多少量），是很難猜測的一件事，且大部分的人都猜錯（因此獸醫師告誡我們不要自己做餐）。我們寫這本書是為了幫助其他愛狗人士了解，為什麼餵營養素密集的膳食很重要，以及怎麼把這件事做對。

有些生狗食的擁護者主張NRC當初研發最低營養需求時，是餵受測動物吃超加工食品，而非貓狗一路演化期間攝取的無摻雜肉類。我們同意，那一定會扭曲結果。在研究人員從餵食生鮮和瞬加工食品的動物身上蒐集到充分的資料以前，我們只能以現有的標準評估是否大致符合狗狗的基本營養需求。不過也有好消息：研究顯示較新鮮的食物較容易消化吸收。當我們用現有的最低營養標準（門檻很低）來評估生食及瞬加工食品時，這就像支全壘打：新鮮的食物能供應理想等級的原型食物養分。換句話說：如果你的生狗食或瞬加工狗食配方符合現有不盡理想的標準，它提供的營養會優於超加工膳食。

問題：許多出於善意的守護者以為輪換多種鮮肉、器官和蔬菜就能滿足狗狗所需的營養，但結果可能極具毀滅性。我們見過好多客人傷心欲絕。我們聽過獸醫師和獸醫組織大聲疾呼：「別餵自己做的東西，那非常危險！」獸醫師見過太多好心寵物飼主和狗狗痛苦不堪，對自製食物表示憂心合情合理。簡單地說，我們不會責怪獸醫有此懷疑：自製膳食確實可能是最好也可能是最糟的食物。

我們有個辦法能簡化你的決策過程，並給你不可或缺的信心來做出足以扭轉狗狗健康的重要改變。這個辦法是：向你的獸醫師證明你可以按照能滿足已知營養需求的食譜或範本，把這件事做對。向你的獸醫師解釋，你正深入學習寵物營養的知識，且一定會遵守杜絕營養缺乏症發生的準則。這樣的確就能和緩診療室裡眾人的焦慮。

如果你選擇在家自己做狗食，請讓我們為你起立鼓掌！我們鼓勵你停下來一會兒，感謝你有這樣的福氣——你有這個選項，很多人沒有。我們敬佩你願意為狗狗的健康和長壽奉獻心力，而這樣的承諾會帶給你豐厚的報酬！

我們也懇求你遵照多種食譜或運用營養評估工具，確定你的餐點至少符合最起碼的維生素、礦物質、胺基酸和必需脂肪酸營養需求（要評估自製食譜時，請上我們的網站看看該留意什麼的案例）。你可以提供生的或熟的自製食物給你的狗狗（熟食我們建議水煮，水煮製造的AGE最少，不過你可以用你想要的方式烹煮無妨）。絕大多數花費時間精力和資源自製膳食的飼主都會發現，營養理想的飲食和最低需求飲食截然不同。這些長壽鐵粉是真的了解原型食物營養的力量，而想為了狗狗好，讓這種強大工具的效力發揮得淋漓盡致。

什麼是合成營養素？實驗室製造的維生素和礦物質都是合成營養素——是人造的、被用在人類和動物食品來強化飲食。合成營養素的形式和類別五花八門（這會決定消化能力、吸收能力與安全），品質和純度也天差地遠。你和你的狗狗從真正食物攝取到的維生素和礦物質愈多，需要的合成營養素就愈少。

自製狗食有兩種：1.原型食物製作法（無人工合成物）；2.有合成營養素的製作法。

無合成品的自製狗食

在自製原型食物（無合成品）這一類，所有養分都由原型食物供應，不需購買額外的維生素或礦物質補充品來滿足狗狗的營養需求。這有時需要難以取得且較昂貴的食材，例如巴西堅果補充硒、罐頭牡蠣或蛤肉補充鋅。在特定的食物為狗狗的身體供應維生素和礦物質的時候，牠的身體完全知道該拿它們怎麼辦，因為它們來自真正的食物。但你必須一五一十且精確地按照原型食物的食譜調製，以符合最低營養需求。野生世界的狗會吃各種不同的獵物和更多身體部位（包括眼睛、腦和腺體）來取得需要的維生素和礦物質。以鋅為例，我們沒有認識很多會餵狗狗睪丸、牙齒和齧齒動物體毛的人（這些都是鋅的絕佳食物來源），所以鋅可能是種欠缺的營養素；光靠輪換超市賣的傳統肉片和各類蔬菜，並無法滿足狗狗最低的鋅需求。缺鋅會導致皮膚不健康、傷口癒合欠佳，以及腸胃、心臟及視力問題。其他難以獲得的營養素也是如此，包括維生素D和E、碘、鎂、硒，族繁不及備載。

可惜，狗狗的綜合維生素不足以均衡自製膳食。當人們開始抽換食材、食譜變得不均衡時，也會發生「飲食漂移」（dietary drift）現象。飲食漂移會為營養問題鋪路，輪換多種營養不完整的食譜也會。這也鐵定會激怒你的獸醫師。

自製膳食可以生餵也可以稍微烹煮過（水煮、煨、燉）。如果要餵生肉，你在料理和存放時都必須遵守安全食品處理技巧，就像你做東西給自己吃那樣。凡是肉類都有同樣的食源性風險，不論那是準備拿來烤肉進你的肚子，還是進狗狗碗裡的都一樣。歷經演化，健康的狗能夠應付較高的細菌量，牠們多胃酸的胃也能嫻熟地處置進入的微生物。健康狗狗的腸胃道都有大腸桿菌、沙門氏菌和梭菌的蹤影，甚至吃乾糧的狗狗也有，這些微生物都是「常住民」。

如何水煮食物？

溫和的水煮能保存養分和水分。水煮的食物不會變褐色，因此產生的MRP較少。把肉放進鍋裡、加入濾過的水（或長壽鐵粉自製骨湯，見224頁，或藥用蕈菇湯，209頁），蓋過食物就好。烹飪專家說加點蘋果醋能使蛋白質「穩定」，但這個步驟我們沒有任何科學根據——不過專家這樣說，我們就這樣做。加熱到攝氏70度，這個溫度能殺死細菌，又不致生成大量AGE。烹煮時間視你要煮的肉的數量而定（小批的肉通常煮五到八分鐘）。把剩下的營養精華湯汁留下來，餵食時淋在餐點上。你也可以加入香草和香料（請參考209頁，做出含豐富多酚且風味獨俱的湯）。

自製原型食物膳食大概是最昂貴的製作方式（尤其如果你選擇的是有機、自由放養的原料），不過也是你能餵給狗狗最營養、最新鮮的食物。傳統的產品和工廠養殖的肉品可以壓低成本，但話雖如此，野生、牧飼、自由放養的肉品可能營養密度較高、化學負擔較少。我們建議你支持在地農人。若是在城市，可以去附近農人市集或食品合作社，看看哪裡找得到當地種植的作物和飼育的肉品。獨立經營的健康食品店通常可以指引你購買在地肉品和作物的明路。若你的狗狗對什麼過敏，你可以惠顧罕見的肉品；若你的狗狗有醫療或營養需求，可以添加有特定健康效益的超級食物。最重要的是，因為你親自挑選所有的食材，你非常清楚狗狗吃了什麼。www.

freshfoodconsultants.org名錄上所列的許多專家都提供了營養完整的自製狗食食譜，可以下載。

如果你的狗狗因醫療議題需要特定「治療用」飲食，全球都有資格認證的獸醫營養學家，能特別為你的狗狗打造自製食譜，請上www.acvn.org找找看。www.petdiets.com 上的獸醫營養學家也會為有醫療需求或特定健康目標的狗狗，量身設計生食或熟食的食譜。

當你Google「自製狗狗食譜」，你會看到無數個連結，一連過去，就會看到盛著漂亮食物的碗，就像我們在人類食物網站上看到的那樣。再說一遍：請小心。自製食譜（不論是在網路或書裡）都應明確標示營養適足的聲明：「本食譜符合_____（AAFCO、NRC或FEDIAF）訂定的最低營養需求。」此外也應提供詳載重量或容積的成分表、指明所需肉類的精瘦度、列出熱量，並提供食譜裡維生素、礦物質、胺基酸和脂肪量分析（請參考278頁的例子）。除非你只是要當作點心或加料（不超過狗狗熱量的10%）或偶一為之的餐點，不要使用未提供這些資訊的食譜。仰賴不符營養需求的食譜做為狗狗的基礎飲食，可能會導致營養不足而危害健康壽命。我們在www.foreverdog.com提供許多營養完整食譜的範例，底下為其中一例。剛入門的飼主會覺得運用配方良好的市售冷凍食品來讓狗碗煥然一新，簡單且方便得多，當然前提是公司值得信賴且遵循AAFCO、NRC或FEDIAF的營養準則。然而，如果你喜歡自己烹煮或準備食物，你的狗狗會很開心！

以下是使用原型食物為成犬調製營養完整餐點的一例（幼犬需要多於

這道食譜提供的礦物質；幼犬的食譜複雜得多）。請注意，你必須使用極精瘦（瘦肉比例超過90%）的碎牛肉並加入關鍵食物來滿足特定營養需求。例如，磨碎的生葵花籽可提供維生素E、漢麻籽提供必需α-亞麻酸和鎂、鱈魚肝油提供維生素A和1300國際單位（IU）的必需維生素D、香料櫃裡的薑提供錳、富含碘的海帶提供這種甲狀腺正常運作所需的礦物質。若有其中哪種成分未照指定的數量供應，食譜就會失衡——當點心或只吃一次的餐點無妨，當主食就有失允當。最重要的是，貌似周全的食譜必須得到營養分析確證，證明長期餵食這種食譜能大致滿足狗狗的每日營養需求。

給成犬吃的自製牛肉晚餐

5磅	（2.27公斤）	極精瘦碎牛肉，水煮或生吃
2磅	（900克）	牛肝，水煮或生吃
1磅	（454克）	蘆筍，切細
4盎司	（114克）	菠菜，切細
2盎司	（57克）	生葵花籽，磨細
2盎司	（57克）	生漢麻籽，去殼
	（25克）	碳酸鈣（向當地健康食品店購買）
	（15克）	鱈魚肝油
	（5克）	薑粉
	（5克）	海帶粉

若你細看這道食譜的營養素分析（請參閱367-368頁的附錄），那就不是長這個樣子了——數字和格式可能令人生畏、錯綜複雜。若你要以自製餐點作為狗狗的首要食物來源，請務必遵照餵食準則以確定達到充足營養的最低標準。

自製食物加合成品

自製食物加合成品的食譜使用實驗室製造的維生素、礦物質和其他營養補充品，來滿足狗狗的營養需求。例如，你捨棄巴西堅果，而向人類健康食品店買硒粉給狗狗吃。如同所有補充品，你可以買到的營養素品質差異懸殊、形式不一而足，而這可能讓你能力倍增，也可能令你卻步，端看你的知識和個人食物哲學而定。

合成品還可進一步細分成兩大類：DIY的維生素／礦物質混合素材，以及市售專門設計來讓自製食譜營養完整的全方位產品（跟一般的綜合維他命不一樣）。

DIY：許多自製狗食食譜需要你買個別的維生素和礦物質（例如鋅、鈣、維生素E和D、硒、錳等），以特定數量加到食譜裡。要添加幾種和多少劑量的補充品，視食譜裡提供養分的原型食物而定；食物裡沒有的都必須來自合成品。DIY調和的缺點：買十多種個別維生素和礦物質可能令你頭昏腦脹。把錠磨成粉或打開膠囊測量正確，但通常極小的數量相當具挑戰性且務必精確，更別說營養素必須充分混入每一批食物了。不過，人為疏失在所難免。下面是用DIY補充品自製餐點的一例（營養資訊請參閱附錄）。請注意，只要用牛肝，就不必另外補充銅和鐵了。

DIY調和的好處：你可以依照自己喜歡的補充品形式選擇食譜。假設你的狗容易罹患泌尿道草酸結石，而你經由研究了解檸檬酸鈣是適合狗狗攝取的鈣補充劑。你可以依據哪種營養形式最能支持狗狗的特定需求來選擇自製食譜。如有必要，螯合形式的礦物質亦為選項。有人為這種辦法感到興奮，也有人覺得害怕。如果你想找幫你算好所有補充品數學的試算表，自己打造營養完整的自製食譜，訂閱www.animaldietformulator.com可幫助你做出符合美國（AAFCO）或歐洲（FEDIAF）營養標準的自製食譜。

給成犬吃的自製火雞晚餐搭配DIY補充品

5磅	（2270克）	85%精瘦度的火雞碎肉，生吃或煮過
2磅	（908克）	牛肝，生吃或水煮
1磅	（454克）	孢子甘藍，切細
1磅	（454克）	四季豆，切細
8盎司	（227克）	菊苣，切細

從健康食品店買來添加的補充品

18盎司	（50克）	鮭魚油
	（25克）	碳酸鈣
	（1200IU）	維生素D補充品
	（200IU）	維生素E補充品
	（2500毫克）	鉀補充品
	（600毫克）	檸檬酸鎂補充品
	（10毫克）	錳補充品
	（120毫克）	鋅
	（2520微克）	碘補充品

宣稱能平衡自製狗食營養的全方位維生素／礦物質粉也有多種優缺點，最大的缺點是，這種產品大多未經正確配方，無法真正平衡自製膳食。多數綜合維他命和礦物質產品並未經過營養分析，無法確定適不適合各種不同的食譜使用，時間一久，便可能導致營養缺乏或過剩。未達最低營養需求或超過安全範圍的全方位產品都可能招致嚴重的營養問題（例如膀胱結石；心、肝、腎的毛病；甲狀腺機能低下；成長和發育問題）。

看到五花八門以這種標語行銷的補充品：「加一匙進狗狗的自製餐

點，牠就能獲得所有需要的營養。」我們會立刻起戒心。

醫師和獸醫師未必會把我們在診療室見到的醫學問題連上營養缺乏或過剩，但兩者確實可能有直接關聯。配方良好、特別調製來使自製餐點完整的全方位產品，優點是：一罐就夠，不必算數學！照食譜指定的數量加進你的自製餐點、混合均勻、端給你的狗狗吃即可。全方位維生素／礦物質產品較容易調和營養素，也能降低使用者犯錯的風險。

整體而言，**要餵自製鮮食，自製膳食搭配適當劑量的合成維生素和礦物質是最便宜的辦法，也最不會引起獸醫師反對**。不過，不必尋找各式各樣原型食材來滿足微量營養需求，這樣的便利代表狗狗的維生素和礦物質是來自粉末而非原型食物；這可能是加分，也可能是減分，端看你的食物哲學而定。如果你使用全方位的粉末，我們建議你常交替使用各種自製食譜來極大化新鮮食物帶來的營養多樣性。有兩個業經深入研究的選項深受許多自製派人士喜愛：www.mealmixfordog.com提供一種面面俱到、全方位的粉末給自製成犬生食或熟食使用；www.balanceit.com也有專為各種年齡層（包括幼犬）設計的完整全方位粉末，還有腎臟病狗狗專用的維生素／礦物質混合粉。

DIY自製膳食的援軍

選擇可下載的營養完整食譜：

- www.foreverdog.com（免費！）
- www.planetpaws.ca
- www.animaldietformulator.com（它的App能助你輕鬆打造自己的餐點）
- www.freshfoodconsultants.org（可聯繫許多專家，連上許

多有營養完整餐點供列印的網站）

搭配全方位營養補充粉設計你自己的餐點（自己選原料）：

- www.balanceit.com
- www.mealmixfordogs.com

和獸醫營養學家合作，依照你狗狗的特殊醫療狀況或健康顧慮打造熟食：

- www.acvn.org
- www.petdiets.com

和鮮食顧問合作，為你的寵物量身打造營養完整的生食或熟食：

- www.freshfoodconsultants.org

購買狗食配方軟體，全部自己來：

- www.animaldietformulator.com（符合AAFCO和FEDIAF營養標準）
- www.petdietdesiger.com（符合NRC營養標準）

店售（市售）較新鮮食品

如果你沒有時間或沒有意願自己做狗食，不妨考慮可在附近獨立寵物店買到（或直接送貨到府）的市售較新鮮調理食品。這個範疇有許多選項可選，各有其利弊。值得再說一次的是，你購買的所有生食都該有清楚的營養充足標示，這對市售生食產品尤其重要，因為有非常多在其他國家販售的寵物生食並不符合最低營養需求。在美國，所有市售寵物食品都必須表明營養是否完整。營養不充足的食品應標記「僅供間歇或補充餵食」，意思是你可以拿來當點心、加料、偶一為之（一週一次）的正餐，或者，如果你是3.0版的寵物爸媽（願意投入時間心力進一步研究），你可以自己算數學、補足欠缺的養分，讓它成為完整均衡的飲食。這些商品普遍遠比營養完整的產品便宜，所以我們社群裡有很多人做此選擇，網路上也有很多網站專門協助你在家平衡肉、骨、器官和碎肉的膳食。如果你往這個方向走，你得做很多數學（或試算表作業）。有些販售營養不足的「獵物模範飲食」的市售生食公司，會巧妙運用誤導人的營養標語，像是「滿足狗狗對於所有維生素和礦物質的演化需求」。如果包裝上完全沒有提到產品是遵從NRC、AAFCO或FEDIAF的營養標準，把這些食物當點心或加料就好，不要當成主食餵你的狗狗（除非你能自己矯正不足）。有很多配方完善的生食可以選購，只是請仔細讀標籤。

營養完備的生食或稍微煮過的狗食（添加或不添加合成品）

這些營養完備的冷凍生食或熟食很容易準備，你只需要解凍和餵食就好。但你必須信任那家公司，且自己做過調查。許多新崛起的生食公司，特別是位於美國境外的公司，正在製作不符合最低營養需求的食物，且有些是用劣質原料製成的。這股席捲全世界的生食趨勢固然美好，但有個最大的問題是：餵營養不足膳食的飼主（或說完全不遵照任何營養準則的公司）呈現爆炸性成長。請參閱第377頁的附錄，我們對於無營養充足聲明或標示「僅供間歇或補充餵食」有更深入的討論。

提醒你，FDA對於美國所有市售寵物食品採病菌零容忍政策，公司網站必須提供它如何處理產品安全的資訊。

微煮過的狗食品質也有優劣之分。概括說來，生食或微煮過的店售食品可能是你所能買到最好，也可能是最糟的食物，視營養是否充足、原料品質和公司品管而定。有些在地方超市或倉儲式大賣場買得到的飼料級冷藏商品，標榜可冷藏保存六個月，我們覺得這並不可能。常識告訴我們，冷藏肉品最多只能放一週，最多。最不易保存的優質產品應該要在冷凍區。寵物食品數學是分辨這類狗糧好壞的重要工具。

冷凍乾燥狗食

這可能是市面上最貴的食物，按重量計價，因為冷凍乾燥食物的技術和成本很貴，不過如果你在找最少量加工、保存期限長的食物，這是相當好的選擇。那基本上是生食在真空中急速冷凍，冷凍乾燥的過程包括產品冷凍、降壓、經由昇華（像冰這樣的物質直接從固態轉變成氣態，基本上跳過液態的過程）去冰、近乎徹底去除水分。

如前文提及（請參閱222頁的建議），冷凍乾燥食品在餵食前必須加水、湯或冷卻的茶回復（這不是什麼大工程，只是從袋裡挖出食物後再加一個步驟而已）。冷凍乾燥食品的保存期限出奇地長，因此非常適合忙碌不堪的人（和狗）。你不需要大量冷凍空間，也不需要記得前一天把食物拿出冰箱解凍。有些冷凍乾燥產品屬於「加料」，營養並不完整，如果你要固定使用這類產品做為狗狗的全部正餐，請尋找營養充足的聲明。

脫水狗食

我們建議你在做任何品牌決策之前先做寵物食品作業，但做功課在脫水狗食這塊尤其重要，因為這個類別需要最仔細的研究調查（這就是我們擺在最後討論的原因）。製作脫水狗食有兩種方式：其一，製作生食的公司將現有生食產品脫水。這種食品很棒，因為是從生鮮原料做起，且不含穀物或大量澱粉，我們認為它們跟冷凍乾燥一樣是絕佳選擇。

容易令人疑惑的是第二種製造脫水狗食的方式：公司買已經脫水過的原料，包括許多高澱粉的碳水化合物，再次加工調製成狗狗食物配方。市面上許多脫水狗食都有滿滿的澱粉，而因為原料供應商是以截然不同的溫度幫原料脫水（會衝擊養分及AGE的量），市面上有些脫水食品並不屬於最好（瞬加工）的一類。好消息是，許多品牌是瞬加工產品，但你真的需要仔細查看標籤。

脫水食品裡的水分是用低而溫和的熱能慢慢去除的。有些製造「氣乾」狗食的公司，堅持脫水和氣乾是同樣的加工技術，這句話原則上沒錯（兩種技術都用氣體來去除水分），但氣乾一般會使用較高的溫度，而MRP就在這時生成。很快寫封email給公司詢問加工溫度，就可解開所有疑惑。挑選你可以接受寵物食品數學的得分，且以最低溫度幫食物脫水的品牌。餵食時記得加水……哺乳動物終其一生都不該吃沒有水分的食物。

習題3：選擇鮮食比率：25%、50%、100%升級碗

設定第一個食物目標的時候到了：你打算每一餐，或至少一週數次餵狗狗吃多少較新鮮的瞬加工食品呢？如果你到現在還不知道，請想想你想要從狗狗的膳食裡減少或排除多少超加工寵物食品。為了讓事情簡單點，我們先挑選了幾個基本的升級比例：四分之一、一半，以及全部轉換。要將健康提升到下一階段，你可以將狗狗碗裡25%、50%或100%的超加工食品換成更新鮮的瞬加工膳食。不論你選擇餵哪一種基礎飲食，10%的核心基礎加料仍保持不變。然而，如果你選擇暫不更動狗狗的基礎食物，那也無妨，請繼續讀下去：

換掉超加工：加入25%的較新鮮食物：把狗狗每天攝取熱量的25%換成較新鮮、瞬加工類別的品牌或膳食，有相當大的健康效益。仔細想想，加入10%核心長壽加料和25%較新鮮食物，這樣的升級相當於讓新鮮食物占狗狗每日熱量的三分之一，也就是將原本約三分之一的超加工食品換成來自較新鮮食物的熱量，這足以造就顯著的差異！

50%升級：將狗狗每日來自超加工食品熱量的50%換成較新鮮、瞬加工的狗食（加上10%核心長壽加料），狗狗的熱量攝取就有近三分之二看來非常新鮮了！實行50%計畫，狗狗每天的熱量攝取（約三分之二的熱量）將來自較新鮮的食物。

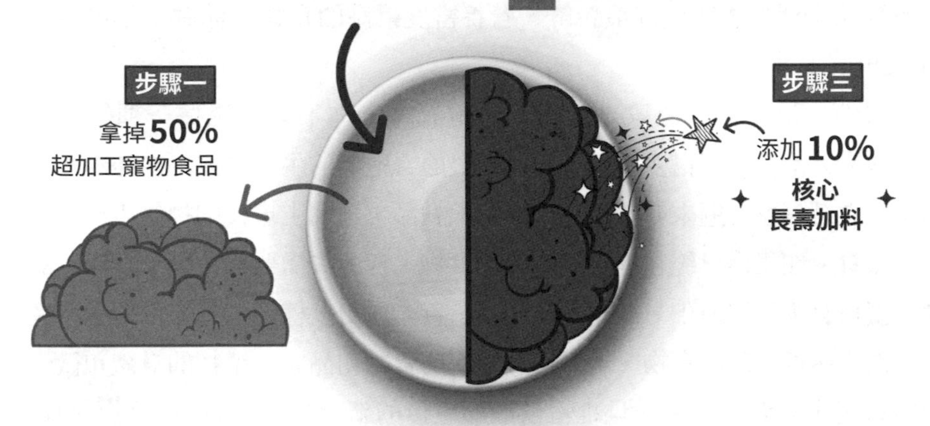
步驟二
加入50%
較新鮮的瞬加工食品
自製的營養完整膳食（生食或熟食）
店售的生食或熟食新鮮餐點
冷凍乾燥狗食
脫水狗食
步驟一
拿掉50%
超加工寵物食品
步驟三
添加10%
核心
長壽加料

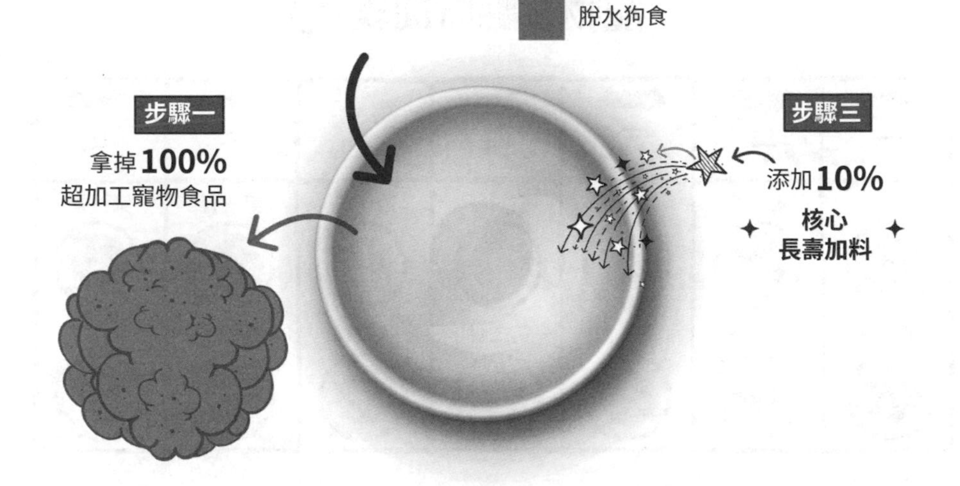
步驟二
加入100%
較新鮮的瞬加工食品
自製的營養完整膳食（生食或熟食）
店售的生食或熟食新鮮餐點
冷凍乾燥狗食
脫水狗食
步驟一
拿掉100%
超加工寵物食品
步驟三
添加10%
核心
長壽加料

100%鮮食碗升級：如果你選擇這個明星選項——長壽鐵粉圈的黃金標準——你已經決定消滅狗狗碗裡所有超加工食品——真是太棒了！你的狗狗100%的熱量都會來自最健康的寵物食品類別：較新鮮的瞬加工食品。牠還可以天天享用10%強身健體的核心長壽加料。你已經知道，你的目標是餵你的預算和生活方式所允許最新鮮、營養密度最高的食物，你做得不可能比100%更好！

當然，這些百分比只是建議。也請記得，你不必只選擇一種鮮食類別。很多人都覺得混搭多種鮮食的效果最適合他們的生活方式：在能親力親為時做自製餐點、週末露營時用冷凍乾燥食品、週間上班日則提供市售的生食或熟食。如果你已經在提供較新鮮的食物，你或許需要努力增加食譜、品牌和蛋白質來源的變化，讓微生物體和營養光譜更多樣化。如果你的狗狗還不習慣吃多種不同的食物，請慢慢加進新的食物和品牌，讓牠的身體和微生物體有更多時間調適。一旦牠習慣形形色色的新食物，你就可以視你的行程、預算和冰箱空間混搭不同食物了。

例1

寵物餐點時間表

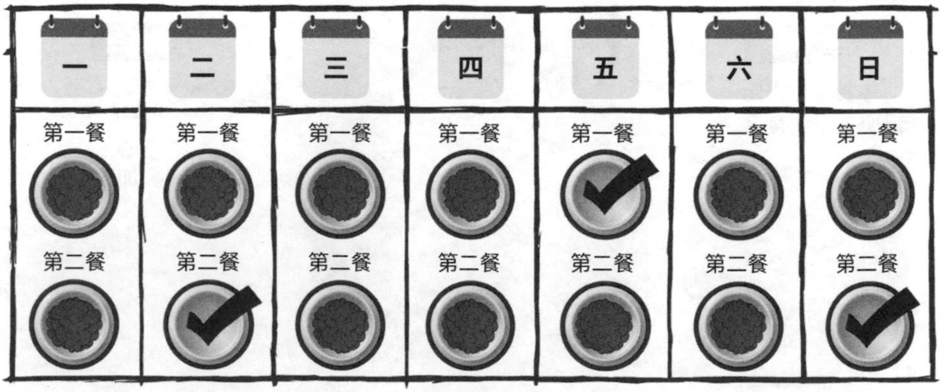

一	二	三	四	五	六	日
第一餐	第一餐	第一餐	第一餐	第一餐 ✓	第一餐	第一餐
第二餐	第二餐 ✓	第二餐	第二餐	第二餐	第二餐	第二餐 ✓

「健康長壽的狗狗餐點計畫」的第一個例子是，一週換吃三次100%的較新鮮食物（打勾者），或許是在你最短的工作日提供自製餐點，其餘餐點則混入10%核心長壽加料來提供超級食物的燃料。

第二個例子則是每週十四餐裡面有六餐換成50%較新鮮的食物。這六個混搭碗可以是50%生食加50%乾糧，或50%冷凍乾燥食品加50%稍微煮過的膳食。如你所想像，有無限種混搭的可能，所有餐點也都會加上核心長壽加料。

例2

寵物餐點時間表

一	二	三	四	五	六	日
第一餐	第一餐 ✓	第一餐	第一餐 ✓	第一餐	第一餐	第一餐 ✓
第二餐	第二餐	第二餐 ✓	第二餐	第二餐 ✓	第二餐	第二餐 ✓

改善狗狗的餐碗不是一件寧為玉碎不為瓦全的事。先從一週升級幾餐開始。先從小處著手。可以先從改進點心品質開始嗎？當然可以。冷凍乾燥或脫水的全肉點心遠優於超市買的超加工碳水化合物垃圾。如果你有脫水機，可以把任何新鮮長壽食物放進去脫乾，製成不貴又耐存放的DIY點心。花三個月時間把碗裡25%的食物換成鮮食可以嗎？沒問題。以品質比較好的乾糧做為第一步可以嗎？當然。從任何地方開始都可以，任何你覺得自在的地方都可以。

引進新食物

不管你要為狗狗的膳食增添什麼新食物，都要循序漸進。引進核心長壽食物時，請讓狗狗的基礎飲食維持不變，留點時間給狗狗的微生物體適應以10%健康「添加物」之姿出現的全新食物。如果狗狗現有的膳食以超加工食品為主，或是牠目前有消化疾病——這點格外重要——很可能他的微生物體並不多樣化，重大的食物變更可能導致腸胃道問題。不過，緩慢而穩定會贏得食物多樣化的競賽。如果你的狗狗比較敏感，我們建議你一次引進一種核心長壽加料做為獎勵（點心）或一點食物配料就好。也要對你的狗狗有耐心，如果她今天拒絕一小塊涼薯，別氣餒，明天再試一次。這是一場健康馬拉松，不是短跑。

專家建議：加一小塊罐裝的100%南瓜（或新鮮、蒸過的南瓜）進食物能幫助軟便成形、讓許多狗狗更輕鬆地度過飲食過渡期（每十磅體重一茶匙）。另外，如果你發現你轉變得太快，或狗狗的點心讓牠拉肚子，在地健康食品店就買得到的滑榆樹皮粉也對軟便有奇效，我們叫它天然的次水楊酸鉍（Pepto-Bismol）。如果你的狗狗腹瀉，活性碳是救星（健康食品店也買得到）！每二十五磅體重吃一粒膠囊通常就很管用。請等到糞便百分之百正常再引進更多新食物。

敏感腸胃的救兵

在狗狗的食物尚未多樣化之前，於牠現有的食物裡加進益生菌和消化酵素能讓腸胃道做好準備，更順利地接納新的食物和營養素。對於容易脹氣和腸胃不適的狗狗，這些補充品能降低消化壓力。益生菌（如第8章討論）是能維持腸胃道平衡的益菌，消化酵素則幫助食物消化吸收。很多狗狗專用消化酵素的品牌有額外供應消化酶（消化碳水化合物）、脂酶（消化脂肪）和蛋白酶（消化蛋白質），在各地獨立寵物零售店或網路都買得到。請輪流使用不同的品牌和產品，盡可能發揮多樣化的效益。

變化是生活的香料

讓狗狗的膳食多樣化，基本上就是讓牠的營養和微生物體的光譜多樣化，這對狗狗整體的免疫系統大有幫助。不論你是添加新鮮的香草或香料、探究新的點心蛋白質來源，或是試試全新的狗食種類，狗狗的味蕾和身體都要迎接一場新的冒險。你該多久改變狗狗的餐點、蛋白質和食譜一次，視你的狗狗和生活方式而定。有些人每天餵狗狗不同的餐點，就像自己吃東西那樣；有些人用完一袋／盒才更換蛋白質和品牌；有些人每個月、每季或每三個月一次。這無所謂對錯，所以就做適合你和狗狗的生理和作息的事情吧。

如果你的狗狗過分挑剔或腸胃敏感，你得花比較多時間引進新食物和新品牌。如果你的狗狗有特定健康難題，例如食物過敏或腸躁症，你可以找到許多專門因應狗狗問題的零嘴、加料、蛋白質、品牌和食譜，交替運用所有你知道行得通的東西。請在你的生活日誌裡註明狗狗喜歡吃和一開始可能排斥的食物——初次引進新食物時值得多試幾次，或改變呈現方式（前幾次試試稍微蒸一下，代替生食）。請保持愉快心情來實驗食物、餵食時程和健康長壽的狗狗餐點計畫，依照你和你的狗狗的情況量身定做，也拜託別拿你自己或你的狗跟別人比較——你們都是獨一無二的，你的餵食哲學和方法自然與眾不同。

打造選擇的旋轉木馬

你的狗狗不會喜歡每一種這裡建議的食物，但那就是樂趣所在——我們保證你會愛上這趟發現之旅。你和狗狗攜手踏上的旅程是一項愉快的任務，因為你們將一起發掘牠獨特的食物偏好。當你提供一小口一小口全新的鮮食選擇，就是在刺激狗狗的感官、吸引牠的大腦投入。就算牠覺得那一小口不討牠歡喜，請繼續從冰箱裡拿安全狗食餵牠。這趟並肩同行的美食之旅，將持續（狗狗的）一輩子！

注意排泄物

糞便是腸胃道對新食物的反應（以及腸道有多健康）的晴雨表。我們建議你天天監測狗狗的糞便，以便評估和校準實施新核心長壽加料或改變飲食的速度。如果糞便變軟，請減緩速度，也減少餵食量。每隻狗狗都不一樣，了解並尊重你的狗狗獨特的生理機能是重要的。如果你的狗狗從來沒吃過新鮮的新食物，他或許不會對許多核心長壽加料表現出興趣。別沮喪，試試清單上其他鮮食，找出牠喜歡的一、兩樣，然後用牠的大腦和身體可以應付的步調，慢慢將你提供的東西多樣化。隨著狗狗拓展牠的味覺，你會了解他的喜好，甚至見到那隨時間改變。

如果糞便成形穩定，而你準備幫狗狗的餐碗升級，糞便的品質可助你判定該多快增加新食物或減少舊食物。給健康狗狗的通則是，在轉換全新的飲食時，先用10%新食物取代10%現有飲食。如果隔天的糞便沒問題，再逐漸增加新食物的量，每天5到10%，用新膳食取代愈來愈多舊食物，直到舊食物統統消失為止。如果你看到軟便，先別增加新食物的量，直到便便成形，再繼續轉換。如果你已做過寵物食品作業，決定將現有品牌換成較健康的選擇，請在舊食物用完前一陣子就先買好或做好新的食物，避免太匆促的轉變引起消化問題。等用完舊食物再改吃新膳食絕對不是什麼好主意，若能有個容許腸道菌叢調適的過渡期，身體運作得最好。

一旦你的狗狗吃了牠新膳食而排便正常，你便可以展開尋找下一個要引進的品牌、食譜或新蛋白質的愉快過程。久而久之，隨著微生物體愈趨多樣化且更具恢復力，多數人發現他們能自由更換蛋白質、改變品牌和鮮食的種類，而不會對狗狗的腸胃產生任何不良影響，就像腸胃健康的人可以天天吃各種食物而不會出現腸胃不適一樣。變化是生活的香料，不只對我們如此，對整個動物王國的微生物體和營養效益都是如此。

最重要的是，你打造的健康長壽的狗狗餐點計畫，必須適合你的生活方式。許多長壽鐵粉都在一週數次提供各種不同的食譜，包括自製餐食和市售鮮食時，獲得樂趣和滿足。其他人則沒有那種情感、時間或金錢的餘裕，做更換品牌（及蛋白質）以外的打算。等現在那袋狗食吃到一半，他們會回到當地寵物店購買用不同肉品製成的不同品牌。他們會把兩種混在一起，新舊參半，直到原來那袋用完；等新的那袋吃到一半，他們會重複這個過程。基本上，他們是透過改變每一袋狗食的品牌和口味，輔以添加核心長壽加料和冰箱裡適合的東西，來促進狗狗微生物體的多樣化。這種使狗狗營養攝取多樣化的方法，也完全可以接受。哪些事情對你效果最好，就去做吧。

乾糧的神奇添加物

草莓、黑莓能預防黴菌毒素造成的氧化損害。

胡蘿蔔、歐芹、芹菜、青花菜、花椰菜、孢子甘藍能減輕黴菌毒素的致癌效應。

青花菜芽能抑制AGE引發的炎症。

薑黃和薑能緩和黴菌毒素造成的傷害。

大蒜能降低黴菌毒素的腫瘤發病率。

綠茶能降低黴菌毒素造成的DNA損害。

紅茶能保護肝臟不受黴菌毒素傷害，並抑制AGE在體內生成。

如果妳的狗狗會在週末去妳前夫那邊，而妳的前夫只餵乾糧，請別猶豫：週間狗狗跟妳在一起的時候，餵牠比較新鮮的餐點吧。這句話說再多次也不為過：食物可以療癒，也可能造成傷害，而你已經擁有實際的工具能做更明智的抉擇，不過也別讓知識造成你太大的壓力。你的目標是盡你所能滋養你的狗狗，吸收足夠的知識來提供健康的變化、驅散任何暗含的顧慮。跟我們人類一樣，狗狗可以吃一點「速食」而不會有什麼問題，只要別養成依賴超加工食品做為首要營養來源的習慣即可。

份量控制

如果你此刻不打算改變狗狗的基礎飲食，而狗狗目前處於理想體重，那你也不必改變餵食的熱量；不過你確實需要留意狗狗的「飲食時窗」（理想是在八小時內）。如果你選擇升級狗狗的飲食，調整到有25%、50%甚至

100%（或其間任何數字）的新鮮瞬加工食品，你必須依據食物熱量（而非數量或份量）計算狗狗可以吃多少新食物。

要怎麼知道該餵多少新食物呢？你或許已經知道目前餵食的食物份量（例如一天兩次、每次一杯），但可能不知道狗狗攝取多少熱量。你可以在狗食包裝袋上找到資訊，因為每一種食物都不一樣，不是只要更換品牌就好——每種品牌的熱量各不相同，有時可能相差懸殊。知道狗狗目前每天攝取多少熱量後，便可以計算需要多少份量的新食物來維持牠現有的體重。簡單地說，要維持體重，狗狗需要和原本一樣的卡路里，但食物的熱量並不一致，因此你的數學很重要。

轉換狗食時如何計算熱量

你可以在食品包裝上找到熱量的資訊。例如，假設你的狗狗現有的食物是每杯300大卡、一天吃兩杯，那牠一天就是攝取600大卡。如果你決定餵50%較新鮮的食品，那麼牠的熱量也會有50%來自新食物，也就是舊食物提供的300大卡 + 新食物提供的300大卡 = 一天600大卡。如果牠的新食物每杯為兩200大卡，那牠一天就該吃1.5杯新食物（共300大卡）+ 一杯舊食物（300大卡）。你可以用這個公式計算狗狗的每日基本熱量需求：體重（公斤）×30再加70。例如22.7公斤的狗狗，一天需要22.7×30 + 70 = 751大卡。這道公式不適用於劇烈運動所需的熱量，因此請按照狗狗活動的多寡加減。

混搭的迷思

關於哺乳動物（狗也是，人也是）無法在同一餐一起消化熟食與生食的都市傳說流傳甚廣。過去十年，我們聽過好多瘋狂的迷思，使我們得投入一整段來驅散這些毫無根據的謠言。引用專科認證獸醫內科醫師莉雅·史托戴爾（Lea Stogdale）的話：「狗狗的生理能夠適應食用任何東西：生食、熟食、肉類、穀物、蔬菜……有時狼吞虎嚥也無妨。」研究不容置疑地證實，（人和狗狗）在一餐同時攝取生的和熟的蛋白質、脂肪及碳水化合物，對消化不會有絲毫負面影響。健康的人可以在一餐吃沙拉（生菜）、麵包丁（熟碳水化合物）和雞胸肉（熟蛋白質），或壽司（生蛋白質加熟碳水化合物）和海藻沙拉（生菜）而不會有消化困擾（嘔吐或腹瀉）。同樣地，健康的狗狗可以同一餐混吃生食和熟食（而且已經這樣吃好幾萬年了），消化研究證實牠們跟我們一樣，同一餐混吃脂肪、蛋白質和碳水化合物（糖）也能有效吸收。如果你自己進食時會隔開或錯開各類食物的攝取（以特定順序吃生的和熟的碳水化合物、脂肪和蛋白質），覺得也必須為狗狗這麼做，那也無妨，但非必要；狗狗會吃大便、舔屁屁、擁有遠比我們強韌的腸胃道。如果你的狗狗有胰臟炎病史或「胃敏感」，可增加消化酵素和益生菌幫助狗狗處理新引進的食物。

尊重時間的力量

請記得：科學指出，你什麼時候吃東西，跟你吃了什麼東西一樣重要。**這是支配壽命與健康壽命的兩個最重要因素**。如果你覺得今天改變餵狗狗吃的東西會讓你手忙腳亂或根本不可行，就從時機開始吧。在我們與潘達醫師和辛克萊醫師對談時，他們熱切支持例行熱量限制（每天餵固定數字的卡路里）和安排用餐時間來配合身體天生的晝夜節律，使代謝機制發揮最大功效。「每一種荷爾蒙、每一種消化液、每一種腦部化學物質、每一種基因（甚至基因組）都會在一天中的不同時間起起伏伏。」潘達醫師這樣提醒我們。他也強調腸道菌叢會遵循身體的晝夜節律，比方說，要是我們好幾個鐘頭沒吃東西，腸道裡的環境就會改變；不同組合的細菌將生長茂盛，有助於清理腸道。採用穩定而有力的飲食和斷食節律，能培育出一組不同的腸道菌；我們微生物體的組合天天在變，可能變好也可能變壞，取決於我們吃了什麼，以及我們吃東西的時間與陽光和荷爾蒙的漲落是否契合。

潘達醫師是限時段進食的強力擁護者，而他舉了一個常見的類比來清楚傳達這個訊息：除了夜行動物，動物不在夜裡吃東西——狗不在夜裡狩獵，這代表當太陽下山，就是該停止吃東西的時候。問題是，有些狗狗住的地方窗簾整天拉上，因此牠們無從分辨日升日落。潘達屬意限時段進食（創造飲食時窗）勝於間歇性斷食，因為斷食這種途徑可能鼓勵欺騙——例如早上斷食，等到中午才吃第一餐，然後晚上暴飲暴食。睡前吃東西對晝夜節律並不理想。

在了解且尊重狗狗的晝夜節律後，好處無窮，可以提升恢復力，改善生殖力、消化、心臟健康、荷爾蒙平衡，抒解憂鬱、提振活力、降低癌症風險、緩解炎症、降低體脂肪、降血壓、改善運動協調、舒緩腸道不適、改善血糖、增進肌肉功能、延長壽命、減輕感染嚴重程度、增進大腦健康、改善睡眠品質、降低癡呆症風險、緩解焦慮和提高警覺性等等，不勝枚舉。你明白我的意思！

馬森博士在國家高齡化研究所的實驗室已證實這些發現：隔八到十二小時吃一次東西的老鼠，活得比可無限進食的老鼠來得久——**雖然兩者攝取的熱量相同**。請務必記得這個事實：當我們的生理時鐘說身體準備好要吃東西時，食物是健康的；當時鐘說不時，同樣的食物會對身體造成傷害。尊重狗狗的晝夜節律對維持健康、避免老年得病大有幫助。

以上建議獲得辛克萊醫師的共鳴。當我們單刀直入地問他：「就你所了解的一切，你會將哪些課題應用在你自己的狗狗身上？」他簡單但有力的答案是：能瘦就不要胖、別餵過量、多運動。「餓沒關係。」他常這麼說。想想看，不論古人或狗狗的祖先，都沒有一天吃很多正餐和零食的餘裕，當然也不會每天早上都在固定時間吃一大堆豐盛的早餐「開齋」。狗狗是吃牠們抓來的獵物，然後斷食到下一次得手。我們的現代用餐習慣是豐衣足食的文化和習慣下的產物。**只要尊重狗狗天生的晝夜節律，就能使牠的健康趨於理想**。就這麼簡單。

有多種限時段餵食的策略供你選擇，先從創造「飲食時窗」著手。如果你是少數那種留一碗食物給狗狗吃一整天的飼主，第一步是把那個碗收起來。無限供應吃到飽的日子該結束了。我們覺得想吃就吃是天堂的定義，因此當我們還在塵世，我們就該遵守塵世的規則和生理學原則，而那包括尊重狗狗的生理學。狗是犬科動物，不是山羊！反芻動物和其他吃素的動物（例如牛馬）必須整天吃個不停，因為牠們需要吃一大堆草來維持一千磅的體重。牠們的生理，從寬大平坦的臼齒（可以一直嚼一直嚼）到特別長的腸胃道（讓所有青草發酵汲取能量），需要牠們啃個不停來給龐大的代謝機制供應燃料。但狗恰恰相反。

獸醫時常建議給生了某些病的狗狗斷食，目的包括減輕有毒的副作用，提高化療效益，以及改善劇烈的嘔吐及腹瀉等。不過只有保健獸醫師了解限時段餵食對健康狗狗的好處並付諸實行。我們會把實際的斷食療程留給你和你的獸醫師決定，但限時段進食不是斷食，那是餵你的狗狗平常攝取的卡路里，但要在一天特定時段之內餵完。

請練習我們所謂的「在特定時窗裡攝取目標熱量」，對多數一般體重的狗狗而言，理想上是八小時，並且睡前至少兩小時斷絕熱量。「八小時內攝取目標熱量」其實就是「限時段進食」，不過聽起來比較溫和，且不必真的「限制」，只要運用一些策略，心裡有熱量意識即可。

我們向數百個長壽鐵粉推薦限時段進食，得到不可思議的回饋。沒錯，屋裡每個人都睡得比較好了！狗狗在白天沒那麼焦慮，消化變好，晚上睡眠也比較穩定。但最重要的是，限時段進食還有各種健康效益——開始實施就看得出來，甚至完全不必改變食物。**只要在限定的時段內餵完狗狗一天該攝取的熱量，就可以改善牠的代謝和整體健康！**

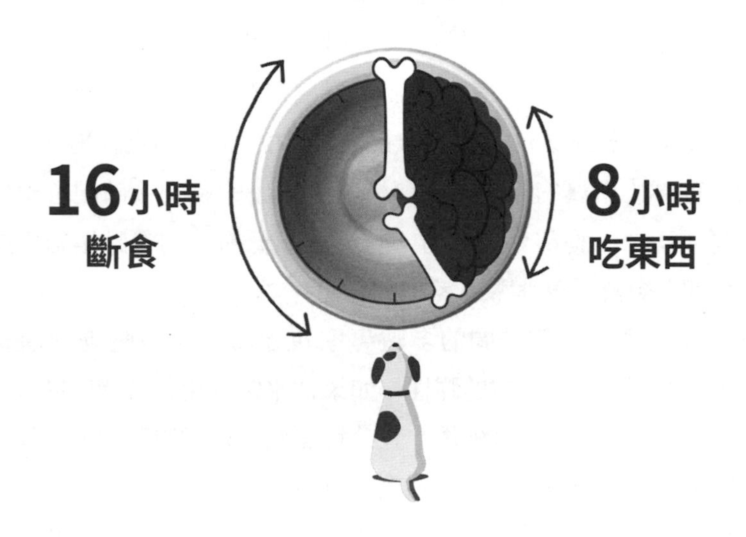

我們明白，刻意選擇跳過晚餐後那次點心，尤其如果你的狗狗已經習慣在晚餐過很久以後吃零食，那可能是個挑戰，但這是把晚飯後的零嘴換成晚餐後散步的絕佳時機。如果你的狗狗習慣在晚餐後進行某種與食物有關的儀式，請把牠常吃的點心換成骨湯冰塊（食譜在224頁）。如果你太晚回家來不及弄晚餐，就讓狗狗跳過一餐無妨。事實上，如果你健康的狗狗表現出不想吃某一餐的跡象，就隨牠的意吧。**跳過一餐沒有什麼不妥，那是具有療效的迷你斷食**。羅德尼的狗狗舒比，就時常自己決定斷食超過二十四小時，而在三十六甚至四十八小時過後讓羅德尼知道她餓了，準備吃下一餐了。假如你的狗狗自然不想吃早餐，就讓牠斷食斷到牠告訴你牠餓了為止。當狗狗告訴你牠餓了，再餵第一餐，也以那時作為牠的飲食時窗的開始。

如果你健康的狗狗不在乎或不怎麼注意一天吃了幾餐，那就找你最方便的時間，一天餵牠一次（但最好不要在睡前兩小時）。如果你一日餵三餐，請把中間那餐的份量分給第一餐和最後一餐，開始一天餵兩餐就好。如果你的狗狗堅持要吃「午餐」，在牠平常吃午餐的時候很快玩一輪我丟你撿或拔河，牠可能會開心到忘記午餐這回事。在狗狗期待吃到東西的時候，你也可以在「點心拼圖」或「嗅聞墊」擺長壽食物和核心長壽加料做獎勵。狗狗可能會求你，或用其他方式跟你訴說牠對這種新養生法的高見。但不論牠表現得多可愛（或多暴躁），都不要屈服於壓力。經由演化，狗狗是能夠適應斷食的，而你「嚴厲的愛」一定會造就更健康的狗狗。請記得兩件事：一、狗不是牛；二、狗狗會適應的。一天兩頓低血糖的餐點讓狗狗能在兩次消化期之間有短暫（但非常有益）的休息。

在飲食時窗內，我們訪問的多數專家也建議不時變動狗狗進食的時間。拉大用餐間隔能提升代謝的彈性。如果你平常對用餐時間態度嚴謹，不妨從一餐提前半小時，下一餐延後十五分鐘開始。這個策略對於會像時鐘一般規律在固定時間分泌胃酸、沒吃到東西就會嘔出膽汁的狗狗非常管用。透過慢慢調整用餐時間、在飲食時窗內以核心長壽加料做為訓練點心、忽視狗狗的乞求，你會把狗狗的代謝機制訓練得更有彈性，進而活化限時段進食的所有長壽效益，並且完全不必改變狗狗攝取的熱量。

依身體狀況設定狗狗的飲食時窗

體重過輕的狗狗：判定狗狗的理想體重和維持那個體重所需的熱量（可和獸醫師一起，如果那會讓你比較安心的話）。在十小時的飲食時窗內分三餐餵完所有熱量。一旦達到理想體重，把熱量分成每天一餐至兩餐來維持牠的體重。

精瘦、中等身材的動物（理想體重）：在八小時的窗口內分一次或兩次餵完所有熱量。

健康（無糖尿病）過重／肥胖：如果你的狗狗需要減輕不少體重，請獸醫師協助你設定漸進而安全的減重目標。以一週減輕1%為目標。例如一隻五十磅重、需要減十磅的狗狗，應每週約減半磅，或每個月減兩磅。每週都幫狗狗量一次體重，確定你們在軌道上。前兩週，在十小時的時窗內餵完所有熱量（對於有代謝症候群的人類來說，這是成效卓著的理想飲食時窗，也已成功複製在動物身上），然後把餵食時窗縮短至八小時。你可以把牠需要的熱量分成多餐，你想要幾餐就幾餐（多數寵物爸媽選擇三餐，讓狗狗少量多餐）。一旦狗狗達成理想體重，繼續在八小時的時窗裡，分一到兩餐餵完所有熱量。

如果你的狗狗很胖，在你計算轉換成較新鮮膳食的成本時，記得用維持狗狗理想體重所需的食物量去算，而非維持狗狗肥胖的價錢——那膨脹了。我們見過很多人透過決定改餵份量少得多的高品質食物，沒花大錢就大幅改善了狗狗的膳食品質。真聰明的選擇。

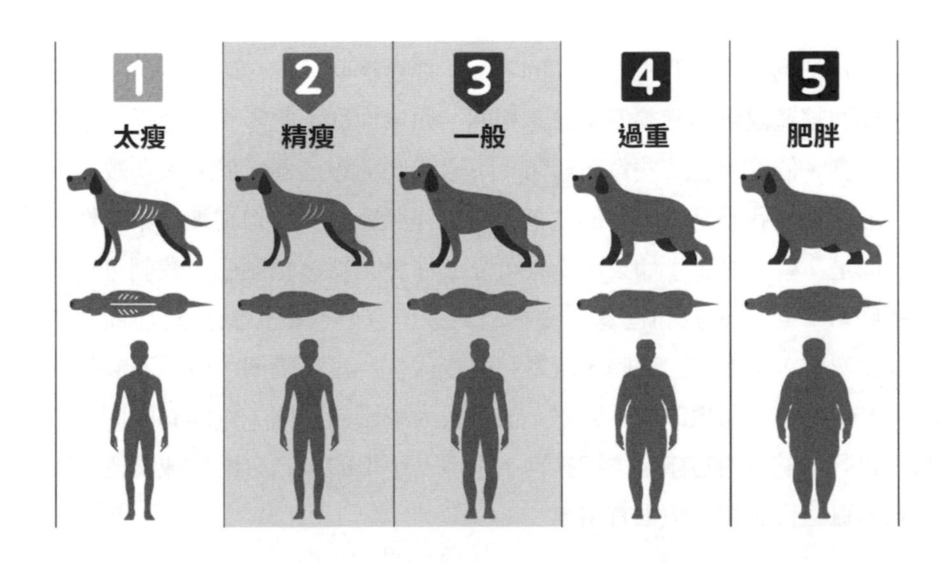

令人信服的一天一餐案例

我們訪問的科學家和研究人員一致同意，對健康的狗狗來說，一天一餐是理想的，既鼓勵自噬，又能將代謝壓力減至最低。潘達醫師強調，在八小時時窗內攝取所有熱量——不論是一大餐或六小餐——是極大化長壽效益的最重要工具。馮博士則強調狗狗每吃一餐，身體就會從回春模式甦醒，轉為消化模式，所以**少吃幾餐可以拉長回春時間和自噬發生率**。我們一天只餵狗狗一次，以便擴展只能在回春模式（不吃東西時）實現的健康效益。潘達醫師給我們最重要的建議：**將狗狗的進食時窗限制在十小時以內（八小時最好）是最重要的策略，不論你選擇餵幾餐都是如此。**

適時給點心

不妨把狗狗的點心視為人類的零嘴：你選擇吃什麼、吃多少、多常吃，都和你的整體健康與幸福安樂息息相關。如果你從不吃零食，也從來不給狗狗吃零食，儘管跳過這些資訊無妨（不過我們猜想這適用於絕大多數人）。

理想上，我們應當有目的地把點心用作獎勵——和狗狗進行策略性的溝通，像是「幹得好！」如果因為牠可愛或你愛牠就賞牠點心，我們可以理解（牠們確實可愛，我們也真的愛牠們），但我們鼓勵你減少給那種點心的份量和次數，用摟抱、親吻、玩耍和散步代替。當零嘴餵（或「不為什麼而餵」）的點心，如果餵得太頻繁、份量太大或餵錯時間，可能有關閉自噬之餘。我們給點心的建議是：把狗狗一小塊一小塊的食物分配當成獎勵使用：我們知道這很無聊，但很有用。

投入情感，代替狗狗的食物：有時我們用食物代替情感的陪伴。陪伴——關注——對人類身心健康至關重要。當你開始用份量和次數都較少的健康點心取代那些垃圾時，也要以堅定、體貼的陪伴代替那些沒用的熱量。放下手機，看著你的狗狗，跟狗狗說說話，全心投入那一刻。花幾分鐘跟狗狗親密交流，你倆都會得到豐沛的催產素（oxytocin，俗稱愛情荷爾蒙）。關注可說是你和你的狗狗的靈丹妙藥。

誠如犬訓練師和行為學家所知，用一點點食物獎勵狗狗有許多重要且可行的理由，特別是達成訓練目標和鞏固我們想要的行為（比如去外面上廁所或熟悉新的把戲）。我們的點心／獎勵目標是餵一點點就好，理想上不大於豌豆大小，以避免引發胰島素高峰。若你要餵最健康的點心，可以切碎第7章所列的長壽食物當成獎勵使用；你也可以拿10%核心長壽食物做為訓練點心（而非直接加到餐碗裡）。藍莓是大小非常適合大狗的點心；把一條有機小胡蘿蔔切成薄片，可做四到六次訓練點心。把兩條小胡蘿蔔切成細環，可供應一整天的獎勵，讓你可以在訓練狗狗、需要傳達「幹得好！」的時候使用。當成一整天的訓練獎勵使用時，第7章所列的長壽食物都不會擾亂狗狗的血糖——我們用血糖儀證實過。

請想想除了狗食，還有哪些東西會進入你狗狗的嘴裡。你有沒有給狗狗吃吐司邊或最後一塊披薩餅皮的習慣呢？請住手。和狗狗分享人類的食物無妨，但請讓它符合生物學性，也就是說，別餵碳水化合物。分享幾口乾淨的肉、新鮮的農產品、種子和堅果無妨。把食物櫃裡的超加工點心丟掉吧。所幸，寵物業正源源不斷推出符合生物學性的冷凍乾燥和脫水全肉類狗食。

如果你想在長壽食物以外餵店售點心，請讀標籤。我們推薦單一成分的全肉類或蔬菜點心，因為它們低升糖、沒有添加填充物或防腐劑，而且可以找到人類食用級、有機和自由放養的選擇。點心的標籤應簡單且易於理解，例如「脫水的自由放養兔肉」、「冷凍乾燥羔羊肺臟」或「牛肝、藍莓、薑黃」。新鮮、瞬加工、成分單純的點心是聰明的選擇。點心應能分成豌豆大小的份量。請記住，你的狗狗在正餐外吃到的都是「額外」的東西，請務必遵守自由熱量（10%）的規則！運用極少量健康、新鮮的食物做為點心不會破壞晝夜節律，也不會造成代謝壓力。

一旦找到狗狗愛吃的鮮食點心，繼續餵，但也要繼續實驗新的食物——了解狗狗日益擴張的喜好，對你們倆都是好玩又興奮的事。如果你的狗狗從沒接觸過新鮮食物，一開始表現得興趣缺缺或一臉茫然，別惶恐。很多從來沒機會吃到新鮮食物的狗狗，一開始不明白那是什麼，但隨著牠們的味蕾開始對新的、不同的食物起反應，牠們會更可能嘗試先前拒絕過的新食物，所以別輕言放棄。

不知從何著手嗎？如果你預算拮据或行事謹慎，可以繼續餵你一直在餵的食物，但要著眼於改善用餐時機。創造飲食時窗，並確定狗狗目前攝取的是能維持健康精瘦體重的理想熱量。修正點心餵食方式、添增核心長壽加料、開始天天運動，或讓運動習慣更多樣化。天天安排「嗅覺狩獵」和其他探索環境的機會（亦即「狗狗的歡樂時光」）。盡可能改善居家環境、清淨空氣、丟掉化學清潔劑。透過享受運動和更豐富的社交生活來抒解壓力。

如果你願意更進一步，但還沒做好卯足全力的準備，可以透過混搭更高品質來逐漸改善狗狗的膳食。把「好」的品牌換成「更好」的品牌，用鮮食取代輕加工食品（如果你目前實行25%較新鮮食物，不妨躍升至50%）。注意更好的餵食時機，盡可能加入長壽食物。

如果你是準備踏入「健康長壽的狗狗」領域的長壽鐵粉，就別再餵加工食品，全部改餵真正的食物、著眼於更好的用餐時機、盡可能加入長壽食物，同時讓居家環境更趨理想，並透過享受運動和更豐富的社交生活來抒解壓力。

長壽鐵粉攻略

- 開始（步驟#1）：引進核心長壽加料

  除了長壽核心加料，也決定你想試試哪些點心。以下快速總結我們喜愛的一些能切成丁或自然可一次一個的食物：藍莓、豌豆、胡蘿蔔、歐防風、小番茄、芹菜、櫛瓜、孢子甘藍、蘋果、菊芋、蘆筍、青花菜、小黃瓜、蕈菇、綠香蕉、莓子、椰子、有機肉丁、生葵花籽和南瓜籽。
- 繼續（步驟#2）：評估基礎飲食、新鮮升級

  完成好／較好／最好的寵物食品作業：算算碳水化合物、做摻雜的數學、計算添加多少合成營養品。

  選擇你的鮮食類別：自製生食或熟食；市售生食、熟食、冷凍乾燥、脫水食品，或各種組合。

  設定你的新鮮百分比：20%、50%或100%新鮮食物。
- 在你的日誌裡記下成功、失敗和新的想法。
- 引進新鮮食物和核心長壽加料，一次一口，以不會造成腹瀉的速度慢慢讓狗狗接受新的飲食。
- 檢測身體狀況，確定你餵食的熱量可以達成或維持狗狗的理想體重。
- 選擇狗狗的飲食時窗（以八小時為目標）和用餐次數——請注意，如果狗狗身體健康，跳過一餐沒有什麼關係。至少在睡前兩小時不要吃東西。

10
飲食之外
健身指南、基因控管與環境的衝擊

有人說鑽石是女孩最好的朋友，
那人一定沒養過狗。
——佚名

二十一歲的迷你混種犬達西（Darcy，我們很榮幸能透過視訊祝他生日快樂），一天只吃均衡的一餐。跟潘達醫師建議的一模一樣，達西的爸媽還在生活方式上做了其他許多有幫助的明智選擇。他的爸媽將他的長壽歸功於他從七歲開始吃自製膳食；他活到現在有三分之二的時間吃人類食用級、低碳水化合物的新鮮熟食，還添加新鮮鮭魚和少量翡翠貽貝、薑黃和蘋果醋。有時他會選擇斷食，而他的爸媽讓他想斷多久就斷多久，有時跳過不止一餐。

達西年輕的時候，白天大部分時間都在戶外和他西班牙獵犬的混種兄弟度過。他們接觸得到健康的泥土、新鮮的空氣，有沒灑農藥的草可以吃，還有各式各樣豐富的環境刺激。他幼犬時注射過疫苗，但此後沒有年年追加（你將學到運用抗體效價檢測來判定你的狗狗在成年後需不需要注射更多疫苗）。在他的身體開始變僵硬、動作變慢之後，他做水療來幫助關節及肌肉在不需高衝擊運動下保持靈活，達西的守護者遵循「健康長壽的狗狗」原則，而他過著長壽而幸福的生活。

既然我們已經塞給你各種飲食規則和建議，是時候運用最後三個面向，來讓我們「健康長壽的狗狗配方」更完備，鍛鍊出一隻耐力十足的狗狗了：

- 理想的運動

- 基因考量
- 需要管理的壓力與環境衝擊

讓我們上路吧。

理想的運動

在我們寫這本書的同時，德國正在草擬一項法案，明文規定狗狗一天必須離開禁閉處（溜）兩小時。我們遇到所有「健康長壽的狗狗」都有一個共通點：每天都做大量體能活動。每一隻狗都是天生的運動員（除了已停止呼吸或正常活動的品種），多數復健獸醫師和物理治療師相信，除了有氧調節（運動），狗狗若能一天起碼奔跑或衝刺（沒被綁住）一回，身體狀況最好。另外，游泳能讓狗狗流暢、自然地擺動身體，讓所有關節做出平常不大會做的動作，這些是繫狗鏈時不可能發生的事。

「瑪士撒拉犬」研究的首席研究員庫賓宜博士告訴我們，二十七歲仍健步如飛的雌犬布克西（Buksi）和二十二歲的凱德維斯（Kedves）過著「無拘無束的生活」；他們可依自己的喜好做選擇、行動不常受限，也都在戶外度過漫長時光。她指出，澳洲最老的狗狗布魯伊和瑪姬也過著類似的生活，每天都在戶外待上足夠的時間。其他有趣的雷同之處：這些狗狗都吃某些未加工的生食；品嘗周遭環境的青草和植物；修改過疫苗接種和獸醫殺蟲的時程。

城市的狗狗可能以為自己會跟著牠們的都會型飼主過高檔奢華的生活，但研究顯示，牠們更可能久坐不動，承受較大壓力而使皮質醇濃度上升、行為議題增多，社交技能較差，較少接觸泥土和助長免疫的菌群等等。讓我們誠實面對：住在城市（通常在郊區）的居民（當然包括飼主）生活步調較快、壓力較大，他們得長時間工作，很可能一天大部分時間都待在室內人造光下。他們的寵物無法選擇要嗅什麼，以及可以活動筋骨多久，因為牠們是被帶出門在人行道上侷促地散步，且時間有限（有這樣就不錯了）。

城市生活需要有創意的運動

英格麗·菲特爾·李（Ingred Fetell Lee）寫道：對八千個人類世代來說，自然不是我們去的地方，而是我們（和動物一起）住的地方。自農業革命催生出定居社區以降，人類才過了六百代；現代城市誕生，混凝土充斥、綠地銳減後，人類才過了十二代。狗狗住在城市裡還不及六代，所以我們需要給牠們一些方便。不論是訓練你的狗狗跑跑步機、白天把牠託給寵物中心、雇用溜狗人員、爬公寓樓梯、報名參加水中跑步機，或找個無人的棒球場陪牠玩幾小時飛盤，有許多創意方式可以達成狗狗每天的體能活動需求——就算置身水泥叢林中。別因為自己缺乏想像力就剝奪了狗狗身心平衡所需的日常活動唷！

事實是，多數狗狗的運動量不夠，也沒有機會想怎麼動就怎麼動，這導致精力壓抑，形成過動、焦慮倍增和破壞性行為——狗狗最後進動物之家的最常見理由。「疲憊的狗狗就是好狗」這個觀念背後有扎實的科學（就像爸媽知道身體累壞了的孩子是好孩子）。有時我們的客戶會問他們每天該讓狗狗做多少運動，對此我們的答覆很簡單：「足以讓牠們能筋疲力盡地入睡。」雖然跟人類一樣，狗狗的運動也有一些基本原則，但一般來說，狗需要非常多，遠比我們人類來得多的日常有氧運動才能維持身心健康——而那就是部分問題所在。

我們訪問過世上幾隻最長壽狗狗的守護者。歐姬的爹地說她每天游泳一小時，過了十五歲還在游，游到滿二十歲；此後到她在二〇二一年春天過世，她大多以散步當運動。布萊恩·麥拉倫（Brian McLaren）說，三十歲的瑪姬每天跟著他開的牽引機奔馳，從農場的這端跑三英里路到那端再跑回來，一天兩次，一週七天，二十年如一日。那意味她一天平均存了12.5英里的運動。世上所有最長壽的狗狗都有這點雷同：每天劇烈運動，不分晴雨，哪怕下雪。安·賀禮泰（Ann Heritage）則寫到她二十五歲的狗狗布蘭帛天天走七個小時。在蒙古，蒙古獒跟著游牧民族四處飄泊，到十八歲還能承擔保護牲畜的繁重工作。這種獨特的狗狗體格魁梧、身手矯健、善於護衛，以體型而言需要的食物不多（再次證明吃瘦肉好處多多）。

大家都知道運動對我們有益，我們甚至不必深入探討運動有多重要的人類研究，只需強調這點：有研究顯示，溜狗能讓飼主覺得更愉快、更幸福。運動可以如何大幅改善狗狗的健康與生活（以及態度和行為）的研究和證據不勝枚舉。我們已在Part I詳盡討論過積極生活方式的益處，下列則是數項有科學支持、關於狗狗的結論：

- 減輕恐懼和焦慮
- 減少過度反應、增加良性行為（也就是減少或杜絕常見因無聊引發的行為問題）
- 提高對噪音汙染和分離焦慮的耐受門檻（更能忍受）
- 提供一種淋巴解毒的方式（淋巴系統對免疫功能十分重要，因此讓它保持潔淨健康是一大關鍵）
- 降低各種疾病的風險，從過重、肥胖（協助控制這些病症）到關節疾病、心臟病、神經退化性疾病等等
- 維持強大的肌肉骨骼系統，這對狗狗能否順利進入老年至關重要
- 協助消化系統正常、規律運作
- 促進明星級抗氧化劑穀胱甘肽之生成，也能增加抗氧化分子AMPK的數量
- 協助管理血糖、降低胰島素阻抗和糖尿病的風險（秘訣：就算只有每次用完餐稍微散步十分鐘，也能和緩血糖飆升）

● 建立自信與信任，並提升狗狗穩定情緒的能力

你的狗狗愈過動、愈容易激動，就愈需要運動。從事劇烈心肺活動能使焦慮、緊張的狗狗將其壓力荷爾蒙降回較健康的標準。所有狗狗不分運動能力、體型、年齡或品種，都需要運動。但多數狗狗運動量不足，這就是今天為什麼會有那麼多狗狗過重、關節疼痛、悶到快發狂的原因。而許多較年長的狗狗遭到忽視。由於身體和感官大不如前，老狗需要更多時間聞東西。每天給老狗充裕時間在外面聞來聞去不僅可以讓牠們運動，也是牠們豐富生活、參與世界所必需。

我們也可以每天多做一點運動。**狗狗最起碼一週要做維持快速心跳的運動三次、每次至少二十分鐘才能避免萎縮；若能運動更久、更頻繁，對多數狗狗更有益。每次三十分鐘或一小時比二十分鐘更好，每週六、七天也勝過每週三天**。你的狗狗的祖先和野生的遠親，整天都要花時間獵尋下一餐、保護地盤、玩耍、交配和照顧一窩窩幼犬。牠們的日常生活都在戶外度過，極度活躍、過群居生活，身心不時面臨挑戰。與其他狗狗為伍的狗狗花在休息的時間較少——約60%。跟我們一樣，狗狗也需要理由讓身體動起來。就算你有最大、最綠的後院，或屋裡有第二個（或第三個）最好的狗朋友，也未必足以激勵狗狗進行維持身心（及行為）良好狀態所需的運動。你必須親自為你的摯愛提供牠保持活躍所需的陪伴和動力。如果牠沒有經常得到奔跑、嬉戲和有氧運動的機會，就算體重沒過重，最後也可能罹患關節炎和其他會危害骨骼、關節、肌肉及內臟的病症。缺乏固定的身心刺激，牠的行為和認知都會受到損害。在運動不足、刺激不夠的狗狗身上，常見的不討喜行為包括不當咀嚼、吵鬧、跳到人身上、破壞性的抓搔和挖掘、不恰當的掠食性嬉戲、挖垃圾堆（桶）、大聲吠叫、動作粗暴、反應過度、過動，以及各種引人注意的行為。

若有機會每天進行「活動療法」，融入各式各樣能讓關節自然活動、

鍛鍊肌肉張力、強化肌腱韌帶的活動和運動，狗狗會生氣勃勃。天天規律運動具有深刻的長期健康效益，是延長健康壽命的先決條件。我們認為狗狗老化時最大的問題之一是喪失肌肉張力，而這會逐漸造成衰弱、漸進退化性疾病、關節活動能力減退等等（更別說受傷和愈來愈劇烈的疼痛，也是侵略性和行為改變的非診斷因素）。

新聞快報：光靠週末無法得勝。有些狗爸媽希望要是他們在週末陪狗狗做很多活動，就能彌補平日之不足。這麼做的問題在於，鼓勵僅在假日劇烈運動，你可能會招致傷害。當狗狗的身體沒有調整為天天一致，突然劇烈活動便可能害牠受傷而導致長期關節受損（我們人也是如此！）

你的狗狗很可能躺了一整天等你下班回家，牠的肌腱、肌肉和韌帶可能一整天無所事事，如果你下班回家馬上跟牠玩丟二十次球，很可能會造成牠十字韌帶斷裂（獸醫學最普遍的膝蓋傷害）。瘋狂玩樂幾分鐘也無法達成和三十分鐘鍛鍊肌肉的心肺運動一樣的效果。狗狗可以在一秒內「啟動」——牠們一直在等我們召喚——而常常沒有「關上」的開關。我們要負責在劇烈嬉戲前幫狗狗熱身，也要知道何時喊停（藉由判斷牠們的身體語言）。最重要的是，若能每天給狗狗機會，以牠們喜愛的方式活動身體、調節肌肉骨骼，牠們會最健康。*所有狗狗天生都適合戶外運動*（連迷你犬也不例外），牠們是設計來活動身體——*大量活動*的。

要避免肌肉骨骼隨年齡萎縮只有一個辦法：讓狗狗天天運動。肌肉張力無法以藥丸的形式獲得，而隨著年齡增長，狗狗會更需要肌肉張力。這在狗狗中年時尤其重要，這時你可以著眼於鍛鍊耐力與出色的肌肉量及張力，來引領牠們健康地步入老年。聚焦於為中年犬打造強韌的肌肉骨骼系統，就是為未來買了「骨幹的保險」；這個策略尤其適用於大型品種犬。我們的目標是創造有恢復力的身體。

既然許多寵物爸媽面臨的一大挑戰是，擠不出時間陪伴他們「一輩子最好的朋友」，讓狗狗每天規律運動或許是根本解決之道。我們或許不會時時想動，但多數狗狗可是熱力十足，說走就走。必須一提的是，光是和狗狗一起溜達並非充足的鍛鍊。如果散步是你的菜，那你的狗狗需要強而有力的健走——以每小時六到七公里的速度前進，才能真正鍛鍊到心血管和燃燒卡路里。

這種較高強度的步行不只為你的狗狗，也為你提供重要的健康效益，包括降低肥胖、糖尿病、心臟病和關節疾病的風險。不過，如果陪你走路的毛同伴已經習慣邊走邊嗅、閒混遊蕩，首先你必須「改編程式」。我們喜愛那樣的散步（也就是嗅覺狩獵）做頭腦體操，但那算不上心肺運動。別寄望一天就能從悠閒的散步轉變成高強度的健走，牠可能需要多走幾次才能了解狀況，且需要好幾週增強耐力。使用不同的背帶和項圈是讓狗狗明白現在要進行哪一種活動的好辦法；我們在激烈心肺活動時用胸背帶和短牽繩，悠閒嗅覺狩獵時則用長繩搭配條帶型項圈。

如果你沒辦法帶狗狗健走，可考慮讓狗狗進行其他心血管運動，例如游泳。我（貝克醫師）之所以在幾年前開設動物復健／物理治療中心，主要就是想給狗狗一個在冬天可以安全運動的地方。水中跑步機是絕佳的鍛鍊，對年紀較大、體型走樣，以及有肢體障礙的狗狗更是棒。在專人指導下，嬌小的狗狗可以在自家浴缸裡游泳。現在許多愛犬日托中心都有為大型犬提供跑步機服務，全球各地的動物復健專家也受過專業訓練，可助你量身打造滿足狗狗特殊需求的運動療程。（復健專家名錄詳見附錄375頁。）你倆也可以一起享受數十種好玩的狗狗「運動」。dogplay.com是絕佳的資源，可為狗狗探索有規劃的活動和有組織的玩耍機會。**變化固然重要，但樂趣也很重要。站在狗狗的角度選擇活動**，確定你的選擇能呼應狗狗的性格與能力。隨著狗狗年歲漸長，牠們的運動養生法也要改變。較老的狗狗會受益於刻意強化肌肉的運動，例如「坐到站」的訓練項目（許多專業復健師有提供視訊課程，教你哪些運動最符合狗狗的需求）。經常在家按摩和溫和的伸展除了能讓狗狗覺得舒服，也讓你得以完成定期身體掃描，檢查腫塊、硬塊和其他狗狗身體的變化。www.foreverdog.com網站有更多關於居家檢查、該注意什麼的資訊。

腦力激盪：狗狗需要鍛鍊身體，也需要磨練思考技能。體能運動固然重要，心智活動則能使狗狗到年老仍保持敏銳機警（並防止無聊）。從小到大常玩「動鼻子」（氣味工作）、敏捷活動（或其他運動）或動腦拼圖的狗狗，年老後較不會出現認知衰退。Nina Ottosson 和My Intelligent Pets都製作了很棒的狗狗動腦拼圖，你也可以自己動手；我們在Forever Dog 網站上也分享了一些構想。

你選擇的活動或運動類型一定要適合狗狗的體型和能力（例如扁鼻犬就有特殊的呼吸因素需要考量）、性情（會攻擊狗的狗狗有特殊考量）和年齡（較年長或有永久性肢障的狗狗有特殊考量）。你為狗狗選擇運動的種類、持續時間和強度應隨時間調整，但你的狗狗不該停止活動。

有些品種天生較容易罹患神經退化性疾病，有些狗狗則因意外或傷勢，肌肉骨骼已經受創。為那些肢體損傷的狗狗打造適合個別需求的運動療程尤其重要，有時需要特製的背帶和輔具幫忙。

調整晝夜節律的嗅覺狩獵

早上出門前一定要打開所有窗簾和遮陽板，別把狗狗留在黑暗裡！據潘達博士的說法，狗狗若白天一直待在光線微弱、窗簾緊閉的室內，可能會變得憂鬱，更別說完全搞不清楚白天黑夜了。他建議清晨和黃昏各出門散步十分鐘，讓我們狗狗的身體能夠製造適當的神經化學物質來清醒或慢慢靜下來。這個明智的建議和霍洛威茲博士的指點有異曲同工之妙：讓狗狗隨心所欲地嗅來嗅去，一天至少一次……進行嗅覺狩獵。如前文所述，**我們推薦一天進行兩次調整晝夜節律的嗅覺狩獵，早晚各一**。嗅覺狩獵期間，讓狗狗自己選擇想聞什麼、聞多久：這是狗狗的心智活動，所以不要拉牽繩控制牠！讓狗狗無拘無束地嗅聞，對牠的心智和情緒健康十分重要。（另有研究顯示，餐後花十五分鐘悠閒散步的人，能遏制血糖整天居高不降！）

除了為狗狗的生活打造更多活動與動力，我們也希望你許下承諾：做你的狗狗的健康盟友。只要照著本書的原則去做，就可以做到這件事。

但首先，請發誓。

立誓

暗中默默監控狗狗的身體和情感狀態，是我們身為守護者的責任。你是你的動物的擁護者。以下是我（貝克醫師）和朋友貝絲（Beth）在幾個月前撰寫的誓言，意在提醒寵物爸媽他們肩負的重責大任，同時也是回饋豐碩的責任。我們鼓勵你成為狗狗的健康盟友。

我要為我自己的身心健康和我照顧狗狗的身心健康負責。我要在生活各領域為我自己和我的狗狗擔任知識淵博的擁護者。我了解生命、療癒和健康時時在變，我必須持續學習、不斷進化才能成為強有力的擁護者。我不會把這個責任讓給任何人或醫生。我的狗狗的情感和身體健康，掌控在我手裡。

請在你健康長壽的狗狗生活日誌裡寫下居家保健紀錄。每一、兩個月記錄一次狗狗的體重，以及你在居家檢查期間所發現的任何腫塊、硬塊和疣的大小和位置。身體檢查、血液檢驗和實驗室檢測的結果都要索取副本，以便追蹤器官功能的變化。把任何新症狀出現的時間記下來，也記下行為改變，以及每一隻寵物在吃哪些食物和營養補充品。這份不間斷的健康日誌彌足珍貴，會在你試著回想你是從何時開始更換食物、哪一天做心絲蟲預防、哪個月飲水量開始增加時告訴你。請把這本狗狗日記放在方便拿取的地方，便於你迅速記事。為此我們也在手機上使用「Day One」日記App，因為你可以隨時拍照和輕鬆加入語音備忘錄。

好問題：你要如何得知狗狗的體內健康呢？實驗室檢測是極佳的指標。有適合年輕和年老狗狗做的血液檢驗組合，也有更專門的診斷，適合渴望獲得更多資訊的長壽鐵粉。狗狗外表健康、胃口好、看似一切正常，不代表不需要血液檢測或其他診斷。事實上，幾乎所有會危害狗狗的代謝和器官問題都始於生物化學變化，而這樣的變化可透過驗血偵測出來，若等到症狀出現，往往是好幾個月，甚至數年後的事了。我們在狗狗被診斷出腎臟、肝臟或心臟疾病時聽到「要是早點知道就好了」這句話的次數，多到數不清了。拜現代技術所賜，我們確實可以早點知道的，而你絕對該利用這些簡單、非侵入性的檢測，在症狀顯露之前——我們還能做些什麼的時候——鑑定出生物化學異常。

如果你等到你的狗狗顯現疾病症狀才有所作為，或許已來不及扭轉病情，或讓狗狗恢復理想健康了。積極主動的飼主和獸醫師會著眼於在例行檢測及早發現凸顯細胞功能異常的變化，不會等到疾病發作。

一年做一次血液檢測能讓你安心得知狗狗的器官運作健全。在老化過程中的某個時候，正常的數值難免會變，如有檢測結果異常，請交由獸醫師處理和複檢。這是飼主該尋求支援和／或其他專業意見的時候。聘請狗狗健康廚房的廚師或委託禮賓健康服務協助你解決動物的健康問題，常是明智的決定。我們不會奢望一位家庭醫師（不論人或動物）能夠妥切地照料年長家人愈來愈高的需求，為你年華老去的狗狗探詢各種獸醫觀點和服務亦無不同。（請參閱附錄362頁的年度血液檢驗建議，亦請上www.foreverdog.com了解新問世的診斷學。）

遺傳學與環境壓力

前文提供了許多生活方式如何影響健康壽命的資訊，但我們切莫輕忽遺傳的力量，因為遺傳學對於狗狗的繁育影響尤深。今天我們在保護和促進健康基因組方面所能做的最好的事情，就是重新思考該如何繁育我們的狗狗，而改進我們的育犬作為是唯一能確保基因組成健康的途徑。前文提過，欲了解我們的遺傳易感性和特定疾病的潛在風險，DNA篩檢已愈來愈普遍、容易取得且實用。狗狗的DNA檢測也正在興起，未來幾年將變得更全面。然而這個事實依舊不變：許多育犬行為仍是為了滿足人類對狗狗外觀的欲望，卻犧牲了狗狗的健康。

雖然有許多優秀的育犬人士將健康置於虛榮之前，對幼犬的高需求仍助長了一個容易被無恥之徒汙染的產業，那些人對育種健康一無所悉（也完全沒有投資），只顧著滿足那些不明就裡的消費者需求。這種拿均衡的頭腦和身體換取美貌的做法，已摧殘了許多狗狗。保育育種人士不敵「後院繁殖」和幼犬繁殖場：過去數十年，後兩者已產出數以萬計的幼犬來滿足飢渴的寵物市場。審慎挑選的遺傳學和性情慘敗給大量生產、不健康的一窩窩幼犬。

疫情也抬升了需求，使功利的育種變本加厲。我們見到網購幼犬詐騙盛況空前，因為陷入無止境孤立的人們極度渴望狗狗無與倫比的陪伴。但很多人並未研究負責任的育種者，反倒去寵物店買。多數（就算不是全部）寵物店的幼犬源頭皆未將遺傳健康列為首要；數千個將可愛、高價、育種不良幼犬直接送到你家門前的網站也是如此。要避免被誆騙、避免未來為育種不良的幼犬無可避免地心碎別無他法：充實知識吧。

供需基本原理告訴我們，要遏止這波育種不良犬的流行病，人們必須停止支持幼犬養殖場、USDA認證的大規模育種場（工廠式養殖犬）和不重視基因健康的後院育種者。這意味千萬不要一時興起就去買小狗，請把這個過程視為領養孩子看待：要花時間詳加計畫和研究。請參閱附錄371頁，有一連串問題是你選擇合作的合格育犬人士要能回答的。這份問卷非常實用，因為那讓你了解有哪些表觀遺傳因素，未來可能對你狗狗的健康造成強烈衝擊。例如，最新研究證實，如果懷孕的媽媽吃生食、幼犬也很早接觸生食，腸子出狀況和罹患異位性皮膚炎的可能性就較低。不同於我們十之八九可以掌控的環境風險因素，我們對遺傳施得上力的地方在於和聲譽卓著、努力改善狗狗基因庫的育種人士及組織合作。保育育種人士會實行「修補式」飼育，也就是預先完成所有相關DNA檢測和健康篩檢（會很樂意告知你結果）、刻意試著透過飼養方式彌補動物的基因缺陷。功能型的飼育者也會努力讓基因庫多樣化，著眼於健康、性情和用途（功能）。這些育種者了解，除了篩檢我們知道的遺傳性疾病和避免繁殖帶有已知遺傳問題的狗狗外，還有更多事情要做。

犬生物學研究中心（Institute of Canine Biology）的卡羅．布夏博士（Carol Beuchat），優雅地解釋了為什麼光是基因檢測和選擇性育種無法修正純種基因的不幸。概括來說，當狗狗的封閉基因庫（純種狗皆源於同一個祖先家庭）在未經策略性基因監督下（非故意或有時故意的近親繁殖）生了一窩純種狗，比較可能出現幾種不好的事情：基因相似性增加、隱性突變的表現增加、基因多樣性減少，而最終導致基因庫萎縮。

隨著愈來愈多純種狗相互繁殖，會出現更多、後果更嚴重的遺傳災難，包括壽命縮短。遺傳學家稱此為「近交衰退」（inbreeding depression）。但還有更令人憂鬱的：多基因遺傳病，例如癌症、癲癇、免疫系統失調，以及心、肝、腎疾病的風險，也在這些後代中暴增。但若是僅繁殖「精英中的精英」，贏得品種展示會的前25%冠軍犬呢？布夏博士解釋，僅繁殖一小圈子的純種狗，我們可能會粉碎找到足夠獨特和多樣遺傳物質來拯救備受喜愛的一些品種的機會（少了75%）。我們是名副其實閹割了「在頸毛裡找到基因鑽石」的潛力。到頭來，當獸醫的帳單開始堆積，多數買純種幼犬的人不再在乎當初牠的爸爸有多受歡迎或多出名，而更擔心牠的爸爸有多（不）健康。布夏博士的結論令人不寒而慄：「除非有適當的干預，這個族群的健康將穩定地一代不如一代。」

她指的干預是透過和另一個族群「遠交」（outcrossing，與特定品種雜交以避免特定遺傳結果）或透過雜交育種規劃（可望拓展純種狗的基因庫）引進新的遺傳物質來置回失落的基因。這樣的方法，自然遭到許多支持純品種人士反對。我們訪問的每一位遺傳學家都一再重申這個論點：長期而言，要增進所有狗狗的健康——純種也好，混種也好——就要進行適當的基因管理。**請記得，遺傳疾病是失去身體正常運作必須的基因所致**。你可能什麼都沒做錯，但如果你的狗狗天生欠缺健康心臟需要的DNA，牠會罹患心臟病。腫瘤抑制基因產生突變，癌症就會報到。拿掉健康視網膜的基因，結果就是視網膜發育不全。去除免疫系統的多樣性基因，免疫疾病就無可避免。當動物帶有基因變異（單核苷酸多態性，SNP），我們有可能透過表觀遺傳學來調控其表現，但一旦那種遺傳物質失落，不擴張基因庫、引進新的DNA——也就是遠交，就無法置回。

光靠DNA檢測，而沒有實行具策略性、世界觀的計畫來刻意抑制封閉基因庫選擇性繁殖的後果，並無法孕育更健康的狗。這唯有透過審慎的基因管理才能達成，而審慎的基因管理，就是國際犬合作夥伴組織正努力嘗試的事。而儘管DNA檢測不足以緩和純種狗的困境，對逐漸成為狗狗健康擁護者的你來說，檢測仍可能彌足珍貴。基因檢測可能是重要的步驟，因為它能鑑定出可能影響你家中狗狗長期健康的傾向和體質。我們選擇的日常生活方式，對於目前基因的活動有深刻的影響。這使人充滿幹勁。而最引人入勝的一點是：**許多和我們的健康及長壽有直接關係的基因，我們都可以影響其表現方式**。同樣的情況也適用於我們的狗狗同伴，只有一句警語：我們得幫牠們做出明智的決定。

不幸的是，許多育種DNA的傷害已然造成。例如某些焦慮症已大量出現於某些品種。二〇二〇年一項挪威研究檢視了遺傳學與行為的關聯，結果發現聲音敏感症在拉戈托羅曼格納犬（Lagotto Romagnolos，一種毛茸茸的大型尋回犬，原生於義大利）、愛爾蘭軟毛㹴犬（Wheaten Terrier）和混種犬最為顯著。最擔心受怕的品種是西班牙水獵犬（Spanish Water Dog）、喜樂蒂牧羊犬（Shetland Sheepdog，Shelties）和混種犬。有近十分之一的迷你雪納瑞（Schnauzer）具攻擊性且害怕陌生人，但這樣的特質在拉布拉多犬幾乎聞所未聞。在二〇一九年芬蘭一項研究中，與社會化有關的基因被發現就位於與較高聲音敏感度有關的DNA段上，這暗示我們人類若選擇社交能力強的狗狗，可能也在無意間選擇對聲音較敏感的狗狗。諸如此類的取捨發生得遠比我們想像中頻繁，但隨著DNA研究日新月異，我們希望能盡量削減不好的結果、推動更完善的基因管理，以免製造更多問題。預先替特定品種做基因編程、使之蒙受一連串明明可透過適當遺傳管理預防的病痛，對狗狗並不公平。這種做法實際上是在徹底扼殺某些品種，例如英國鬥牛犬或許已走入基因的死胡同。如今，這個以鼻子短、身體又小又皺著稱的品種，彼此間的基因相似到專家表示，育種人士已經不可能讓牠們更健康了。

要在這個世界養狗，只有兩個負責任的選項：

選項1：如果你打算支持育種家，你有義務支持積極改良品種基因的專業人士。請用371頁所列的二十個問題，和你感興趣的育種者展開對話。www.gooddog.com網站上有不錯的資源讓你分辨育種者的好壞。

選項2：向聲譽卓著的動物收容所或救援組織領養狗狗。（現今網路幼犬仲介會喬裝成救援或領養團體，請當心。Pupquest.org有更多關於這種新詐騙的資訊。）當你決定領養獲救的狗狗或帶回流浪犬之前，你無從得知這隻狗狗帶有怎樣的DNA（如果你跟我們一樣，那麼比起搭救眼前的生命，這個議題沒那麼重要）。許多人不肯向有信譽的育種人士買狗，正是因為當地的收容所或特定品種救援中心住滿流浪犬了。愈來愈多收容所和救援組織會完成混種幼犬的DNA檢測，他們明白自己對幼犬了解愈多，就愈有可能配對成功。例如，領養一隻混有牧羊品種的幼犬，意味日後牠極可能表現出強烈的驅趕動物傾向——在領養前知道這個是好事！援救並非弱者可為：很多人對獲救寵物身上夾帶的問題頭痛不已。例如，許多收容犬都在八週大的時候絕育或結紮了，但在青春期前去除那些關鍵荷爾蒙很可能會使很多狗狗容易產生健康與訓練問題，以及在未來損害免疫系統的終身荷爾蒙失衡。選擇領養或向深入研究的傳統或功能型飼育家購買，純屬個人決定。不論領養或購買，最重要的是負責；一旦把新的毛朋友帶回家，我們就要一輩子承擔重大的責任，而廣泛的研究對於了解這種責任至關重要。

本書篇幅有限，無法一一列出所有與品種有關的基因缺陷或突變，你可以上www.caninehealthinfo.org和www.dogwellnet.com網站，了解專家建議哪些品種要做哪些篩檢測試。身為寵物父母，你所能做的就是確定你面前的狗狗的基因組成，並且盡可能藉由選擇明智的生活方式，透過表觀遺傳學來彌補基因缺陷。技術（亦即DNA檢測）已賦予我們力量，讓我們可以透過積極影響狗狗的環境和經驗來影響牠的基因表現。如果你想要知道你的狗狗體內有何玄機，請檢測牠的DNA，再運用本書和www.foreverdog.com上的資訊，打造終身健康計畫來支持牠獨一無二的基因組。如果你不想知道你的狗狗的特定指標，本書也有科學支持的建議能大大幫助你延長狗狗的健康壽命。

總而言之，我們改變不了我們狗狗的DNA（或加回失落的基因），但可以透過選擇生活方式來影響牠的表觀基因組，進而改變牠的DNA的表現方式（小提醒：請參考95頁提到的表觀遺傳誘發因素，每一項都是你可以掌控的）。許多接受我們訪問的研究人員，反覆提到的主題是與狗狗情緒健康有關的新興科學。長久以來，我們（人類）一直低估了狗狗的社交互動形塑及影響生理健康的力量。狗是社交動物，需要社交環境來發展社會能力、表現性格、玩得痛快。

透過社會參與和刺激來盡可能減輕長期情緒壓力

你的狗狗有幾個朋友呢？這點應該不會讓你驚訝：藍色地帶百歲人瑞的三大支柱之一就是強大的社會連結，同樣地，你也要為狗狗搭建強大的社交網路。也別低估擁抱和親吻的力量（如果你的狗狗喜歡親密接觸的話），你的友誼對你的狗狗出奇重要，你可能是牠唯一的社交出口。

正因如此，我們鼓勵你時常評估你是否盡責地做為狗狗的榜樣，妥善處理你自己的壓力，盡可能悉心關照、俏皮可愛和設身處地溝通。與狗狗建立歷久彌新的關係，是個一輩子的過程。這兒有個訣竅：一旦你發現你的狗狗喜愛某些鮮食點心，可拿那些食物在從早到晚的短時間訓練或上班前後使用。

就算你的狗狗年紀較長且受過完善訓練，也要每天花幾分鐘和狗狗一起琢磨溝通技巧。狗狗需要能動腦的工作或趣事，如果你不想天天花那幾分鐘進行訓練或玩把戲，就拿動腦遊戲或是會放出點心的玩具讓狗狗聚精會神。也別忘了挪出時間陪牠玩耍，至少一天一次。史丹佛大學研究員艾瑪·賽佩拉（Emma Seppala）在著作《你快樂，所以你成功》（The Happiness Track）中指出，人類是唯一成年後不會找時間玩耍的哺乳動物。我們的狗狗比我們更愛我們盡情玩樂——牠們名副其實守在我們身邊，等待我們跟牠們互動。多玩一點吧……那對我們也有好處。

專家建議：當你能抽出一點幸福時光陪狗狗時，請把手機調到飛航模式，這是練習專注、與狗狗聯絡感情的絕佳方式。

毫無意外，早期的生命「暴露」和經驗會為狗狗的一生定調。研究顯示，狗狗幼年期時（四週到四個月大之間）適當社會化的程度，會直接影響狗狗往後的恐懼程度（包括對其他狗狗和陌生人）。

一隻狗狗的性情主要取決於遺傳和狗狗出生後六十三天的經驗（或缺乏經驗）。正因如此，專業狗訓練師和飼育家蘇珊·克洛蒂爾創造了「豐富幼犬計畫書」（Enriched Puppy Protocol），那已被用來幫助超過一萬五千隻幼犬，包括許多預定成為輔助犬的狗狗。有專科認證的獸醫行為學家麗莎·雷杜斯塔博士（Lisa Radosta）補充道，母犬在孕期的經驗和壓力程度也會影響小狗終其一生的焦慮、侵略性和恐懼症的門檻。雷杜斯塔博士說：「這些環境形勢會形塑到大腦和性情的發展，進而影響幼犬日後的行為。」這也是你如果要跟育種者買幼犬，必須跟他深入聊聊的原因。

avidog.com的蓋爾·華金斯博士（Gayle Watkins）指出，在幼犬養殖場當「種犬」的狗狗，會因為得大量生產數十隻幼犬而生活在持續不斷的環境、情緒、營養壓力下，而那些幼犬又會受到母親的壓力和創傷經驗影響，在表觀遺傳上出現變化，誘發各種不受歡迎的行為特徵。

發展研究定義了幼犬三個至關重要的社會化階段，第一階段始於四週大、還住在飼育人士那裡或救援機構時。幼犬應該在這時展開初期社會化課程。這些課程旨在非常短的時間內提供關鍵的感官經驗，對培養狗狗適應環境、隨和易處的性情彌足珍貴（請參閱附錄375頁，有一系列我們喜愛的幼犬早期社會化課程）。

假設你的幼犬在九週大左右回家，那下面兩個關鍵階段是在你那邊發生的。幼犬生命中接下來幾個月是關鍵的基礎奠定階段：牠重要的行為與性格特徵、反應、在未來環境因應變化的能力，都是在這時候扎根。適切、安全的社會化能賦予幼犬度過一生所需的應對能力。社會化良好的幼犬長大後會有極高的適應力，而有較低的皮質醇、焦慮、恐懼、恐懼症和侵略性。反過來說，幼犬期未適當社會化的狗狗，一輩子都容易有較高的壓力反應（和皮質醇）。

要避免狗狗對新處境感到害怕，需由飼育主或援助中心在幼犬四週大時進行預防措施。從四週到四個月大的幼犬，若能在考慮周詳的安全環境中天天接觸這個世界的景象和聲音（吸塵器、槍聲或其他大聲的噪音、煙火、暴風雨、輪椅、小孩、門鈴等等），會學到牠們不必對這些事件感到恐慌或過度反應。早期生命經驗要不讓狗狗充滿自信、勇於冒險、過著豐富的生活，要不迫使牠們時時防衛，在令牠們提心吊膽的世界，主動避開或防禦各種陌生或不可預測的情況。華金斯博士強調，社會化最重要的面向不是逼幼犬進入一個可怕的世界，而是透過新的體驗來建立和維持信任，讓我們的幼犬做好準備，迎向豐富充實的生命（只不過時機短暫，稍縱即逝）。

早期居家發展計畫和持續的幼犬課程，能幫助狗狗踏出正確的第一步。如果你想要培育出具情緒恢復力的成犬，這些不只是推薦，而是必須。一言以蔽之，**狗狗小時候，特別是四個月大以前的暴露與經驗（好壞**

皆然），可能會深刻影響狗狗一輩子的行為和性格。這還會影響牠日後的壓力荷爾蒙分泌，繼而影響其健康壽命。在你把新幼犬帶回家以前，花點時間擬訂有目標、多樣化、具吸引力且情感安全的社會化計畫吧。

華金斯博士強調這些以關係為中心、零恐懼的訓練課程，應至少持續到狗狗一歲時。從六個月經過週歲至十六個月的少年和青少年階段，也充滿挑戰性（「青少年時期」），能否順利熬過這段艱難的歲月而未受到嫌惡的懲罰，對長期心理健康極為重要。華金斯博士說：「我們得記得，雖然牠們身體長大了，看起來成年了，但認知上還有很多地方正在發展。」不幸的是，社會化不足的「疫情幼犬」正在世界各地蔓延，牠們是任性、過度反應的青少年，造成相當大的教養壓力。因此，現在就（在訓練有素的專家協助下、運用有科學根據的人道訓練方法）為矯正這種情況擬訂計畫十分重要。「養出很棒的幼犬，就會有很棒的狗狗。」

「教我怎麼成為你希望的樣子。」

我們的信念呼應了動物行為學家的看法：持續不斷、以關係為中心的終身訓練不是一種選項，而是義務。那不是當你的幼犬或領養的浪浪出現惱人行為時才要開始的東西，重點是如何從頭預防行為問題。

讓狗狗接觸新經驗永不嫌遲，只要你按部就班，不要製造焦慮或恐懼就行。「學習讀懂狗狗的身體語言是最重要的事。」雷杜斯塔博士這麼說。能夠正確解讀狗狗的非言語溝通之所以重要有眾多理由，包括在負面經驗造成的過度壓力出現時及早干預〔莉莉．錢（Lili Chin）所著之《狗狗的語言：給愛狗人士了解最好朋友的指南》（Doggie Language: A Dog Lover's Guide to Understanding Your Best Friend）是狗狗身體語言的入門讀物〕。Pupquest.org指出有多達50%的幼犬沒有在第一個家裡待滿一整年，而每十隻狗只有一隻一輩子待在同一個家庭。重新安置過的動物可能出現創傷後壓力症候群（PTSD）的徵兆，這連同其他無數種行為，都需要專業干預才能獲得最成功的結果。如果幼犬未適當社會化，你可以在任何年紀致力於損害管控（行為矯正）來增進狗狗的安全感和幸福感。取決於你的狗狗有多過度反應或多自我封閉，你的努力可能需要專業協助。我們建議你盡快尋求有優質認證的協助來管理任何反覆出現的行為議題或憂慮，你愈快處理問題，事情就愈快改善。請明智地挑選狗狗的訓練師，就像你為你的孩子慎選保母一樣。請翻到375頁的附錄參考我們的建議。

除了讓狗狗具備社交和情感技巧，而能在家中及社區裡過得開心、發揮功能與建立關係（或敏銳細膩地管理做不到的狗狗），找出和處理反覆壓力的來源以遏制可能糾纏一輩子的焦慮，也是明智的主意。看獸醫、修指甲、清耳朵、洗澎澎，這只是其中幾個可能會使你的狗狗焦躁不安的例子。**學習如何適切地管理狗狗的壓力反應，是你的關係工具箱裡最重要的資產，也是給狗狗一輩子的禮物。**

我們的朋友蘇珊．葛瑞特（Susan Garrett）的專長是訓練世界級的狗狗運動員。她最出名的是曾十度拿下狗狗敏捷度世界冠軍，但她也非常善於解決我們在試著和另一個物種溝通時全都經歷過的日常挑戰。她提醒我們，如果你養了狗狗，那麼你就是預設的狗訓練師，而出色的狗訓練就只是發展兩大關鍵要素罷了：你的狗狗的自信，以及牠對你的信任。只要你在和牠每一次互動時都相信她一定會竭盡所能做到你教給牠的一切，就能同時達成這兩項目標。狗狗絕對不想讓我們失望。不幸的是，狗狗也一直被我們斥責行為「像條狗」；如此一來，他們對主人的信任便逐漸瓦解。如前文所述，你和狗狗的關係建立在信任和出色的雙向溝通上。不論你是領養流浪犬或新的幼犬，都需要天天教育（訓練）來發展及維持狗狗的理解力。

當狗狗經歷壓力或恐懼（煙火、門口的陌生人、嗶嗶叫的煙霧偵測器、新的背帶、搭車、吸塵器等等），牠們會憑本能反應，不靠意識做決策；牠們的身體天生會自我保護。身為牠們的守護者，蘇珊指出，我們務必記得：**壓力和恐懼是學習最緊迫的路障**。人也好，獸也好，一旦啟動恐懼反應，就不可能「學習」。壓力荷爾蒙會自動被分泌出來，啟動戰鬥、逃跑，或僵住的反應，給狗狗最原始的方法來防衛感受到的威脅。身體會立刻分配所有資源給「生存模式」，而對狗狗來說，恐懼反應最終會形成咆哮、亂咬、吠叫、猛撲、畏縮、恐慌和／或逃避行為。

在面臨壓力的情境，我們的狗狗不可能像平常那樣回應我們的話，除非我們已經訓練牠們做出較健康的替代反應——極高壓力下的應對機制。牠們不聽我們說話是因為牠們處於恐慌模式。別因恐慌懲罰你的狗狗，相反地，把創造正向的「制約情緒反應」（狗狗表現出壓力或徵兆時的反應）設為目標，並尋求專家協助。雖然我們無法在壓力情境當下「訓練」我們的狗狗，但可以開始訓練狗狗以不一樣的方式經歷壓力情境。**只要加深狗狗對我們的信任，不要反過來侵蝕它，我們就可能協助狗狗順利應付高壓、度過可能令牠們擔心受怕的局面。**

只要努力投入這個過程，我們就能改變刺激因素。未來，每當你的狗狗碰上那種因素，牠們會做出更合你意的反應，會跟我們討安心和獎勵，而不會被恐懼誘發不當行為。

有許多獸醫師和寵物美容師以啟發、教育照顧者如何預防和減輕寵物的恐懼、憂慮和壓力為己任，如果你想尋找這些人士，fearfreepets.com是絕佳的資源。別讓寵物「僵化」是他們的一貫主張。重點在於，請盡你所能幫助狗狗克服情緒障礙，情緒障礙會使壓力荷爾蒙反覆分泌，對牠的身體很不健康。另外，也要盡你所能試著讓狗狗處於情緒平衡……你也一樣。

當然，你無法減輕狗狗生命中的所有壓力，畢竟這世界太瘋狂了，隨時充斥著不可預期的駭人事件。但管理已知、日常或反覆的壓力源，是我們辦得到的事，而我們有責任幫助我們的狗狗展開這段辛苦但報酬豐厚的減敏和反制約過程（這些是你的訓練師會使用的行為矯正技巧），讓明年的壓力比今年更輕。如果你什麼也不做（除了發怒），不討喜的行為可能會變本加厲，你們的關係也會每況愈下。

我們的目標是透過我們對周遭人事物的反應，建立一致性、信任感和信賴感，要是你不想不慎養出瘋癲的狗狗，這點至關重要。我（凱倫）領養荷馬後，沒多久就得知他的腳不給碰（有被咬的風險），洗澡更是瀕死經驗（有被老狗恐慌式攻擊之虞）。領養六個月後（相當短的時間），我可以很驕傲地說，荷馬可以在不加束縛的情況下一邊洗足浴，一邊吃點心了。請致力實行有科學根據的「損害管控療法」來處理狗狗不討喜的行為。請努力去做，因為若不這麼做，結果對你們兩個都不好、不健康。

狗日子（狗狗決定）

要是我們讓我們的狗狗選擇一整天想做什麼，牠們會作何選擇呢？從狗狗的角度看生活，是我們該更常做的事。哪些活動令牠們興奮？牠們最喜愛哪些食物？想要聞什麼？想要跟誰互動？了解狗狗的喜好能讓我們成為更好的守護者、讓彼此連結更緊密，也能提升牠們的生活品質。我們愈常撥時間了解狗狗的喜好，就愈有能力滿足牠們的社交、生理和情感需求。

除非你知道你的狗狗會作何反應，先別帶你的狗狗去讓狗狗們可以彼此接觸的愛犬公園，否則那會加重狗狗（和你）的壓力。蘇珊・克洛蒂爾非常清楚地闡明這個論點：**對社會化不足或害羞的狗狗來說，愛犬公園是最糟的選擇**。如果你想為你過度反應或擔心受怕的狗狗創造正向的戶外經驗，你必須花時間重新塑造狗狗的行為——以不會對牠構成壓力的步調和訓練技巧進行（研究清楚顯示，處罰式訓練會加重焦慮、促進壓力荷爾蒙分泌）。

我們很多人都救過社會化不良且懷有某種情感包袱的狗狗，誤以為給牠關愛、穩定的環境，就能修正牠的心理和情緒議題。「那沒辦法。」雷杜斯塔博士說。若你領養或救援的是明顯有行為問題（包括恐懼和焦慮）的狗狗，全世界的愛都不足以矯正問題，你需要立刻處理問題，且最好尋求專業團隊協助：「請集結你的行為矯正團隊，彷彿你是在規劃自己的婚禮一般。」她如此奉勸。美國動物行為學家學院（American College of Veterinary Behaviorists）在官網www.dacvb.org提供專家名錄。

我們能為我們的幼犬所做的最重要一件事，是根據牠們的個性和體能找出並提供牠們真的喜愛又安全無虞的體驗、活動和運動。狗狗跟我們一樣有喜好，而發掘狗狗生命中的樂趣，可以滿足我們的靈魂。如果你不知道你的狗狗喜歡做什麼，請務必多做嘗試。就連你的狗狗小時候沒什麼反應的活動，也可能在牠中年或年老後變得有趣得多，所以請大肆探索！

也別忘記持續的正向心智刺激會對大腦產生良好效應。前文曾引用研究詳述過，結合消炎飲食和社交經驗與適當運動，可望提升大腦中一種非常重要的成長因子BDNF的濃度。你的大腦就是以這種方式滋養它的細胞和促進新細胞誕生，不分年齡都是好事！

獸醫行為學家以安・鄧巴爾博士（Ian Dunbar）相信，我們能為增進狗狗情感幸福所做的美事之一，是為牠們**培養豐富的社交生活**：找出你的狗狗真心喜歡的一票「狐群狗黨」（狗狗朋友），讓你的狗狗一輩子都有玩伴。狗狗需要很多固定當狗的機會：全速衝刺、挖土、在地上滾來滾去、聞屁股、嬉戲、咬拉拔河、啃東西、吠叫、追逐。你可以提供這些機會。身為狗狗照顧者的我們還有一個職銜：無聊驅趕者。許多備受寵愛的狗狗都過著相當無聊的生活，這並非牠們自己的選擇，牠們並未掌控自己在過的生活。

茱莉・莫里斯（Julie Moriss）告訴我們，她經常幫她二十二歲大的比特犬小虎（Tigger）約玩伴，特別是在她步入老年後，讓她能跟她的狗朋友社交互動。這聽起來沒什麼大不了，但庫賓宜博士的研究證實，這對狗狗情感方面的重要性，不亞於藍色地帶研究所證實的對人類的重要性。人和狗都是群居動物，一生都需要持續不斷、積極參與社會的機會。

如果你的狗狗不具備和其他狗狗成群結隊的社交技能，那就找件牠真的喜歡動腦和／或身體去做，且會常做的事。「動鼻子」（氣味遊戲）是我們最喜歡讓有侵略性、反應過度和害羞的狗狗，以及有創傷後壓力症候群的狗狗從事的活動（已變成一種狗狗的嗜好，對工作犬來說也成了一份「工作」）。雷杜斯塔博士說，提供狗狗「五種自由」，是我們身為守護者的責任：

- 免於苦惱（恐懼／焦慮）的自由
- 免於疼痛或受傷的自由
- 免於環境壓力與不適的自由
- 免於飢餓和口渴的自由
- 展現促進健康的行為，以及表現典型物種行為的自由

紐西蘭梅西大學（Massey University）動物福祉科學教授大衛．梅勒博士（David Mellor）進一步發展一系列他稱作「五大領域」的指導方針。他的模式強調將正向經驗極大化，而不只是將負面經驗極小化，而這五點可能有延年益壽之效：

- 好的營養：提供膳食來維持完整健康與活力，並賦予愉快的飲食經驗。
- 好的環境：盡量減少接觸危害健康的化學物質。
- 好的健康：避免傷病或迅速診斷、治療，維持好的肌肉張力與身體機能。
- 適當的行為：提供友善的陪伴與變化，盡可能減少威脅和對行為的不愉快限制，促進參與社交及有益身心的活動。

- 正向的心智經驗：給狗狗機會享受安全、愉快、適合物種的經驗，促進各種形式的自在、愉悅、趣味、信心和掌控感。

提供優質的營養和低壓力、無毒的生活環境；維持健康的身體；從事有益的活動；創造正向的心智經驗——藍色地帶的研究人員贊同這些方法能創造出強健、長壽的人生。

最後，同樣重要的一點是，請觀察和傾聽你的狗狗，密切注意狗狗的一切——身體、身體語言和一舉一動。試著了解你的狗狗，就像你試著了解你的孩子，或你在地球上最親密的人。學著了解你的狗狗什麼時候會侷促不安；學著了解牠的喜好——牠最喜歡玩耍的時間和方式；喜歡被撫摸哪裡跟怎麼撫摸；喜歡做什麼；真正愛吃的食物。當你努力讓狗狗成為你最好的朋友，或者起碼是你珍視的家人，你就會成為更好的守護者（並大幅改善狗狗的生活品質，以及和你的關係）。

你會更密切注意、投入更深，會變得更敏銳、更有默契，也會問自己更好的問題：為什麼牠連續兩個晚上舔牠的右爪？你的思考過程會從「狗狗舔完地毯後會吐在小毯子上」擴展為「為什麼牠那麼想舔地毯？」你將不得不深入探究牠們如此苦惱的根本原因。你會開始觀察狗狗的行為和選擇，做為每天的路線圖——看看身為擁護者的你需要解決什麼問題，或採取哪些行動。我們會開始試著了解狗狗行為的成因，而不是對行為做出反應。如此，我們就能盡力履行我們的承諾：為那些依賴我們的動物竭盡所能。我們不能讓牠們失望，但為了把事做對，我們必須非常了解我們的狗狗。為了讓牠們在我們家裡健健康康，我們必須更深入地檢討狗狗的周遭環境。

盡可能減輕環境壓力與降低化學物質量

第6章已經帶你勇闖那些高峰，認清現代生活，包括我們周遭的一切、我們天天暴露的環境有多毒了。從我們起床的那一刻——話說床本身可能就充斥揮發性化學物質——我們便遭遇數不清的環境毒素來源。有些相對無害，有些則無可避免，例如獸醫師開的除蝨滅蚤、防心絲蟲的藥劑。有些獸醫化學物質固然對預防疾病相當重要，但仍然需要狗狗的身體代謝和排出。我（貝克醫師）見過許多狗狗的肝酵素在夏天提高、冬天回歸正常，而冬季正是處方化學殺蟲劑的施用、攝取影響削弱時。獸醫師處方的化學物質，可能會增加整體的化學負擔，也就是增加身體的負擔，進而提高患病風險。你在171頁的化學測驗成績如何呢？

如果你覺得「好毒」，別慌！強調環境暴露的目的是讓你能夠做出必要的改變來保護你和你的狗狗，盡量減少未來的暴露。而你的目標是避免化學暴露破壞身體的必要運作，衝擊DNA、細胞膜及蛋白質。以下是我們的十三點清理環境核對表，我們知道其中有些策略已經在前幾章提過或暗示過，但一次悉數列出仍有幫助，所以讓我們開始吧：

1. 從食物做起。盡量減少會對代謝造成壓力、促使皮質醇和胰島素飆升的食物。（挪走澱粉！）如果你在前幾章已開始實行這些策略，那你已步上正軌。較新鮮的食物也能減少狗狗攝取到有害黴菌毒素、食品化學及殘留物，以及高溫加工的副產品（AGE）。

2. 把塑膠水碗拿走，因為塑膠水碗有滿滿會擾亂內分泌系統的鄰苯二甲酸酯。請改用高品質的不鏽鋼碗、瓷碗或玻璃碗。若要用不鏽鋼，請選擇十八口徑的不鏽鋼，最好是由送交第三方做純度檢測的公司製造，因為事實證明就連不鏽鋼也可能遭受汙染（還記得幾年前Petco召回金屬碗的事嗎？）若你選瓷器，請注意有些瓷器可能含鉛，還有些未獲許可作為食物器皿，所以請務必向你信任的公司購買高品質、可裝盛食物的瓷器。Pyrex和Duralex的玻璃碗是我們的最愛，耐用又無毒，不像其他廉價玻璃製品可能含鉛或鎘。也請注意，很多狗爸媽傾向幫狗狗買過大的食物碗，但因為正確數量的食物置於巨大的碗裡看起來少得可憐，飼主常忍不住多加點食物，好提升餐點的「視覺效果」。如果你已經買了太大的碗給寵物，可考慮拿來裝飲用水。有趣的是，在許多養寵物的家庭，食物碗常讓水碗相形見絀，就算水是狗狗飲食中最重要的營養來源之一。

3. 過濾狗狗的飲水。不管你有多熱愛你家自來水的味道，或自來水公司熱情洋溢的內容物報告，請買家用濾水器，至少在飲水或烹飪時使用。工業和農業製造及使用的化學物質最終會回到我們的飲水中，而家用濾水器能有效、大量濾除狗狗可能會從自來水或井水攝取到的毒物。今天坊間有各式各樣水處理技術，從簡單、低價，你要親手注水的濾水壺、裝在水槽底下有儲水槽的淨水器，到從源頭過濾所有進到家中的自來水的全戶碳濾器，應有盡有。最後一種很理想，尤其你還可以預訂定期更換濾心的服務，如此一來，你就大致可以信任廚房裡用的和浴室裡用的水了。選擇適合你的環境和預算的過濾技術吧：全戶碳濾器；裝在水龍頭、冰箱等處的碳濾器；廚房的逆滲透濾水器等等。請自行研究，因為每一種過濾方式各有其優點與限制，沒有哪一種能迎合所有目標。

4. 丟棄塑膠：盡可能減少生活中使用的塑膠量。我們不可能完全避免，但你一定可以限制它的數量，進而減少你（和你的狗狗）暴露於鄰苯二甲酸酯和雙酚A的情況。用常識決定如何儲存狗食和你自己的飲料。盡可能使用高品質的玻璃、瓷器或不鏽鋼，也避免把食物存放在塑膠袋裡。千千萬萬不要用任何塑膠產品微波、烹煮或烘烤。買玩具給狗狗時，請跳過塑膠玩具，尋找標榜「無雙酚A」，或在美國用百分之百天然橡膠、有機棉、漢麻或其他天然纖維製造的產品。

5. 進屋子時請脫鞋，把爪子擦乾淨。脫鞋進屋子是種好習慣，那是對屋子和居民表示尊重。然而，在許多西方國家，包括美國，把鞋子留在門口（或門外）並不常見。但把鞋子留在門外，卻是避免暴露於有害物質最簡單的方法之一，舉凡從致病細菌、病毒、排泄物，到林林總總我們避之唯恐不及的有毒化學物質。你的鞋子會從附近的工地帶回受汙染的塵土，以及草坪、住家附近、公園，甚至家門外的人行道上最近噴灑的化學物質。因為狗狗天生離地面較近，這個策略格外重要。你可以進一步用溼布（如有必要可使用橄欖皂）幫狗狗擦拭腳爪。如果你住在氣候寒冷的地區，路面會在冬天撒鹽，這又更重要了。冬天撒在路上防結冰的鹽會害許多狗狗生病：在家請使用「適合寵物」的鹽或沙子。

6. 清淨空氣：盡可能減少揮發性有機化合物和其他有毒化學物質的來源：如果你手邊還沒有，幫自己買一部有HEPA濾網的好吸塵器。HEPA代表「高效空氣微粒子」，要符合HEPA濾網的條件，產品必須能去除99.97%直徑大於0.3微米的空氣粒子。0.3微米是多大呢？一般人類頭髮的直徑從17到181微米不等。HEPA濾網能捕捉比頭髮細好幾百倍的粒子，包括大部分的灰塵、細菌和黴菌孢子。揮發性有機化合物常附著在灰塵上，所以HEPA吸塵器能幫助你減少家中的阻燃劑、鄰苯二甲酸酯和其他揮發性有機化合物。請留意充滿揮發性有機化合物的空氣芳香劑、香氛蠟燭、插電式芳香器和地毯清潔劑，我們建議你不要在家裡用那些芳香裝置， 因為這些都摻雜鄰苯二甲酸酯和其他無數種化學物質。懷疑，就別用！要是你有地毯，多用吸塵器把地毯徹底吸乾淨（至少一週一次）。你也可以在你待最久的房間加裝HEPA空氣清淨機（客廳、起居室、臥室之類）。你想用抽風機的地方都可以用，例如廚房（烹飪時）、浴室（沐浴、淋浴或噴塗保養品時）和洗衣室（洗烘衣時）。常拿溼布擦窗台、用吸塵器吸窗簾。常溼拖瓷磚和乙烯基地板，用吸塵器吸或乾拖木質地板——如果可以，請每週做一次。把任何你覺得有必要的有毒物質如膠水、油漆、溶劑、清潔劑放在棚子或車庫裡，遠離你居住的區域。

7. 重新思考戶外草坪保養事宜：維護戶外草坪使用的化學物質，包括肥料、殺蟲劑、除草劑，對狗狗遠比我們來得毒，因為牠們沒穿有防護作用的衣鞋，也沒有天天洗澡來滌除累積的化學物質。市面上找得到天然的病蟲害管控及草坪保養服務。別再用年年春和其他合成殺蟲或除草劑了，市面上有多種毒性較輕的有機殺蟲劑，能以較安全的成分有效杜絕野草（www.avengerorganics.com提供備受寵物愛好者歡迎的產品），又不會增加家人癌症風險。非化學性的草坪保養方案，如www.getsunday.com，正在全球各地興起，把立即可用、無化學成分、全功能的草坪保養工具組送到府上（依照你的土壤、氣候和草坪等條件量身定做）。

請尋找聽起來不像合成農業化學物質的成分。有些有機除草劑使用檸檬酸、丁香油、肉桂油、香茅油、檸檬油精（萃取自萊姆）和乙酸（醋酸）。一種天然除草劑：玉米筋粉，是常見的乾狗糧成分，但比較適合用來去除馬唐屬的雜草（crabgrass，俗名螃蟹草）。你也可以在花園或庭院裡放線蟲類的益蟲，牠們會以跳蚤的幼蟲、蜱蟲、蚜蟲、蟎和其他蟲子為食，且對人體、植物和寵物無害。www.gardensalive.com是相當好的學習園地。也請把傳統的園藝軟管（會濾出鉛、雙酚A和鄰苯二甲酸酯）換成有NSF（國家衛生基金會）認證、不含鄰苯二甲酸酯、可供飲用水使用的水管。如果你買得到不含PVC的水管，那又更棒了，也可以用那條水管幫走出游泳池的狗狗沖洗一下！請瀏覽永續食品基金會（Sustainable Food Trust）的網站（www.sustainablefoodtrust.org），搜尋更多有關永續性和有機園藝的資訊及概念。

獸醫殺蟲劑指南

該多久用一次跳蚤、蜱蟲和心絲蟲殺蟲劑，又該用到何種程度呢？你可以憑常識做些選擇，例如評估風險與效益。如果你的瑪爾濟斯很少離開定期做病蟲害管控的後院，牠受蜱蟲嚴重侵擾的相對風險，就遠低於和你一起到深山野林露營和健行的狗狗。如果你常和狗狗去森林高風險地帶活動，那就需要提供防護性的化學物質，並支持狗狗自身的解毒途徑了（請參閱第4章的規劃）。

「防蟲劑」（deterrent）或天然驅蟲劑（一般是以植物性藥物或毒性較低的化學原料製成）能降低你的狗狗對寄生蟲的吸引力，但並非百分之百有效（附帶一提，化學殺蟲劑也沒辦法）。「預防藥」是FDA核可，可供狗狗施用或服用的化學物質（殺蟲劑）。每一種化學物質都是核准來殺死特定或多種寄生蟲，而這些獸醫用藥有各種潛在的副作用。二〇〇三年，USDA核予賜諾殺（Spinosad）有機地位，這種相對新穎而對環境無害的殺蟲劑汲取自一種名為刺醣多胞菌（Saccharopolyspora spinosa）的土壤細菌的發酵液，因此對討人厭的昆蟲有毒，但對哺乳動物無害，可能是比異噁唑啉類製品〔一錠除（Bravecto）、全能狗（NexGard）、寵愛食剋（Simparica）〕安全的選項。最近一項調查訪問了使用異噁唑啉類製品的狗飼主，結果有66%指出狗狗對這種成分起了某種反應。二〇一八年九月二十日，FDA發出警訊：含有異噁唑啉的產品可能導致寵物產生不良事件，包括肌肉顫抖、運動失調和癲癇發作。FDA遂要求異噁唑啉類產品的製造商配合，在標籤上加註適當的神經病學警語。

每一種殺蟲劑都有本身獨特的風險和效益，而那取決於狗狗解毒途徑的運作情況（也就是牠能否順利將化學物質清出體外）、用藥的頻率、免疫狀態和其他變因。

每一隻狗狗都應依據各自獨特的風險承受狀態進行個別評估。請記得：許多狗狗的寄生蟲，例如蜱蟲，也帶有可能傳播給人類的疾病，因此你的風險也跟狗狗一樣高。我們建議你比照你照顧熱愛戶外運動的孩子或你自己的方式來處理狗狗，選擇類似的驅蟲療程。要判定狗狗適合哪一種寄生蟲管控方案，可考慮下列因素：

- 我的狗狗有任何潛在的醫療議題（例如肝門脈分流、肝酵素異常或其他先天性疾病）而使身體排除殺蟲劑的功能變得複雜嗎？
- 我住的地方是某種寄生蟲的低、中，還是高風險區呢？
- 如果我住在中、高風險區，我們多常暴露於這種風險：每天、每週，還是每個月一次？
- 我們一年到頭都暴露於這種風險嗎？
- 我願意定期、徹底檢查我自己和狗狗的體外寄生蟲（例如跳蚤和蜱蟲）嗎？這是個重要的問題，因為這是揪出你可能在外頭搭上哪種討厭小蟲子的首要途徑。
- 我有隨時可進行的解毒療程嗎？如果你住在風險極高的地區且在戶外待很久，你可能已經習慣使用某些化學物質，但在低風險的月份，就該調整施用的種類和頻率。如果你有使用化學物質，我們建議你做解毒療程，因為狗狗殺蟲劑給身體的負擔殘忍無情。我們訪問的微生物學家都建議，如果經常使用除蝨滅蚤的化學物質，應採用益生菌和輔助微生物體的療程。

如果你住在高風險的環境但暴露量少，或住在低風險的環境但暴露量大，混合式寄生蟲療程也許最具意義：交替使用各種天然防蟲劑和化學防蟲藥。在蜱蟲猖獗的地區，我們建議不論你平常使用哪一種預防策略，每年至少都要找獸醫師做一次蜱蟲傳播疾病篩檢。細節請參閱附錄362頁。

DIY防蟲噴霧

1茶匙（5毫升）苦楝油（可至健康食品店或向你喜歡的高品質精油製造商購買）

1茶匙（5毫升）香草萃取物（你櫥櫃裡有，這能幫苦楝油維持得更久）

1杯（237毫升）金縷梅酊劑（幫助苦楝油在溶液裡擴散）

1/4杯（60毫升）蘆薈膠（使混合物不易分離）

把所有原料放進噴霧瓶，用力搖勻。立刻噴到狗狗身上（避開眼睛！）去戶外時每四小時噴一次，搖勻後使用。戶外活動後一定要用除蚤梳幫狗狗梳毛，去除所有討人厭的小蟲子（請記得，沒有哪一款殺蟲劑或天然防蟲劑百分之百有效）。為發揮最大效用，每兩週重做一批新的。

DIY防蟲項圈

10滴檸檬尤加利精油（這幾種精油請向你喜歡的高品質精油製造商購買）

10滴天竺葵精油

5滴薰衣草精油

5滴雪松精油

把精油混在一起，在大領巾（或項圈）上滴五滴；讓狗狗在戶外活動時圍著領巾，回室內時卸下。每天要去戶外消磨時光前幫領巾補充五滴精油。同樣地，戶外活動後一定要幫狗狗梳毛除去任何沾附的害蟲。

請注意：如果你的狗狗對上述任何成分敏感，就不要使用這些產品。

練習預防原則：預防原則是，若某種化學製品的成效不明或有爭議，就盡量減少暴露以免身受其害。懷疑，就別用！

8.重新考慮一般家用品：投資一張全部用天然原料製成的有機狗床。除非你有預算為自己買新的有機床墊（多數狗狗最後都會上我們的床），那麼買一條由百分之百有機棉、漢麻、絲或羊毛織成的隔離床單也不錯。如果你不打算幫狗狗買一張全新的有機狗床，也可以這麼處理；簡單的有機棉床單或罩毯也有用。每週用不含揮發性有機化合物的洗潔劑清洗，不要用衣物柔軟精。購買家用洗潔劑、消毒劑、去汙劑等用品時，請挑選成分簡單、古時候就有的綠色產品（例如白醋、硼砂、雙氧水、檸檬汁、小蘇打、橄欖皂）。在家中與日俱增地使用化學消費品，對狗狗是一大災害，特別是多數時間待在家裡的狗狗。仔細評估每一種你帶回家中的產品，慎防印著「安全」、「無毒」、「綠色」或「天然」的標籤，因為這些詞彙不具任何法律意義。仔細閱讀標籤、釐清成分，特別留意警語。你也可以自己動手，用無害、有效又經濟實惠的原料來製作清潔用品。網路上有成千上萬種簡單的配方，都是使用眾人熟知、無毒性的原料。請記得「香精除外」：根據聯邦法規，只要寫上「香精」，製造商就不需揭露物質的化學成分，許多不誠實的公司使用這個沒那麼漂亮的漏洞掩蓋有毒的原料。如果你必須在家中使用標籤印有腐蝕性或「若不慎攝食請速致電毒物控制中心」的化學製品，使用後請用清水擦洗兩、三遍來去除所有化學殘留物。

9. 考慮狗狗的衛生：選擇有機或無化學成分的梳洗產品，從狗狗的洗髮精、清耳液到牙膏。評估那些犬用商品的成分，例如許多去除淚漬的粉末都含低劑量的抗生素（泰黴素，Tylosin），長期使用可能會損害微生物體；多數食糞阻絕劑都含有味精（麩胺酸鈉，MSG），在動物實驗中可能導致行為障礙和神經內分泌問題。

自製牙膏配方：2大匙小蘇打 + 2大匙椰子油 + 1滴薄荷精油（可有可無），把原料混合均勻，裝進玻璃罐裡。將手指包上紗布，挖牙膏，每天晚餐後幫狗狗的牙齒按摩。

10. 維持口腔衛生：我們都嚴重低估了口腔衛生的力量，但科學十分明確：口腔衛生影響我們的一切，包括我們全身承受多少發炎。當我們的口腔和牙齦乾淨無感染，我們便減低了危險發炎和牙周病的風險。據估計，有高達90%的狗狗在一歲時有某種類型的牙周病。許多人類的牙膏含木糖醇，這種甜味劑可能會危及狗狗的性命。氟化物對你的狗狗也不安全，因此請使用專為寵物製造的口腔衛生產品。你還可以用生骨頭維持狗狗的口腔健康。澳洲一項研究發現，只要給狗狗帶肉的生骨頭，90%的牙結石可以在三天內消除！（請參閱附錄373頁的生骨頭規則。）

11. 選擇做疫苗抗體效價檢測：效價檢測是一種簡單的血液檢驗，讓你知道你的狗狗曾經接種過的疫苗，目前還有多少免疫力。成年人小時候注射過的核心疫苗，不必年年施打追加劑，因為我們的免疫力可維持數十年，大部分的例子甚至可終身免疫。同樣地，幼犬的核心疫苗接種一般可提供數年（有時終身）的免疫力。做效價檢測，而非自動一再追打所有病毒性疾病的疫苗（狂犬病除外，多數國家法律規定要重複接種），亦有助於降低寵物不必要的化學（佐劑）負擔——不致過量——來維持機敏的免疫系統。抗體效價呈陽性表示寵物的免疫系統有能力發起有效的反應，不必再補打疫苗。所有我們遇過的長壽健康的狗狗都修改過疫苗注射時程，牠們都在幼犬時打了疫苗，成年後沒有年年追加。

12. 抑制噪音和光線汙染：盡可能讓自然光進入屋裡所有房間，這樣就不必仰賴那麼多人造燈光了。日光燈和白熾燈都缺乏太陽光裡完整的波長光譜，若不讓狗狗接觸自然陽光，已知的健康後果從晝夜節律紊亂到憂鬱不等。我們需要更尊重我們的生理時鐘。在屋裡，晚餐過後，最晚八點就把燈光調暗，盡可能關閉放射藍光的螢幕（手機、電腦等等）。潘達醫師家中晚

飯過後就不開來自頭頂的光了，我們也有樣學樣。他有句令人難忘的至理名言：「視覺用的光和健康的光不一樣。」你不用十美元就買得到便宜的桌上型調光器，可在就寢時間快到時，把燈調暗來維持褪黑素濃度平衡。讓一個房間保持安靜，管理房外刺耳的噪音源，例如嘈雜的電視。晚上請關掉路由器。如果你是那種會在狗狗就寢後熬夜找樂子（意即有更多聲光效果）的人，就為狗狗營造一個安全、幽靜、涼爽的避風港吧。

13. 打造預應式保健團隊：在狗狗的保健旅程上，你最大的助力可能是獨立微型零售業者。這些在地經營的零售店，店員通常是狂熱愛狗人士，對寵物食品選擇瞭若指掌，也對店裡販售的品牌做過研究。他們也和動物保健社群的其他專家保持聯繫，因此在你找尋復健／物理治療協助、在地訓練師，或預應式獸醫師的時候，可以指引你正確的方向。許多例子證明，就像我們為人類的健康所做的，最後你會組成一支狗狗的醫療保健團隊。我們很多人生命裡都有一位家庭醫師、一位婦產科醫師、一位整復或按摩治療師、一位營養諮詢師、一位私人健身教練、一位牙醫師、皮膚科醫師、治療師和足科醫師來協助我們保健和預防疾病。隨著年歲漸長，這份名單會愈拉愈長，加進腫瘤科醫師、心臟科醫師、內科醫師、外科醫師，族繁不及備載。我們的目標是「照菜單」成功管理自己的身心健康——融合許多從業人員的專業，他們每一位都專注於身體的某一部位或一種治療面向；只要我們選擇明智的方式過生活，日後就不需要專科醫生了。醫療與身體的一切，都由一名村里醫生一手包辦的日子過去了。健康多樣性也已經在世界許多地方觸及獸醫領域，許多寵物主人都有一位常規獸醫師、一位整合性或功能性醫學保健獸醫師、一間負責下班後護理的急診室、一位負責傷後復健（或預防傷害）的物理治療師、一位針灸師和／或脊椎整復師。如果你住在鄉下地方或因其他緣故無法獲得琳琅滿目的保健服務，別苦惱，讀這本書是個絕佳的起點，網際網路上也充滿可靠的資源幫助你成為知識豐富、精明幹練的健康擁護者——為你自己，也為你的狗狗。

最後，有許多促進身心健康的改變，是你不必花一毛錢就能做的。你不必多富有或等到發年終獎金就能實踐這本書的構想。

多運動，就不必服用二、三十種營養補充品，也是幫狗狗身體解毒的天然方式。免費解毒劑！如果你現金短缺，運動就是最強大的抗老化工具。我們必須天天給狗狗活動筋骨的機會，讓牠們製造足夠的BDNF。BDNF無法以營養品形式補充，其濃度會被壓力和自由基降低，而有氧運動和充足的維生素B5（蕈菇裡有！）則能提高濃度。

別忘記那些會釋放黑視素的晨間漫步和分泌褪黑素的夜間散步。白天打開窗簾讓陽光進來、晚上關閉路由器、每天都做DIY腦力遊戲、找玩伴、維持狗狗的體重、實行限時段餵食、狗狗就寢前兩小時不要進食——光是創造飲食時窗就能為狗狗的代謝和免疫健康帶來深刻的改善。

這些只是這本書涵蓋的一些對狗狗長壽大有幫助的建議，你不需要多充裕的經濟資源就能做到。例如，在採購你自己的糧食時，找那些外表輕微受損、廉價出售的農作冷凍起來；把用剩的蔬菜（不含醬汁的）放進狗狗的碗裡；自己種蔬菜；加入食物合作社；認識一下在當地農人市集擺攤的民眾；把外帶餐點上裝飾的西洋芹留下來，配上你香料櫃裡安全的烹飪用香料，做為狗狗的核心長壽加料；把用不著的雞骨滾煮熬湯；沖花草茶時也幫牠沖一杯（放涼後淋到狗狗的食物上）；帶狗狗去林子裡在泥土上玩耍、去湖裡游泳。創新又經濟實惠的日常選擇不勝枚舉，而這些都能扭轉形勢，為狗狗延年益壽！

逐漸改善狗狗身心健康的過程是一段旅程，是某種形式的演化。狗和人類已共同演化數千年，相互依靠、互相學習、聽彼此說話，一起提升彼此的身心健康。當你展開這段創造「長壽健康的狗狗」的冒險，請記得：狗狗活在當下，活在此時此刻。現在就是我們所擁有，一同提升健康之旅的最好機會——現在就讓我們一起散步回家，共享這段最充實、最滿足的幸福時光。

長壽鐵粉攻略

- 狗狗一週應至少進行三次、每次起碼二十分鐘維持劇烈心跳的運動；次數更多、時間更久，對多數狗狗更有益。三十分鐘或一小時比二十分鐘更好，一週六、七次又比三次更棒。發揮創意，了解你的狗狗喜歡做什麼。
- 腦力活動跟身體活動一樣重要（www.foreverdog.com has more suggestions）。
- 除了天天運動，每天也要帶狗狗出門做兩次設定晝夜節律的嗅覺狩獵——早晚各一次。一天至少一次，讓牠聞聞牠感興趣的東西，想聞多久就聞多久，不要拉牽繩約束牠。
- 不論你打算領養或選購狗狗，都要負責。如果要買狗，請和高品質、研究周延、聚焦於打造遺傳健康狗狗的育種者合作（請參閱371頁附錄，了解在購買狗狗之前該問哪些問題）。
- 如果你要領養，不知道狗狗的DNA是可以的；如果你好奇，可以做基因檢測（請參考www.caninehealthinfo.org和www.dogwellnet.com）。許多遺傳易感性都可以從表觀遺傳學下手，透過管控生活方式給予正面影響。
- 藉由持續提供社會參與、心智刺激，和你的狗狗喜歡的以狗為中心的活動，盡可能減輕狗狗的長期情緒壓力。
- 參考十三點核對表，盡可能減輕環境壓力和減少狗狗的化學負擔。

讓我們看看長壽健康的狗狗一天典型的生活。相信這本書絕大多數的讀者不是住在農場，沒辦法一開門就讓狗狗盡情揮灑，以自己的方式度過這一天。我們的狗狗大都等著*我們*。為牠們開創有意義的選擇、運動、參與和玩耍的機會，是我們的責任。許下承諾，努力營造「美好的狗日子」，提供能滋養狗狗身體和頭腦的經驗。

美好的狗日子像什麼樣子呢？人人看法不一，但我們有幸能看到社群裡數千個朋友是怎麼將「長壽健康的狗狗」的原則付諸實行，造就最適合其生活方式的狗日子。以下是來自史黛西（Stacey）和強（Charm）的實例。

現年二十六歲的史黛西是匹茲堡的專業溜狗師，八歲大的強是領養來的約克夏貴賓混種。平日史黛西很早就要出門工作，沒時間做晨間運動，所以她的作息像這樣：

- 一早醒來第一件事是拉開屋子所有窗簾／百葉窗。
- 把新鮮、濾過的水倒入Pyrex玻璃碗。
- 狗狗的早餐：少量自製食物混一大匙無合成物的乾糧，淋上溫骨湯，把營養補品藏在食物裡（她早上不餵大餐，強就不會在她工作時大便）。
- 進行十分鐘調整晝夜節律的嗅覺狩獵（讓強有機會嗅來嗅去、排便、尿尿、再多嗅一下子，史黛西自己則喝杯咖啡，一邊吸點新鮮空氣）。
- 史黛西上班六小時後，會回家弄晚吃的午餐。一邊熱自己的午餐，一邊用核心長壽加料做訓練點心，練習「坐下」、「不動」和「趴下」幾分鐘。擺出互動式動腦玩具塞冷凍乾燥食物給強處理，她則在一旁用餐。
- 帶強快走二十分鐘，然後回去工作。
- 史黛西下班回家，玩咬拉拔河做熱身，然後在後院激烈地追球。強的晚餐（大部分熱量來源）：冷凍乾燥食品用藥用蕈菇湯沖泡復原（請參閱209頁），加上保健補充品。史黛西會把她自己晚餐用的蔬菜切碎，混入強的餐點裡做核心長壽加料。
- 挖一大匙市售生食擺在舔食墊（一種很棒的消遣工具）上，在她用餐時讓強有事情忙。
- 晚餐後做十分鐘調整晝夜節律的嗅覺狩獵，通常會遇到鄰居的狗狗，打打招呼、交際一下。

- 調暗家中燈光、拉上窗簾。
- 就寢時間：關掉電視和路由器、幫強刷牙、給強做個輕柔、鎮靜的全身按摩（並從頭到腳趾檢查一番），關掉所有照明。

你的「長壽健康的狗狗」明天要怎麼過呢？

後記

根據新興研究，擁有一隻狗是真的對心理有好處，而且是莫大的好處。美國「疫情狗」的領養率竄升〔根據非營利資料庫「收容所動物統計」（Shelter Animals Count），二〇二〇年的領養率上升30%〕就是明證：狗確實能提升我們的心理健康、緩和孤寂感。我們臆測千百年的事，現在得到證實：研究一再顯示，養寵物有助於你保持樂觀的人生態度、減輕憂慮和焦慮的症狀。狗狗對心靈有益，因此也有益於我們的健康。動物專家兼作家凱倫．溫加爾（Karen Winegar）說得好：「人類與動物的連結會繞過智力，直達心靈和情感，以絕無僅有的方式滋養我們。」沒錯，確實如此。我們的狗狗會以其他事物辦不到的方式滋養我們的靈魂，牠們是如此深厚地豐富了我們的生活，所以失去摯愛的寵物才會那麼痛，甚至比失去家人或朋友還痛。

牠們給予我們那麼多，現在輪到我們投桃報李。我們希望這本書能鼓勵人們盡力為狗狗付出，當我們許下承諾要照顧一隻動物的同時，就承擔了凡事都要為牠做到最好的道德責任。我們在心裡發誓要當優秀的狗爸狗媽，我們想要為狗狗做對的事。我們希望我們珍貴的毛茸茸的新同伴快樂、滿足又健康——充分展現狗狗的自我。要做到這件事，最好的辦法是營造適合的環境，提供能刺激和養育牠的身心和頭腦的食糧。

我們懇求你別為你的「舊方式」嚴厲自責或內疚，是寵物食品業非常成功地讓狗狗的守護者相信，他們高度加工、營養匱乏的食物就是狗狗健康長壽所需。現在你更了解狀況了。

讀完這本書，你已具備完整的科學（「為什麼」）和工具（「怎麼做」）來擬訂適合你的長壽健康的狗狗健康計畫，可以帶狗狗展開這趟能徹底扭轉情勢的健康之旅。你不必一次全部翻修，漸進的改變就能帶來強有力的成效；你不必傾家蕩產，你冰箱裡的有機藍莓就能帶給狗狗強效的抗氧化劑，造福牠的基因組。我們寫這本書的目標是提供必要的資訊，讓你能為自己和狗狗做出正確的選擇，而你了解得愈多，就能做得愈好。留著這本書，而當你要為狗狗規劃餐點和活動時，也請上網查詢更新和參考資料，也別忘了混合搭配使用。變化是生活的香料，這一點對於打造長壽健康的狗狗非常重要。

現在你可能深感畏懼，不知從何著手，也可能懷疑自己是否有能力把事做對。我們跟你保證：你絕對做得到！這真的沒有那麼難。那確實需要承諾和時間，但既然你都快把這本書看完，我們知道你承諾了！我們也保證，你的信心很快就會追上你的知識。在此同時，請繼續打這場美妙的仗吧。繼續讀（標籤、文章、書籍）、繼續研究（網路上有好多資訊），也要更深刻地參與動物保健社群——全球有千千萬萬個像我們這樣的人，你只需要搜尋一下，必能找到有共鳴的支援社群。慢慢地，經由練習，你的恐懼會消退，自信會增長。有些事情會運作良好，成為你「永遠」例行事務的一部分。其他事情你得先嘗試，愈做愈順。這是必經的過程。

最好的事情：總有一天，你就是*知道*。你就是知道你對你的狗狗做的是對的事，因為你的狗狗會告訴你。你會看到牠的活力、牠的光澤、牠朝氣蓬勃、健康漸入佳境、腳步輕盈活潑、眼睛炯炯有神——你會知道的。你會知道你給了牠不可思議的健康和長壽的禮物。世界上沒什麼比知道自己已盡力養出一隻健康長壽的狗狗，更令人心滿意足的了。幹得好，守護者。

祝你事事如意。永遠如意。

致謝

我們有好多人要感謝，對好多人懷抱狂野、極度、謙卑的感激。《狗狗長壽聖經》是個歡樂的合作案，有數十位人士大方分享他們卓越的見解、時間和專業，來賦予這本書注定呈現的樣子：一場全球狗狗健康的革命。我們採訪、聯繫了許多優秀人士，包括書中提到的多位世界級專家和科學家，與他們合作、向他們學習。感謝他們從一開始就鼎力相助，從頭到尾，他們對這本書的興奮與分享研究成果的熱忱——其實就是意欲幫助狗狗延年益壽的根本目標——就大大鼓舞了我們。不用說，遇見世界一些最長壽的狗狗，和牠們優秀的主人，是我們絕無僅有、一輩子永難忘懷的禮物。Cindy Meehl，謝謝你介紹Joni Evans給我（羅德尼）認識，謝謝Joni建議我找Kim Witherspoon聊聊，最終讓她帶領我們經歷這段書籍從無到有的創造過程。我們感激HarperCollins賦予的一切：Brian Perrin不厭不倦地與Kenneth Gillett及Mark Fortier的團隊，和我們自己的Rachel Miller、Marc Lewis和Bea Adams合作，完成在疫情期間出版的艱難任務。感謝Harper Wave的Karen Rinaldi精心策劃整個專案，為我們引見這場冒險最重要的資產：我們的科學作家克莉絲汀．羅伯格。克莉絲汀，謝謝妳記錄數百件參考資料和數百場採訪，幫助我們整理羅德尼累積多年的科學知識。為如此廣大的受眾彙集如此龐大的資訊，絕對令人頭皮發麻。妳跟我們保證會順利完成，而妳做到了。很高興我們一起做了這件事。也謝謝Bonnie Solow提供彌足珍貴的編輯建議、提升原稿品質。給Jo阿姨（Dr. Sharon Shaw Elrod）、Steve Brown、Susan Thixton、Tammy Akerman、Dr. Laurie Coger、 Sarah Mackeigan、Jan Cummings和我（凱倫）一輩子最好的朋友Dr. Susan Recker，非常感激你們給我們編輯方面的建議。我們很榮幸能加入這個致力提升寵物健康的社群，結識許多才華洋溢的專家。Renee Morin，妳堅定不移地支持我們為2.0寵物爸媽建立的Inside

Scoop網路社群，讓我們每個人如沐春風，妳在幕後的協助更是珍貴。還有其他很多朋友二話不說，一路提供協助，包括Niki Tudge、Whitney Rupp、整支Planet Paws團隊，當然還有我們最忠實的家人。我們的媽媽Sally和Jeannine在本書成形期間提供健康、美味的自製餐點，讓我們能營養充足地繼續工作。謝謝妳，貝克媽媽，不僅做了貝克醫生愛吃的點心，還在本書寫作期間、我太忙的時候，一手包辦了我的動物的所有膳食。也謝謝Annie（凱倫的姊姊）熬了好幾晚編輯、編輯再編輯，有妳的建議，本書才能條理清楚、層次分明。我們也深深感激我們愛動物的保健社群和世界各地數千位敲碗要我們寫這本書的長壽鐵粉。我們知識性的動物保健倡導網路跨越國界、日益茁壯。感謝每一位實行長壽健康的狗狗原則而有驚人成果的你，你們永不動搖的支持和鼓舞人心的事證，為我們的靈魂和畢生職志添足燃料。最後，如果我們未以和開場一樣的方式替這本書做總結，就是疏忽大意了——讓我們向我們生命中的狗狗表達最深的感激，謝謝牠們當我們最強的老師和最親的朋友。感謝我們的狗狗讓我們成為更好的人。希望這本書能讓我們都成為更好的守護者。

附錄

推薦的檢驗

每年一次的檢驗對健康很重要，因為狗狗老化的速度比人類快得多，從中年就開始，我不少病患每六個月就會來看診一次，確定我們有在狗狗老化開始（或有新的症狀出現）後更新保健療程。保健是一個動態的過程，需要持續修正病患的飲食和擬訂個人化的健康策略，才能達成延年益壽的目標。除了完整的身體檢查，基本的實驗室檢驗〔包括血液常規檢查（即全血球計數，CBC）和血液化學檢測〕、糞便寄生蟲檢測和尿液分析，都是狗狗年度檢驗的重要項目。還有一些診斷有助於判定健康狀態和狗狗老化得好不好，亦有助於及早處置寵物身上蠢蠢欲動的疾病：

- **維生素D檢測**——貓狗無法透過陽光製造維生素D，因為必須從食物獲得。可惜，許多市售寵物食品所用的維生素D，難以讓一些寵物吸收，且除非達到無懈可擊的均衡，許多自製膳食都缺乏維生素D。維生素D檢測是例行血液檢驗的增設項目，但你可以要求獸醫師納入。維生素D濃度過低會對狗狗產生諸多不良影響，包括危害其免疫反應。
- **微生態失衡檢測**——有超過70%的免疫系統位於腸道，而許多寵物都身患與腸道有關的失調症，引發吸收不良、消化不良，最終造成免疫系統衰弱和功能失調。鑑定並處置腸漏症或微生態失調的腸道對重建健康十分重要，特別是身體虛弱、患慢性病和步入老年的寵物。
- **C反應蛋白（CRP）**——這是狗狗全身性發炎最敏感的指標之一，現在獸醫師可以在醫院裡完成這項檢測了。
- **心肌生化標記（腦排鈉利尿胜肽，brain natriuretic peptide，簡稱

BNP）：一項簡單的血液檢測，可測量心臟在器官受損或受到壓力時釋放的物質。對心肌炎、心肌症和心臟衰竭是絕佳的篩檢。

- **A1c**：原為監測糖尿病的工具，大約十年前，人類生物駭客、代謝物組學研究人員和功能性醫學從業人員開始用A1c做為代謝健康的指標。A1c實為一種糖化終產物（AGE），那可測量有多少血紅素（攜帶你的氧氣的蛋白質）被糖包覆（糖化）。A1c愈高，你體內的發炎、糖化和代謝壓力就愈嚴重。你的狗狗也一樣。

- **蜱傳播與心絲蟲疾病綜合檢測**：世界許多地方，包括北美在內，只需做心絲蟲檢測的日子過去了。蜱無所不在，且夾帶比心絲蟲更普遍的潛在致命疾病。在某些地區，萊姆病和其他蜱傳播的疾病正悄悄在狗和人身上蔓延開來。請你的獸醫師提供NAP 4Dx Plus〔愛德士生物科技公司（Idexx Labs）〕或AccuPlex4檢測（Antech Diagnostics）來篩檢心絲蟲、萊姆病和艾利希氏體（Ehrlichia）及無形體（Anaplasma）這兩種菌株。如果你的狗狗在任一種檢驗測出萊姆病陽性反應，那表示牠已暴露於萊姆病，但不代表牠患有萊姆病。事實上，研究顯示多數狗狗的免疫系統會做它們該做的事，對上述細菌發動免疫反應，加以消滅。但在10%的案例，狗會受到感染而無法清除螺旋體菌。我們必須在症狀出現前鑑定出這些狗狗，及時治療。能區分萊姆病暴露和感染／患病的檢驗叫定量C6（Quantitative C6，QC6）血液檢測，在QC6證實狗狗確已感染萊姆病之前，不要讓獸醫師開抗生素給狗狗。如果你因任何原因使用抗生素，請務必細讀本書的微生物體打造計畫。我們建議每六個月到十二個月做一次篩檢蜱傳播疾病的簡單血液檢測（視這些疾病在你所在地區的猖獗情形，以及施用滅蚤除蝨殺蟲劑的效力和頻率而定）。如果你使用全天然的預防措施，請增加檢驗頻率，因為天然產品不像正宗殺蟲劑那麼有效（但也沒那麼毒）。如果你用獸醫師開的蝨蚤藥物，請每年做一次AccuPlex4或SNAP 4DX Plus，並加以解毒！

註：www.foreverdog.com有更多關於創新生化標記、保健診斷、測試和實驗室的資訊。

牛肉餐營養分析

克	磅	盎司	百分比	成分
2,270.0	5.00	80.00	58.07%	碎牛肉，93%瘦肉、7%脂肪，煎熟、呈褐色
908.0	2.00	32.00	23.23%	燉熟的牛肝
454.0	1.00	16.00	11.61%	生蘆筍
113.5	0.25	4.00	2.90%	生菠菜
56.8	0.13	2.00	1.45%	乾燥葵花籽仁
56.8	0.13	2.00	1.45%	漢麻籽
25.0	0.06	0.88	0.64%	碳酸鈣
15.0	0.03	0.53	0.38%	Carison鱈魚肝油，400IU/tsp
5.0	0.01	0.18	0.13%	薑
5.0	0.01	0.18	0.13%	Tidal Organics海帶粉，海藻
3,909	**8.61**	**137.76**	**100.00%**	

主要營養成分分析			
成分	**配方含量**	**乾物比（DM）**	**熱量%**
蛋白質	25%	66%	54%
脂肪	9%	23%	42%
灰分	2%	6%	
水分	63%		
纖維	1%	2%	
淨水化合物	2%	4%	3%
糖（有限數據）	0%	1%	1%
澱粉（有限數據）	0%	0%	0%
總計			100%

主要營養資訊	
總熱量（大卡）	7,098
大卡／盎司	52
大卡／每磅	824
大卡／日	342
處方食用天數	20.7
大卡／公斤	1,817
大卡／每公斤DM	4,863
每日食用克數	188
每日食用盎司	6.6

理想體重	10.0 Lbs							
	4.5 kg							
活動程度（FEDIAF 2016）	k Factor	kcal/day	oz/day	g/day	% of wt	cpp	cpkg	unit/d
成犬								
靜態能量	70	218	4.2	120	2.6%	21.8	47.9	3.8
成犬——室內久坐	85	265	5.1	146	3.2%	26.5	58.2	4.7
成犬——較不活躍	95	296	5.7	163	3.6%	29.6	65.1	5.2
成犬——活躍	110	342	6.6	188	4.2%	34.2	75.3	6.0
成犬——較為活躍	125	389	7.6	214	4.7%	38.9	85.6	6.9
成犬——非常活躍	150	467	9.1	257	5.7%	46.7	102.7	8.2
成犬——工作犬	175	545	10.6	300	6.6%	54.5	119.9	9.6
成犬——雪橇犬	860	2,677	52.0	1,473	32.5%	267.7	589.0	47.2

理想體重	40.0 Lbs				
	18.2 kg				
活動程度（FEDIAF 2016）	kcal/day	oz/day	g/day	% of wt	cpp
成犬					
靜態能量	616	12.0	339	1.9%	15.4
成犬——室內久坐	748	14.5	412	2.3%	18.7
成犬——較不活躍	836	16.2	460	2.5%	20.9
成犬——活躍	969	18.8	533	2.9%	24.2
成犬——較為活躍	1,101	21.4	606	3.3%	27.5
成犬——非常活躍	1,321	25.6	727	4.0%	35.0
成犬——工作犬	1,541	29.9	848	4.7%	38.5
成犬——雪橇犬	7,572	147.0	4,167	23.0%	189.3

礦物質	AAFCO 2017—成犬—活躍 單位	最低	最高	處方	每日Amt
鈣	g	1.25	6.25/4.5	**1.67**	**0.54**
磷	g	1.00		**1.66**	**0.57**
鈣磷比	:1	1:1	2:1	**1:1**	
鉀	g	1.50		**2.27**	**0.78**
鈉	g	0.20		**0.41**	**0.14**
鎂	g	0.15		**0.22**	**0.08**
氯（非USDA資料）	g	0.30		**0.01**	**0.00**
鐵	mg	10.00		**21.81**	**7.47**
銅	mg	1.83		**19.02**	**6.51**
錳	mg	1.25		**1.59**	**0.54**
鋅	mg	20.00		**30.74**	**10.53**
碘（非USDA資料）	mg	0.25	2.75	**0.475**	**0.16**
硒	mg	0.08	0.50	**0.124**	**0.04**

維生素	AAFCO 2017—成犬—活躍 單位	最低	最高	處方	每日Amt
A	IU	1,250.00	62,500	**42940.13**	**14,704**
D	IU	125.00	750	**252.63**	**87**
E	IU	12.50		**12.90**	**4**
硫胺，B1	mg	0.56		**0.73**	**0.3**
利巴韋林，B2	mg	1.30		**5.24**	**1.8**
菸鹼酸，B3	mg	3.40		**46.56**	**15.9**
泛酸，B5	mg	3.00		**11.95**	**4.1**
B6（吡哆醇）	mg	0.38		**2.91**	**1**
B12	mg	0.01		**0.099**	**0.034**
葉酸	mg	0.05		**0.432**	**0.148**
膽鹼	mg	340.00		**860.95**	**295**

脂肪	AAFCO 2017—成犬—活躍			每一千大卡	每日Amt
	單位	最低	最高	處方	
總脂肪量	g	13.80	82.5	47.06	16.11
飽和	g			15.89	5.44
單元不飽和	g			15.19	5.20
多元不飽和	g			7.11	2.43
LA	g	2.80	16.30	5.12	1.75
ALA	g			0.65	0.22
AA	g			0.44	0.15
EPA+DHA	g			0.41	0.14
EPA	g			0.18	0.06
DPA	g			0.09	0.03
DHA	g			0.23	0.08
omega-6/ omega-3	:1		30:1	5.25	

胺基酸	AAFCO 2017—成犬—活躍			每一千大卡	每日Amt
	單位	最低	最高	處方	
總蛋白質	g	45.00		135.74	46.48
色氨酸	g	0.40		0.99	0.34
蘇胺酸	g	1.20		5.26	1.80
異白胺酸	g	0.95		5.98	2.05
白胺酸	g	1.70		10.84	3.71
離胺酸	g	1.58		10.69	3.66
甲硫胺酸	g	0.83		3.40	1.17
甲硫胺酸—胱胺酸	g	1.63		5.08	1.74
苯丙胺酸	g	1.13		5.69	1.95
苯丙胺酸—酪氨酸	g	1.85		10.06	3.44
纈胺酸	g	1.23		6.97	2.39
精胺酸	g	1.28		9.09	3.11

red-Shaded areas (if any) do not meet dog growth of EU, AAFCO

火雞肉餐搭補充品的營養分析

火雞肉狗食食譜				
	食譜成分			
名稱	**克**	**磅**	**盎司**	**百分比%**
碎火雞肉，85%精瘦、15%脂肪，烤過	2,270.00	5.00	80.07	51.23%
燉熟的牛肝	908.00	2.00	32.03	20.49%
孢子甘藍、汆燙煮熟、脫水、無鹽	454.00	1.00	16.01	10.25%
豆角，綠色，結凍，各種類型，無加工	454.00	1.00	16.01	10.25%
生菊苣	227.00	0.50	8.01	5.12%
鮭魚油，野生鮭魚油混合，omergα	50.00	0.11	1.76	1.13%
碳酸鈣	25.00	0.06	0.88	0.56%
維生素D3，400IU/G	3.00	0.01	0.11	0.07%
鉀，Solaray，99Mg/膠囊 1G= 1膠囊	25.00	0.06	0.88	0.56%
檸檬酸鎂，200Mg/錠 1G = 1錠	3.00	0.01	0.11	0.07%
錳螯合物，10Mg	1.00	0.00	0.04	0.02%
鋅——Nature'S Made，30Mg錠	4.00	0.01	0.14	0.09%
碘，Whole Foods，360Mcg/錠	7.00	0.02	0.25	0.16%
維生素E 400 IU，1g=1錠，Bluebonnet	0.13	0.00	0.00	0.00%
總計	**4,431.13**	**9.77**	**156.30**	**100.00%**

主要營養成分分析			
天然食物的營養成分不固定，有時差異甚大。 請將下列營養成分的數字視為近似值			
成分	**配方含量**	**DM**	**熱量%**
蛋白質	19.33%	54.01%	39.78%
脂肪	11.23%	31.36%	56.1%
灰分	2.52%	7.05%	
水分	64.2%		
纖維	0.71%	1.99%	
淨水化合物	2%	5.59%	4.12%
糖（有限數據）	0.24%	0.67%	0.49%
澱粉（有限數據）	0.16%	0.44%	0.32%
總計			**100%**

主要營養素資訊	
總熱量（大卡）	7,538.38
大卡／盎司	48.23
大卡／每磅	771.67
大卡／日	2,068.33
處方食用天數	3.64
大卡／公斤	1,701.20
大卡／每公斤DM	2,108.97
每日食用克數	1,215.80
每日食用盎司	42.89
酮率【克脂肪／（克蛋白質＋克淨碳水化合物）】	0.53

礦物質					
	單位	最低	最高	處方	每日Amt
鈣	g	1.25	0.00	1.54	3.19
磷	g	1.00	4.00	1.45	3.00
鈣磷比	ratio	1:1	2:1	1.06:1	
鉀	g	1.25	0.00	1.79	3.70
鈉	g	0.25	0.00	0.37	0.77
鎂	g	0.18	0.00	0.22	0.45
氯（非USDA資料）	g	0.38	0.00	0.00	0.00
鐵	mg	9.00	0.00	15.33	31.71
銅	mg	1.80	0.00	17.85	36.92
錳	mg	1.44	0.00	2.16	4.47
鋅	mg	18.00	71.00	33.62	69.53
碘（非USDA資料）	mg	0.26	0.00	0.33	0.69
硒	mg	0.08	0.14	0.15	0.32

維生素					
	單位	最低	最高	處方	每日Amt
A	IU	1,515.00	100,000.00	39,965.19	82,661.27
C	mg	0.00	0.00	12.02	24.85
D	IU	138.00	568.00	242.30	501.16
E	IU	9.00	0.00	9.00	18.62
硫胺，B1	mg	0.54	0.00	0.62	1.29
利巴韋林，B2	mg	1.50	0.00	5.03	10.41
菸鹼酸，B3	mg	4.09	0.00	45.14	93.37
泛酸，B5	mg	3.55	0.00	13.10	27.10
B6（吡哆醇）	mg	0.36	0.00	2.75	5.70
B12	mg	0.01	0.00	0.09	0.19
葉酸	mg	0.07	0.00	0.41	0.86
膽鹼	mg	409.00	0.00	749.15	1,549.50
K1（最低數據）	mg	0.00	0.00	158.03	326.87
生物素（最低數據）	mg	0.00	0.00	0.00	0.00

氨基酸					
	單位	最低	最高	處方	每日Amt
總蛋白質	g	45.00	0.00	113.65	235.07
色氨酸	g	0.43	0.00	1.32	2.72
蘇胺酸	g	1.30	0.00	5.00	10.34
異白胺酸	g	1.15	0.00	5.08	10.51
白胺酸	g	2.05	0.00	9.56	19.78
離胺酸	g	1.05	0.00	9.55	19.76
甲硫胺酸	g	1.00	0.00	3.16	6.54
甲硫胺酸—胱胺酸	g	1.91	0.00	4.61	9.53
苯丙胺酸	g	1.35	0.00	4.83	9.99
苯丙胺酸—酪氨酸	g	2.23	0.00	8.91	18.43
纈胺酸	g	1.48	0.00	5.70	11.80
精胺酸	g	1.30	0.00	7.65	15.83
組胺酸	g	0.58	0.00	3.33	6.89
嘌呤	mg	0.00	0.00	0.00	0.00
牛磺酸	g	0.00	0.00	0.02	0.05

脂肪					
	單位	最低	最高	處方	每日Amt
總脂肪量	g	13.75	0.00	66.00	136.52
飽和	g	0.00	0.00	15.85	32.79
單元不飽和	g	0.00	0.00	19.03	39.35
多元不飽和	g	0.00	0.00	15.42	31.90
LA	g	3.27	0.00	12.96	26.80
ALA	g	0.00	0.00	0.76	1.56
AA	g	0.00	0.00	0.69	1.42
EPA+DHA	g	0.00	0.00	2.12	4.38
EPA	g	0.00	0.00	1.28	2.64
DPA	g	0.00	0.00	0.04	0.08
DHA	g	0.00	0.00	0.84	1.74
omega-6/omega-3	ratio			4.75:1	

問準育種者的二十個問題

遺傳及健康篩檢檢測

1.母獸（媽媽）已經做過現階段所有該做的品種DNA檢測了嗎？（請參閱www.dogwellnet.com依品種所列的清單。）

2.父獸已經做過現階段所有該做的品種DNA檢測了嗎？

3.動物骨科基金會（Orthopedic Foundation for Animals，OFA）為雙親所做之髖關節發育不全、肘部與髕骨篩檢結果如何？

4.針對會受影響的品種：母獸和父獸的甲狀腺檢查結果最後一次登載於OFA的甲狀腺資料庫，是什麼時候的事？

5.若打算繁殖，母獸和父獸的眼睛是否已通過眼科醫師評估，並將結果送交同伴動物眼科登記（Companion Animal Eye Registry，CERF）或OFA？

6.是否有任何與品種有關的問題，是育種者在配對期間試著處理／矯正／改善的？

表觀遺傳學

7.母獸和父獸的飲食有多少比例是未加工或微加工食品？

8.母獸和父獸的疫苗接種時程為何？

9.幼犬的疫苗接種時程是由諾謨圖（nomograph）判定的嗎？（即檢驗母獸的抗體濃度來判定疫苗哪一天會對幼犬有效。）

10.雙親多久使用一次殺蟲劑（外用或口服的心絲蟲、跳蚤與蜱蟲藥物）？

社會化、早期發育和保健

11.育種者在讓幼犬住進新家之前，是否進行過早期社會化計畫（0至63天）？

12.飼育合約是否要求幼犬要在特定年紀進行結紮或絕育手術？
13.若有此要求，絕育條款是否包含輸精管切除術或子宮切除術的選項？
14.合約是否要求你和你的幼犬參加訓練課程？
15.若品種需要，幼犬是否要在六到八週大之間請獸醫眼科醫師檢查眼睛？
16.幼犬在搬進新家之前是否由育種者固定的獸醫師做過基本身體檢查，幼犬會在什麼年紀放養？

透明

17.育種者是否允許你拜訪他們的住家或場所（親自或透過視訊），並提供你可以去電詢問的推薦人？
18.萬一你沒辦法繼續養下去，或事情進行得不順利，育種者願意隨時把幼犬帶回去嗎？
19.育種者（或其網路裡的某個人）會在你需要時鼎力相助嗎？
20.你的幼犬包裡面有下列所有東西嗎？

- 合約
- AKC或適用的登記申請，或者已登記的認證
- 其他品種註冊登記，如適用的話（如美國澳洲牧羊犬俱樂部）
- 系譜
- 幼犬眼科檢查結果的副本，如適用的話
- 獸醫師開立之幼犬健康一覽表（第一次看獸醫的醫療紀錄）
- 母獸的健康證明書，包括DNA檢測副本
- 父獸的健康證明書，包括DNA檢測副本
- 父獸和母獸的照片
- 教育性資源（建議的餵食時間、建議的疫苗接種時程，以及建議的抗體效價檢測日期來確保免疫力存在、訓練資源）

生骨頭規則

吃嘎吱嘎吱的Granola烤穀麥無法清除你的牙菌斑，餵狗狗嘎吱嘎吱的點心也無法清除牠們的牙菌斑。但還是有人相信狗餅乾可以幫狗狗「潔牙」，門都沒有！這是個可恥的行銷伎倆。要清除狗狗的牙菌斑有三種方式：可找獸醫師專業洗牙（這是最有效的口腔清潔方式，但通常需要麻醉）；你每天晚餐後幫牠們刷牙（我們強烈支持這麼做）；你也可以鼓勵狗狗藉由咀嚼（即「機械式磨蝕」）來清除牙菌斑。當狗狗咀嚼消遣用的生骨頭，特別是帶肉、還連著軟骨及軟組織的骨頭，牠的牙齒相當於得到正確刷牙與潔牙的良效，而且牠是靠自己，你不必出手。一項研究發現，給狗狗生骨頭咬，**不出三天**就能清除臼齒及第一和第二小臼齒大部分的牙菌斑和牙結石！稱之「消遣用」的骨頭是因為狗狗很愛咬，但並不打算嚼爛吞下去。而啃骨頭應遵守一系列規則。

你應該可以在住家附近獨立寵物店的冷凍區選購生骨頭，那裡還有知識豐富的員工協助你為狗狗選擇適當的骨頭大小。如果你家附近沒有獨立的寵物店，你可以在附近的肉店或超市的肉品區找到生的（沒蒸過、燻過、煮過、烘烤過的）關節骨（有時稱作熬湯骨，會出現在冷藏和冷凍食品區）。把骨頭買回家後，請存放在冷凍庫，一次幫狗狗解凍一根就好。一般而言，大型哺乳動物（牛、野牛、鹿）的關節骨是最安全的選擇。其他訣竅：

- 骨頭的大小要適合狗狗的頭。其實沒有「太大的骨頭」這種東西，但對某些狗來說確實有太小的骨頭。太小的骨頭可能有窒噎的危險，且可能招致嚴重口部創傷（包括牙齒破損）。

- 如果你的狗狗修復過牙齒或牙冠，或是如果你的狗狗牙根斷裂或牙齒軟化（非常老的狗狗），不要提供消遣用的骨頭。
- 狗狗咀嚼骨頭時請在旁密切監督，不要讓牠銜著牠的獎品獨自到角落去。
- 在飼養多隻狗的家庭，給消遣用骨頭前請先將狗狗分開，以維持和平。不論是萍水相逢或一輩子最好的朋友，都要沿用這個規則。護衛犬不應提供生骨頭。每一次咀嚼時間結束（剛開始嘗試的狗狗，十五分鐘是不錯的時限），請把骨頭收拾乾淨。
- 骨髓帶油脂，應算進寵物的日常熱量攝取。患胰臟炎的狗狗不該吃骨髓，太多骨髓也可能導致腸胃敏感的狗狗腹瀉，因此請先把骨髓挖出來，讓寵物的腸胃道慢慢適應脂肪量較高的點心，或縮短每次咀嚼的時間，比如每天十五分鐘。如果狗狗身材圓滾滾或需要較低脂肪的骨頭，替代方案是提供已經挖空骨髓的骨頭。
- 狗狗啃生骨頭時可能會搞得一團亂。很多人在戶外，或在容易用熱肥皂水清理的表面上提供。千萬不要提供任何種類的熟骨頭。

其他資源

請上www.foreverdog.com查詢最新更新。

尋找復健專業人員

- Graduates of the Canine Rehabilitation Institute: www.caninerehabinstitute.com/Find_A_Therapist.html
- Canadian Physiotherapy Association: www.physiotherapy.ca/divisions/animal-rehabilitation
- Online directory of the American Association of Rehabilitation Veterinarians: www.rehabvets.org/directory.lasso
- Graduates of the Canine Rehabilitation Certificate Program: www.utvetce.com/canine-rehab-ccrp/ccrp-practitioners

訓練和行為資源

- Certification Council for Professional Dog Trainers (CCPDT): www.ccpdt.org
- International Association of Animal Behavior Consultants (IAABC): www.iaabc.org
- Karen Pryor Academy: www.karenpryoracademy.com
- Academy for Dog Trainers: www.academyfordogtrainers.com
- Pet Professional Guild: www.petprofessionalguild.com
- Fear Free Pets: www.fearfreepets.com
- American College of Veterinary Behaviorists: www.dacvb.org

幼幼犬飼育方案

- Avidog: www.avidog.com
- Puppy Culture: www.shoppuppyculture.com
- Enriched Puppy Protocol: https://suzanneclothier.com/events/enriched-puppy-protocol/
- Puppy Prodigies: www.puppyprodigies.org

認同功能性獸醫學的禮賓健康服務機構

- College of Integrative Veterinary Therapies: www.civtedu.org
- American Veterinary Chiropractic Association: www. animalchiropractic.org
- International Veterinary Chiropractic Association: www.ivca.de
- American College of Veterinary Botanical Medicine: www. acvbm.org
- Veterinary Botanical Medicine Association: www.vbma.org
- Veterinary Medical Aromatherapy Association: www.vmaa.vet
- American Academy of Veterinary Acupuncture: www.aava.org
- International Veterinary Acupuncture Society: www.ivas.org
- International Association of Animal Massage and Bodywork: www.iaamb.org
- American Holistic Veterinary Medical Association: www.ahvma.org
- Raw Feeding Veterinary Society: www.rfvs.info

「補充餵食」的狗食

美國所有寵物食品的包裝都必須有營養說明，但如果你住在加拿大或其他沒有這種標籤規範的國家，很遺憾，你得自己做研究來評估你購買的食物營養是否充足。在美國，寫著「供補充或間歇餵食」的標籤意味食物營養不完整——欠缺狗狗飲食裡必須提供的重要維生素和礦物質。不論你住在哪裡，要是市售寵物食品標籤沒有營養充足的聲明，該公司亦未提供完整營養分析（比照AAFCO、NRC或FEDIAF），你就該假設那種食物沒有滿足狗狗的每日營養需求。考量所有成分的加工溫度、純度和來源後，這些食物可能是成犬絕佳的配料、點心，或短期暫時性飲食（七餐可以吃一餐，或十四餐吃兩餐）。這些不完整的膳食不能固定當作單一食物來源，但問題在於，很多狗狗這麼吃，這會在狗狗的長壽道路上形成各式各樣的路障。

一旦狗狗欠缺關鍵維生素和礦物質做為重要酵素反應輔因子，及促進重要蛋白質生成，身體的細胞層級就無法理想地運作，久而久之便形成代謝和生理壓力。最後，疾病無可避免。麻煩的是，當你見到這些微量營養素不足的外顯症狀時，狗狗的身體已經衰竭到絕對沒機會登上金氏世界紀錄了。人們常搞不清楚該餵什麼，而今天，這還深受經濟限制。我們完全了解。這種情況堪稱寵物食品公司的天賜良機，他們適時提供了解決方案：更便宜、更新鮮、不均衡的狗食（與其他許多生食或微加工品牌不同，後者刻意製造配方周延、營養完整，因此也較昂貴的飲食）。對知識淵博、不怕數學的3.0版寵物主人來說，這些市售「研磨」生食（肉、骨、器官的混合物）或其他煮熟的、脫水或冷凍乾燥的肉菜「基礎混合」，都是不錯的選擇。這些綜合食品可能是錢包的及時雨，它們可當作加料或點心食用（不超過狗狗一天熱量的10%）。

如果你想要利用上述不均衡的調和狗食做為狗狗每日餐點的基礎，就必須填補所有營養上的空白。許多微型企業正在製作小批量的狗食，如果你可以自己平衡（沒錯，用計算機），那些產品有成為優質狗食的潛力。透明的公司網站上有可下載的PDF，顯示其（不完整）飲食的實驗室營養分析。這個資訊可輸入生食試算表，與現有廣獲接受的營養標準（www.foreverdog.com）做比較，來判定該添入哪些營養素。我們社群裡許多3.0版的寵物爸媽都這麼做。這是在預算緊縮時餵均衡鮮食的絕妙方式。想以最低的成本餵給狗狗100%人類食用等級、營養理想的膳食，可以買強力促銷品、加入合作社、大量採購，自己在家中按照營養完整的食譜料理。然而這對我們認識的很多人來說仍不可行。

如果你要試著自行平衡不均衡的市售狗食，你的狗狗不僅仰賴你鑑定欠缺哪些營養，還得靠你算出必須加入多少量，才能滿足牠的每日最低需求。「補充餵食」沒什麼不好，事實上，只要敏銳的評估和恰當的執行，這可能對你的荷包相當有益，不過也要視加工程度和生原料的品質而定。不過就這個寵物食品類別而言，有件事比什麼都重要：公司的道德。對於產品的營養分析檢測結果，他們分享的資訊有多透明？如果你要較長時間餵食這類食品（不僅做為核心長壽加料或偶爾的輕食），我們建議你事先問這個關鍵問題。寵物食品界有所謂「補充餵食」的狗食品牌（未做任何營養聲明的品牌通常屬於這類），包括多家微型公司生產、你可以在農人市集、寵物精品店、量販店和網路買到的生食品牌和稍微烹煮過的食品。你或許已經明白這種類別有哪些缺點了……

多數製造「模擬獵物」研磨——「80/10/10」（肉／骨／器官）基本混合食品、生食原料或「祖先狗食」——的公司，都沒有列出你需要增添哪些成分或補充品來均衡他們提供的營養不均衡的膳食。更糟的是，你很難，甚至不可能從他們的客戶服務部取得你需要的原始資料來計算如何彌補不足。**有些販賣狗食的公司不會提供有關食品內容物的資訊**。這很可怕，因為他們要嘛真的不知道本身食品的營養成分，要嘛不想讓你知道。事實上，有些公司吹噓，只要狗主人輪換他們所有的口味或蛋白質，久而久之就能達到最低營養需求，卻從未提供這種方式確實可行的證據。這讓獸醫師非常生氣，因為這通常不是真的。**在不明就裡的情況下輪換各種不均衡飲食的問題在於，你的狗仍舊營養不足**。這是我們見到吃加工程度較少、較新鮮或生食的動物表現不佳的最主要原因之一：他們的飲食新鮮，但有缺陷。

若你餵食食品的公司僅提供籠統的平衡營養建議，例如「請補充海藻和omega-3來均衡我們的膳食」，請務必謹慎。「長期輪換」（輪流餵食數種不同的肉、骨、器官）是另一個會把獸醫師逼瘋的營養概念，因為很少人、很少公司能夠證明他們真的有任何辦法滿足微量營養素需求。這個問題比多數人了解的嚴重，而很多獸醫師受夠了客戶頻頻實驗「另類、非傳統食品類別」，而對超加工、高度精煉的「類食物分子」（即鮮食獸醫師貝林賀斯特所說的「丸子」）敬而遠之。如果你真的無法確定狗狗是否獲得牠在營養上所需的一切，那麼多數時候，一週餵兩次市售非配方食品就好（十四餐中的兩餐），或是每天當作核心加料來餵（熱量的10%）。www.freshfoodconsultants.org名錄上的專家可以幫助你平衡這些產品，或者你也可以運用www.petdietdesigner.com上的試算表。

許多3.0版的寵物爸媽也精通各種自製的生肉骨飲食（RMBD）或骨與生食飲食（BARF，你可以在網站上看到）來滿足最低營養需求。這種餵食方式需要混合多種肉類、骨頭、腺體和器官來模擬獵物，可參照生食平衡試算表來避免營養失衡。

關於註釋

我們為本書論述挑選的註釋，因為可引用的資料來源和科學文獻著實龐雜，本身已成為一部巨著。我們將其搬到網路上www.foreverdog.com以便隨時更新。對於一般性的論述，我們相信你只要上網敲幾下鍵盤就能自行找出豐富的參考資料與證據，造訪聲譽卓著的網站、查詢經過事實查核、有專家背書的可靠資訊。這在與健康、醫學相關的事務上特別重要。註釋亦列出品質最好且不需要訂閱的醫學期刊搜尋引擎，包括：pubmed.gov（由美國國家衛生院的國家醫學圖書館維護的線上醫學期刊論文資料庫）；sciencedirect.com及姊妹網站SpringerLink（link.springer.com）、循證圖書館（cochranelibrary.com）和Google學術搜尋（scholar.google.com）——在你進行初始搜尋後絕佳的二級搜尋引擎。這些搜尋引擎可存取的資料庫包括Embase（由Elsevier所有）、Medline和MedlinePlus，涵蓋世界各地數百萬份經同儕審核的研究。我們已竭盡所能納入所有研究，特別凸顯和補充來使我們的對話更加周延。請將這些入口網站做為進一步探索的孵化器，也別忘記上我們的網站www.foreverdog.com看最新資訊。

國家圖書館出版品預行編目資料

狗狗長壽聖經：10個關鍵原則，輕鬆養出健康又長壽的毛小孩！/羅德尼・赫比&凱倫・貝克醫師著；洪世民譯. -- 初版. -- 臺北市：平裝本, 2022.10
面；公分.--（平裝本叢書；第544種）（iDO；104）

譯自：The Forever Dog : Surprising New Science to Help Your Canine Companion Live Younger, Healthier, and Longer

ISBN 978-626-96533-1-7(平裝)

1.CST: 犬 2.CST: 寵物飼養 3.CST: 健康飲食

437.354　　111015384

平裝本叢書第544種
iDO 104

狗狗長壽聖經

10個關鍵原則，輕鬆養出健康又長壽的毛小孩！

The Forever Dog : Surprising New Science to Help Your Canine Companion Live Younger, Healthier, and Longer

作　者—羅德尼・赫比&凱倫・貝克醫師
譯　者—洪世民
發 行 人—平　雲
出版發行—平裝本出版有限公司
臺北市敦化北路120巷50號
電話◎02-2716-8888
郵撥帳號◎18999606號
皇冠出版社(香港)有限公司
香港銅鑼灣道180號百樂商業中心
19字樓1903室
電話◎2529-1778　傳真◎2527-0904
總 編 輯—許婷婷
執行主編—平　靜
責任編輯—張懿祥
美術設計—嚴昱琳
行銷企劃—許瑄文
著作完成日期—2021年
初版一刷日期—2022年10月

法律顧問—王惠光律師

讀者服務傳真專線◎02-27150507
電腦編號◎415104
ISBN◎978-626-96533-1-7
Printed in Taiwan
本書特價◎新台幣499元/港幣166元